计算机统考教程

陈道喜　主编

電子工業出版社
Publishing House of Electronics Industry
北京•BEIJING

内 容 简 介

本书根据计算机统考的要求，介绍江苏省成人高等教育计算机基础课程统考的方式和流程，将重点放在计算机统考的理论基础题和实际操作题两方面。本书在内容的选取、组织和编写等方面都以计算机统考为中心，按照计算机统考考试的流程进行编写，包括理论基础题、Word 操作题、Excel 操作题和 PowerPoint 操作题等。理论基础题是单项选择题，增加了最近几年的新题。实际操作题主要是 Office 操作，操作题有详细的解答过程。除了计算机统考的内容，本书还增加了 Word 能力提升和 Excel 能力提升的内容。本书提供了丰富的操作训练素材，以便读者更好地进行对照学习，帮助读者熟练地运用 Office 软件，以满足读者学习和工作的需要。

本书可以作为计算机统考的学习教材，也可以作为高等和中等职业院校信息工程、计算机、电子工程等相关专业的计算机基础课程教材，还可以作为办公人员的参考资料。

图书在版编目（CIP）数据

计算机统考教程 / 陈道喜主编. —北京：电子工业出版社，2022.7

ISBN 978-7-121-43823-3

Ⅰ. ①计… Ⅱ. ①陈… Ⅲ. ①电子计算机－高等学校－教材 Ⅳ. ①TP3

中国版本图书馆 CIP 数据核字（2022）第 111647 号

责任编辑：魏建波　　特约编辑：田学清
印　　刷：北京七彩京通数码快印有限公司
装　　订：北京七彩京通数码快印有限公司
出版发行：电子工业出版社
　　　　　北京市海淀区万寿路 173 信箱　　邮编：100036
开　　本：787×1092　1/16　印张：12　字数：262 千字
版　　次：2022 年 7 月第 1 版
印　　次：2023 年 8 月第 2 次印刷
定　　价：39.00 元

凡所购买电子工业出版社图书有缺损问题，请向购买书店调换。若书店售缺，请与本社发行部联系，联系及邮购电话：（010）88254888，88258888。

质量投诉请发邮件至 zlts@phei.com.cn，盗版侵权举报请发邮件至 dbqq@phei.com.cn。

本书咨询联系方式：（010）88254609，hzh@phei.com.cn。

前 言

本书以计算机基础为出发点，结合职业技术教育的特点编写，重点介绍江苏省成人高等教育计算机基础课程统考的理论基础题和实际操作题，突出技能训练。按照成人高等教育计算机基础课程统考的要求，本书的内容涉及计算机统考的考试说明与考试流程、计算机基础知识各章节重点内容总结、Word 文档的格式化、Word 操作题、Excel 操作题、PowerPoint 操作题、Word 能力提升、Excel 能力提升和基础知识单项选择题等。

本书将重点放在成人高等教育计算机基础课程统考的考试准备和模拟考试方面，非常清晰地介绍了考试流程，并在模拟考试部分提供了丰富的练习素材。本书的讲解分为理论基础题和实际操作题。理论基础题是单项选择题，增加了最近几年的新题。实际操作题又分为 Word 操作题、Excel 操作题和 PowerPoint 操作题，实际操作题同样选取最新、最具有代表性的题目。本书遵循循序渐进的教学原则，以提高学生或员工操作能力为目的，按照考试和办公自动化的要求，由浅入深地进行编写。本书融理论和实践为一体，可以帮助读者轻松地在 Office 软件中实现本书中的操作项目，加深对本书知识的理解。此外，本书还增加了 Word 能力提升、Excel 能力提升的内容，能够帮助读者熟练地运用 Office 软件，以满足读者学习和工作的需要。

本书在编写过程中参考了江苏省成人高等教育计算机基础课程统考的考试材料，以及计算机统考的教师提供的丰富教学资源，在此一并致谢。

由于考试内容不断更新，本书在第 1 版的基础上进行了修订，删除了部分陈旧内容，修改和增加了新的选择题和操作题，还增加了项目式的学习内容等。

由于编者水平有限，计算机技术发展迅速，本书难免存在不足之处，恳请读者提出宝贵意见和建议，以便再版时改进。

编　者

2021 年 10 月

目录

江苏省成人高等教育计算机基础课程统考

一、计算机统考

1. 考试说明

（1）计算机统考考试系统版本。

江苏省成人高等教育计算机基础课程统考（简称成教计算机统考）启用新版考试系统，请使用最新版本。请注意考试系统支持的 Office 版本，操作系统为 Windows 系列的指定版本。Office 软件的版本在不断更新，请使用最新的版本。

（2）考试题目单元。

第一部分：基础知识。共 40 道单项选择题。

第二部分：操作题。共 3 题，分别是 Word、Excel 和 PowerPoint 操作题。

（3）考试日期：每年的 6 月、12 月。

（4）考试时间：90 分钟。

（5）考试须知：

成教计算机统考考试须知

- 考试时间 90 分钟，使用准考证号登录。
- 开考 20 分钟后，迟到考生不得入场。
- 考生入座后，须将准考证和有效身份证放在考桌左上角，以备监考人员检查。
- 考生不得携带书籍、资料、笔记本、草稿纸、电子工具、手机、电子通信工具、食物、饮料等物品进入考场，已携带入场的应按要求存放在指定位置。
- 考生要自觉遵守考场秩序，保持安静，不准吸烟或吃东西。
- 考试机出现故障，考生应举手示意，由监考人员进行处理，严禁故意关机或重启机器及其他恶意操作行为。
- 考试题目分为两大单元，分别是“基础知识”和“操作题”。
- “基础知识”共 40 题，每题必须解答，答案由系统自动保存。
- “操作题”共 3 题，应按题目要求进行操作，并按题目要求将操作结果手动保存在 T 盘中。
- 交卷前应及时保存操作题结果，并关闭打开的应用程序，防止交白卷。

- 考试时间到，系统将自动提交已保存的答案，未及时保存的结果将不被上交。
- 交卷时屏幕将被锁定，交卷完成后将显示成功信息。
- 考生交卷成功后须立即离开考场，不得在附近逗留、交谈。

江苏省成教计算机考试中心

2. 考试流程

登录考试系统。在桌面上找到“考试系统”图标，如图 1-1 所示。

图 1-1 “考试系统”图标

双击后会出现登录窗口，如图 1-2 所示。

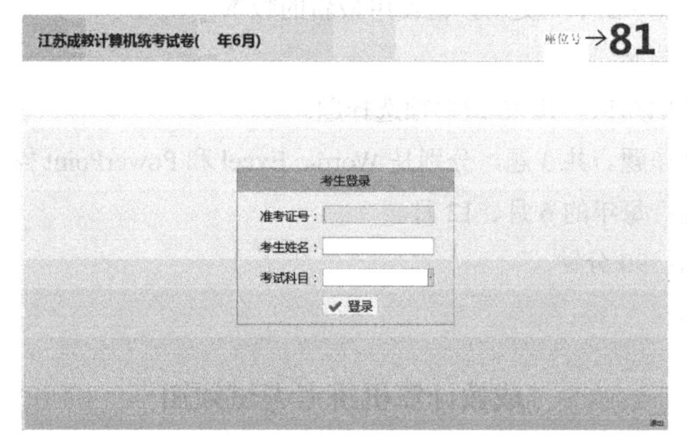

图 1-2 登录窗口

输入准考证号，系统会自动填写考生姓名，可在此核对考生信息，如图 1-3 所示。

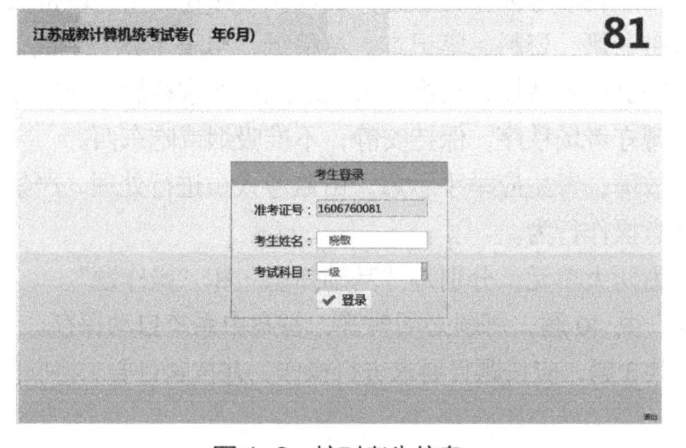

图 1-3 核对考生信息

单击“登录”按钮，在确认相关信息后，进入“考试须知”部分，如图 1-4 所示。其中，试卷密码由监考教师当场提供。

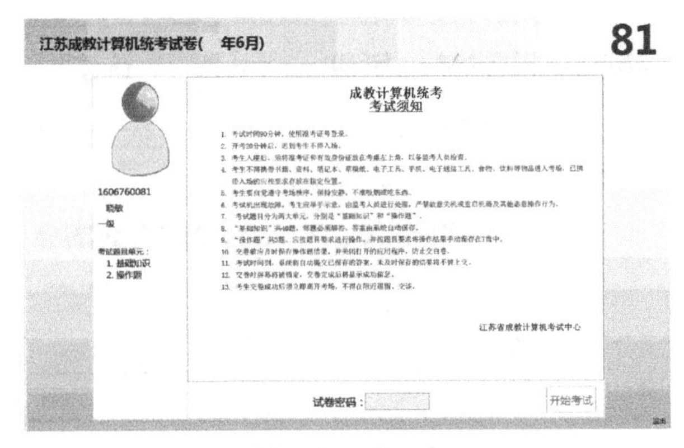

图 1-4　考试须知

输入试卷密码后，单击“开始考试”按钮，进入考试系统，如图 1-5 所示。下面开始答题，考试时间为 90 分钟，总分为 100 分，浏览整个试卷，第一部分是单项选择题，共 40 题。根据题目选中对应选项前的单选按钮即可，如图 1-5 所示。

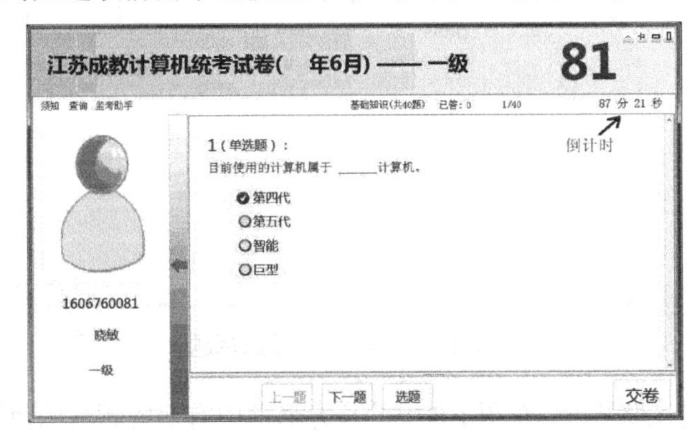

图 1-5　进入考试系统

在完成一题后，单击“下一题”按钮，一道题一道题地做下去，如图 1-6 所示。

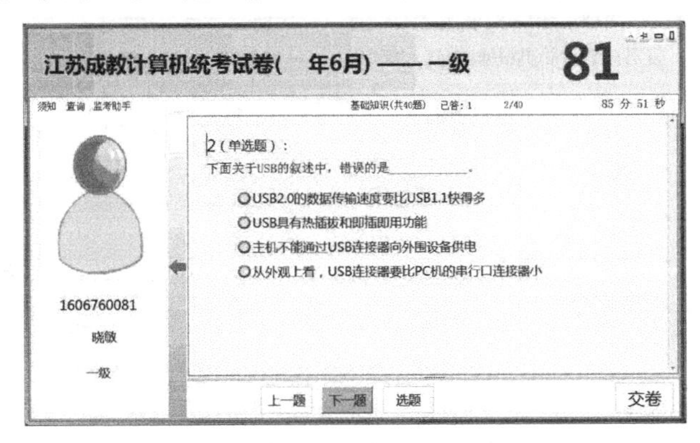

图 1-6　继续答题

在做题过程中，可以单击“选题”按钮，查看自己的答题情况，若答题状态一栏显示对钩，则表示此题已经做过，如图 1-7 所示。双击对应题目，可以回到该题的答题页面。

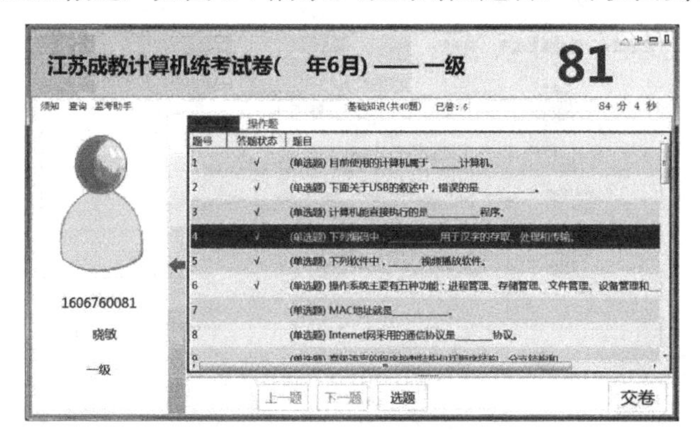

图 1-7　选题窗口

完成 40 道单项选择题，如图 1-8 所示。

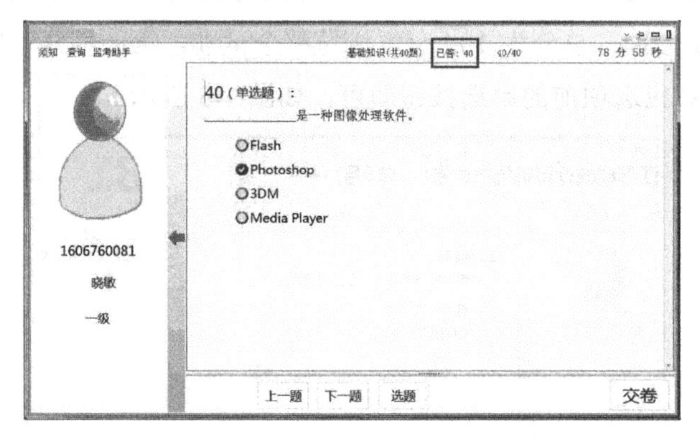

图 1-8　第 40 道单项选择题

注意观察自己的答题情况，在图 1-8 中的长方形框中有已答题目的数量。在完成 40 道单项选择题之后，单击“选题”按钮，进入第二部分，如图 1-9 所示。第二部分是操作题，有 3 道操作题，双击对应的题，即可进行操作。考生文件夹位置在 T 盘，包括所有操作题的素材。

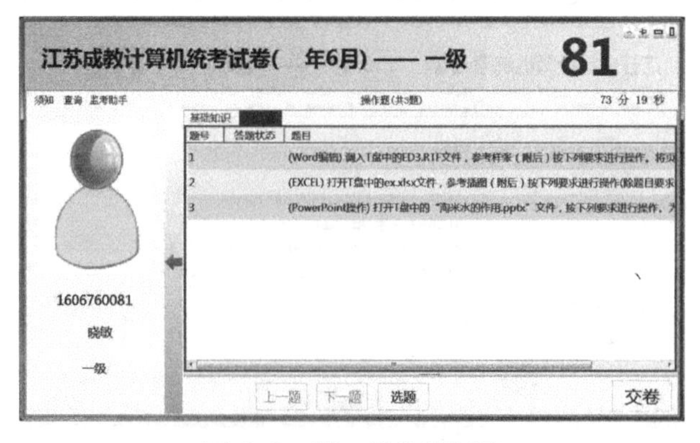

图 1-9　第二部分操作题

打开第 1 道操作题，Word 操作题相对比较简单，如图 1-10 所示。

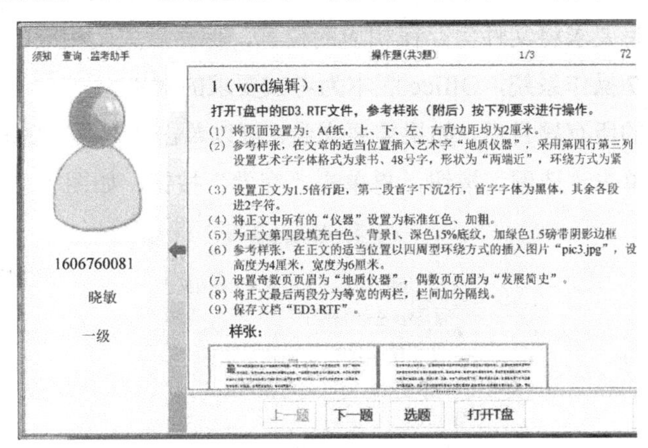

图 1-10　Word 操作题（局部）

单击“打开 T 盘”按钮，可以打开素材文件夹，如图 1-11 所示。打开指定文件并按要求操作，注意将答题素材保存在 T 盘中，不能存放在桌面上。考生可以参照样张排版，完成后保存并关闭 Word。也可以把所有的素材复制到桌面上，防止误操作，如果出现把素材删除找不到素材的情况，这种方式可以在桌面上留一个备份文件，但是注意答题操作的文件一定是在 T 盘中的文件。

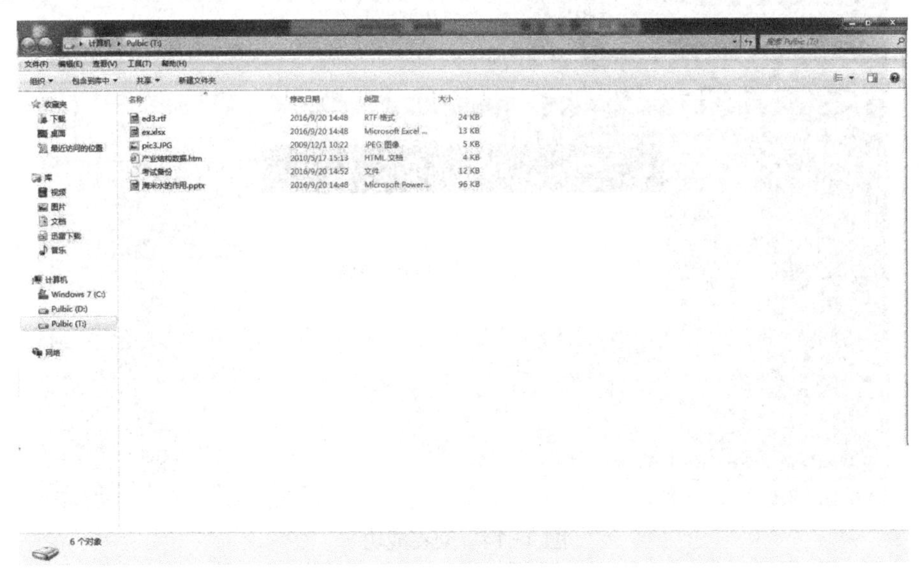

图 1-11　T 盘操作素材

在操作过程中，如果需要查看操作要求，可以单击“显示”按钮，这样操作要求就会出现在屏幕上，如图 1-12 所示。

图 1-12　显示操作要求

后面两道题的操作方法与 Word 相似，第 2 题是 Excel 操作题，第 3 题是 PowerPoint 操作题。注意按照题目要求将文件保存在相应的位置，保存后关闭相应的应用程序。计算机一般使用 Windows 7 操作系统，Office 版本为考试要求的版本。

在完成试卷上的所有题目后，如果需要交卷，可以单击“交卷”按钮，如果找不到“交卷”按钮，可以先单击“选题”按钮，再单击“交卷”按钮，如图 1-13 所示。

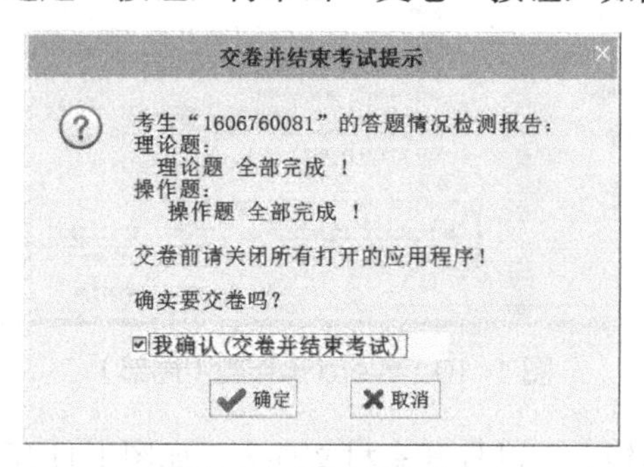

图 1-13　确定交卷

交卷前，除考试系统窗口外，应关闭其他窗口。请仔细阅读图 1-13 中的提示信息，查看是否完成全部题目。确定交卷后，屏幕会被锁定，如图 1-14 所示。

图 1-14　交卷成功

图 1-14 表示交卷成功，考生可以离开考场。如果因为网络故障等，交卷不成功，请与监考教师联系后重新交卷。

二、各章节重点内容

1. 计算机信息技术

（1）世界上公认的第一台电子计算机是1946年诞生在美国的名为ENIAC的计算机。

（2）人们通常说计算机的发展经历了四代，“代”的划分依据是计算机的主要元器件（电子器件）。

（3）第一代计算机采用电子管；第二代计算机采用晶体管；第三代计算机采用集成电路；第四代计算机采用大规模集成电路。

（4）当前使用的Pentium微型计算机（简称微机），其主要元器件是大规模和超大规模集成电路。

（5）从计算机采用的主要元器件来看，目前使用的Pentium 4个人计算机是第四代计算机。

（6）CAD是计算机应用的一个重要方面，它是指计算机辅助设计。

（7）CIMS是计算机应用的一个领域，它是指计算机集成制造系统。

（8）在英文缩写中，CAI表示计算机辅助教学。

（9）术语“MIS”指的是管理信息系统。

（10）科学计算（数值计算）是计算机最早的应用。

（11）用计算机进行财务管理，网络预售车票、飞机票属于计算机在信息管理领域的应用。

（12）计算机与人下棋属于计算机在人工智能方面的应用。

（13）在计算机中，工作站的运算速度比微机快，具有很强的图形处理功能和网络通信功能。

（14）将计算机用于自然语言理解、知识发现属于计算机在人工智能方面的应用。

（15）现代信息技术的核心是计算机技术。

（16）在计算机内部，数据通常是以二进制的形式表示的。

（17）二进制数01111110转换为十进制数是126（方法：按权展开求和。在Windows 7系统中，依次选择“开始→所有程序→附件→计算器→查看→程序员”命令，可进行进制数之间的转换）。

（18）将十进制数51转换为二进制数是110011（除2取余法）。

（19）在微机中，目前最常用的字母与字符的编码是ASCII码。

（20）计算机进行基本操作的命令称为指令。

（21）国家标准信息交换用汉字编码基本字符集 GB2312（80）中给出的二维代码表，共有 94 行×94 列。

（22）汉字字库是用于汉字的显示与打印。

（23）在编码中，机内码用于汉字的存取、处理和传输。

（24）在编码中，点阵码不属于汉字输入码。

（25）计算机信息安全是指计算机中的信息不被泄露、篡改和破坏。

（26）计算机宏病毒的特点是寄生在文档或模板宏中。

（27）目前，计算机病毒对计算机造成的危害主要是破坏计算机软件或硬件。

（28）在预防计算机病毒的措施中，设置计算机口令对预防计算机病毒不起作用。

（29）显示器不亮一定不是因为病毒感染。

（30）发现计算机病毒后，比较彻底的清除方式是格式化磁盘。

（31）将十进制数 116 转换为二进制数是 1110100。

（32）目前微机中采用的西文字符编码是 ASCII 码。

（33）人们可以在网上购物属于计算机在电子商务领域的应用。

（34）利用计算器可以进行二进制数、八进制数、十进制数和十六进制数之间的转换。

2. 计算机硬件

（1）目前使用的微机是基于存储程序和程序控制原理工作的。

（2）计算机硬件由 CPU（运算器、控制器）、存储器、输入/输出设备、总线等部分组成。

（3）计算机与计算器最根本的区别在于前者具有逻辑判断功能。

（4）计算机运算速度可以用“MIPS”来衡量，它表示每秒百万条指令。

（5）微机中的系统总线包括数据总线、地址总线和控制总线 3 种。

（6）若计算机在工作时突然断电，则存储在磁盘上的程序仍然完好。

（7）计算机中的存储器分为内存储器和外存储器。

（8）计算机中访问速度最快的存储器是 Cache。

（9）“微处理器具有运算和控制功能，但不具备数据存储功能”的说法是不正确的。

（10）计算机主机包括 CPU、内存储器和输入/输出设备。

（11）RAM 用来存放计算机中正在执行的程序和数据，可以随机读/写。断电后 RAM 中的内容会丢失。

（12）Cache 是指介于 CPU 与内存之间的一种高速存取数据的存储器。

（13）CPU 通过内存与外部设备交换信息。

（14）内存中的每一个基本单元都被赋予唯一的编号，这种编号被称为地址。

（15）一台微机最关键的物理部件是主板。

（16）移动硬盘属于辅助存储器。

（17）在计算机的存储体系中，Cache 的作用是提高存储体系的速度。

（18）在计算机内存储器中，ROM 的作用是存放固定不变的程序和数据。

（19）在微机中，CPU、存储器、输入设备、输出设备之间的连接是通过总线实现的。

（20）中央处理器（CPU）主要是指运算器和控制器。

（21）鼠标、键盘、扫描仪、触摸屏、光笔、数码相机都是输入设备。

（22）常用的图像输入设备是扫描仪和数码相机。

（23）绘图仪、打印机、显示器、投影仪都是输出设备。

（24）“目前针式打印机已经被淘汰”的说法是不正确的。银行打印存折和票据应选择针式打印机。

（25）扫描仪的主要技术指标有分辨率和色彩深度。

（26）在关于 USB 的叙述中，“主机不能通过 USB 连接器向外围设备供电”的说法是不正确的。

（27）一般情况下，微机必不可少的 I/O 设备是键盘和显示器。

（28）U 盘采用的是闪存技术。

（29）在 PC 中，IDE 接口主要用于硬盘与主机的连接，目前已经被 SATA 接口取代。

（30）SCSI 接口是主机与外设之间的接口。

（31）微机中的扩展卡是系统总线与外设之间的接口。

（32）微机中使用的鼠标器通常通过串行或 USB 接口与主机连接。

（33）CD-ROM 指的是只读型光盘。CD-R 光盘的特性是只能写入一次，但可以反复多次读取。

（34）光驱倍速越大，数据传输越快。

（35）集成在 PC 系统板上，存储计算机系统配置参数的芯片是 CMOS。

（36）计算机中处理信息的最小单位是字节。

（37）1KB 的准确含义是 1024 字节。

（38）在存储容量表示中，1MB 等于 1024KB。

（39）在存储容量表示中，1GB 等于 1024MB。

（40）在存储容量表示中，1TB 等于 1024GB。

（41）存储容量单位从小到大依次为 B、KB、MB、GB、TB、PB，进制关系是 1024。

（42）在微机中，存储一个汉字需要 2 字节，存储一个字符需要 1 字节。

（43）主频主要反映了计算机的运算速度。

（44）CPU 最重要的性能指标是主频。

3. 计算机软件

（1）计算机软件包括程序、数据及其有关文档资料。

（2）引入操作系统的主要目的是管理系统资源，提高资源利用率，方便用户使用。

（3）在微机系统中，硬件与软件是相辅相成、缺一不可的。

（4）操作系统的作用是管理系统资源，控制程序的执行。

（5）操作系统将一部分硬盘空间模拟为内存，为用户提供一个容量比实际内存大得多的内存空间，这种技术称为虚拟内存技术。

（6）操作系统是一种系统软件。

（7）在操作系统中，大多数文件扩展名表示文件类型

（8）操作系统主要有 5 种功能：进程管理、存储管理、文件管理、设备管理和作业管理。

（9）Microsoft SQL Server 是一种数据库管理系统。

（10）Linux 是一套源代码公开的免费操作系统。

（11）在 Windows 系统中，文件组织采用树形目录结构。

（12）高级程序设计语言有 Visual Basic、Java、C、C++。

（13）操作系统有 Linux、UNIX、Windows 2000、Windows XP、Windows 7、Dos、mac OS 等。

（14）数据库管理系统包括 Visual FoxPro、Access、SQL Server、Oracle，不包括 Excel。

（15）常用的 Office 应用软件有 Excel、Word、PowerPoint、WinZip。

（16）图像处理软件、财务管理软件、办公自动化软件都属于应用软件。

（17）“应用软件的卸载只要直接删除文件即可”的说法是不正确的。

（18）在 Windows 系统中，文件有存档、只读、隐藏 3 种属性。

（19）Visual Basic（简称 VB）中的循环语句包括 Do While 语句和 For 语句。

（20）在 VB 中，实现分支结构的语句有 If 语句和 Select Case 语句。

（21）高级语言的程序控制结构包括顺序结构、分支结构和循环结构。

（22）在标识符中，Name、Float 可以作为 VB 中的变量名。

（23）VB 中的数据类型名有 Date、Integer、Boolean、String 等。

（24）Dim 不是 VB 中的数据类型名，但是可以定义变量。

（25）计算机能直接执行的是机器语言程序。

（26）计算机源程序是用高级语言或汇编语言编写的程序。

（27）用高级语言编写的源程序，必须在编译或解释处理后才能被计算机直接执行。

（28）数据的存储结构包括顺序存储结构、链式存储结构、索引存储结构和散列存储结构。

（29）数据的逻辑结构包括集合、线性结构、树形结构、图结构。

（30）常用的算法描述方式包括自然语言、流程图、伪语言、高级语言。

（31）算法的评价指标包括正确性、可读性、健壮性、时间复杂性、空间复杂性等。

（32）关于算法的概念，“算法必须有输入”的说法是不正确的。

（33）软件的生命周期包括需求分析、总体设计、详细设计、编码、测试和维护等几个阶段。

（34）UML 是指统一建模语言。

（35）图像处理软件不是系统软件。

4. 计算机网络

（1） A 类 IP 地址的每个网络可容纳约 1700 万台主机。

（2） B 类 IP 地址的每个网络可容纳约 65000 台主机。

（3） C 类 IP 地址的每个网络可容纳 254 台主机。

（4） IP 地址占 4 字节，共有 5 类，即 A（0～126）、B（128～191）、C（192～223）、D、E。例如：

地址为 89.18.66.5 的 IP 地址属于 A 类 IP 地址；

地址为 190.180.66.255 的 IP 地址属于 B 类 IP 地址；

地址为 202.18.66.5 的 IP 地址属于 C 类 IP 地址。

（5） 电子邮件的英文名称是 E-mail。

（6） 电子邮件在 Internet 上传输一般通过 POP3 和 SMTP 协议实现。

（7） 邮件地址 zhangwang@nanjing.com 是正确的。

（8） DNS 的作用是将域名翻译成 IP 地址。

（9） FTP 是文件传输协议。

（10）IEEE 802 是 IEEE 为制定局域网标准而成立的一个委员会。

（11）Internet 采用的通信协议是 TCP/IP 协议。

（12）IP 地址子网掩码的作用是屏蔽部分 IP 地址，达到区分网络标识和主机标识的目的。

（13）WWW 采用超文本和超媒体技术组织和管理浏览或信息检索的系统。

（14）安装防火墙的主要目的是保护内网不被非法入侵。

（15）当今世界上规模最大的计算机网络，即全球规模最大的计算机网络是 Internet。

（16）术语“HTML”的含义是超文本标识语言。

（17）术语“LAN”指的是局域网。

（18）术语“URL”的含义是统一资源定位器。

（19）Internet Explorer 是一种 WWW 浏览器。

（20）SMTP 是邮件传输协议。

（21）在 Internet 中，术语“Web”是指网页。

（22）在 Internet 中，术语“WWW”是指万维网。

（23）MAC 地址就是网卡物理地址。

（24）OSI/RM 协议将网络分为 7 层。

（25）TCP/IP 协议包括网络层、互联层、传输层和应用层 4 层。

（26）根据地理覆盖范围，计算机网络可分为局域网、企业网和广域网。

（27）交换机工作在 OSI 的数据链路层，是一种存储转发设备。

（28）关于集线器的说法有：集线器俗称 HUB；集线器工作在 OSI 的物理层；集线器连接的网络为共享式以太网；集线器的工作机理是广播。

（29）网桥工作在 OSI 的物理层和数据链路层。

（30）网络互联设备有网卡、交换机、网桥、路由器、中继器、调制解调器。

（31）建立计算机网络的主要目的是数据通信和资源共享。

（32）将微机通过专线连入互联网，在微机硬件配置方面，需要有网卡。

（33）局域网网络硬件主要包括服务器、客户机、交换机、网卡和传输介质。

（34）传输介质有双绞线、同轴电缆、光纤。在普通电缆中，带宽最大的是光缆（光纤）。

（35）以太网使用的介质访问控制方法是 CSMA/CD。

（36）“计算机黑客是指那些制造计算机病毒的人”的说法是不正确的。

（37）DSL是数字用户线的简称，是利用数字技术来扩大现有电话线传输频带宽度的技术。

（38）目前，局域网的拓扑结构一般是总线结构。

（39）TCP/IP 上的每台主机都需要一个子网屏蔽号，也称掩码。

（40）集成器的工作原理是以广播形式将帧发送给其余的端口。

（41）IC 卡与 Web 技术无关。

（42）邮件地址 Wang@nanjing.com 是正确的。

（43）TCP/IP 中的 IP 相当于 OSI 中的网络层。

（44）QQ、微信的通信模式都是即时通信模式。

（45）我国政府提出的“互联网+”指的是互联网+各个传统行业。

（46）路由器又称为网关。

5. 多媒体技术基础

（1）多媒体计算机是指能处理文字、图形、影像、声音等信息的计算机。

（2）多媒体计算机中所处理的视频信息是指运动图像。

（3）多媒体技术的关键特征是交互性。

（4）多媒体技术的主要特征是信息载体的多样性、集成性和交互性。

（5）关于超媒体的叙述有：超媒体可以包含图画、声音和视频信息等；超媒体信息可以存储在多台微机中；超媒体可以用于建立应用程序的“帮助”系统；超媒体采用链式结构组织信息。

（6）彩色图像的颜色由红、绿、蓝 3 种基色组成。

（7）计算机中的数据包括数字、文字、图像、声音等。

（8）声音信号数字化的过程可分为采样、量化和编码 3 步。

（9）显示器规格中的 1024×768，表示显示器的分辨率。

（10）在普通计算机上添加声卡、视频卡和光驱，再配置支持多媒体功能的操作系统，即可构成一台多媒体计算机。

（11）真彩色图像的像素深度为 24。

（12）组成图像的基本单位是像素。

（13）最主要的数字视频获取设备是数码摄像机。

（14）VCD 采用的视频编码标准是 MPEG-1。

（15）DVD 采用的视频编码标准是 MPEG-2。

（16）MPEG 卡又称电影卡。

（17）数字图像的无损压缩是指解压缩后重建的图像与原始图像完全相同。

（18）图像的分辨率用“水平分辨率×垂直分辨率”的形式表示。

（19）Flash 生成的动画文件的扩展名默认为 SWF。

（20）JPEG 标准是指静止图像压缩标准。

（21）Photoshop 是一种图像编辑软件。

（22）Flash 是动画制作软件。

（23）在文件的格式中，AVI 格式的文件是视频文件。

（24）“Media Player 软件可以播放 CD、VCD、DVD 及音频/视频文件等”的说法是正确的。

（25）常用的图像文件格式有 BMP、TIF（TIFF）、GIF、JPG（JPEG）。

（26）常用的动画文件格式有 MOV、SWF、GIF、FLC/FLI。

（27）计算机动画按运动控制方式分为关键帧动画、算法动画和基于物理的动画。

（28）JPG 文件不是动画文件。

6. 数据库基础

（1）术语“DBMS”指的是数据库管理系统。

（2）数据库管理系统产生于20世纪60年代。

（3）数据库管理系统的主要作用是进行数据库的统一管理。

（4）B/S结构指的是浏览器/服务器结构。

（5）C/S结构指的是客户/服务器结构。

（6）软件ASP.NET不是数据库管理系统。

（7）软件Oracle是数据库管理系统。

（8）E-R模型是反映数据库应用系统的概念模型。

（9）关系模型用二维表描述客观事物及其联系。

（10）目前大多数数据库管理系统采用关系数据模型。

（11）术语“DBA”指的是数据库管理员。

（12）在Access中，“宏”是一种实现某种操作的特殊代码。

（13）术语“SQL”指的是结构化查询语言。

（14）Access 2003数据库文件的扩展名是MDB。

（15）在Access中，自动编号型字段的长度最长为4字节。

（16）在Access中，备注型字段的长度最长为65 535个字符。

（17）在Access中，日期型字段占8字节。

（18）在Access中，货币型字段的长度为8字节。

（19）在Access中，文本型字段的长度最长为255个字符。

（20）在Access中，文本型字段默认长度为50个字符。

（21）在Access中，数据的基本单位是字段，表的基本单位是字段。

（22）可以将Excel中的数据导入Access中。

（23）Access表中的“主键”能唯一确定表中的一个元组。

（24）关于Access数据库系统，“每个表都必须指定关键字”的说法是不正确的。

（25）若学生表结构中包括学号、姓名、成绩等字段，则“查询所有姓张的学生姓名”的SQL语句是SELECT 姓名 FROM 学生 WHERE 姓名 Like "张*"（在SQL Server中写成Like '张%'）。

（26）若学生表中存储了学号、姓名、成绩等信息，则“查询学生表中所有成绩大于600分的姓名”的SQL语句是 SELECT 姓名 FROM 学生 WHERE 成绩>600。

（27）若学生表中存储了学号、姓名、成绩等信息，则“查询学生表中所有学号和姓名”的SQL语句是 SELECT 学号,姓名 FROM 学生。

（28）若学生表结构中包括学号、姓名、性别、成绩等字段，则“删除所有女学生记录”

的 SQL 语句是 DELETE FROM 学生 WHERE 性别="女"。

（29）若学生表中存储了学号、姓名、成绩等信息，则“删除学生表中所有姓王的学生记录”的 SQL 语句是 DELETE FROM 学生 WHERE 姓名 like "王*"。

（30）若学生表中存储了学号、姓名、性别、成绩等信息，则“删除学生表中所有男学生记录”的 SQL 语句是 DELETE FROM 学生 WHERE 性别="男"。

（31）若学生表中存储了学号、姓名、成绩等信息，则“查询所有成绩为不及格学生的姓名”的 SQL 语句是 SELECT 姓名 FROM 学生 WHERE 成绩<60。

（32）Access 是关系型数据库管理系统。

（33）在 Access 中，同时打开数据库文件的数量最多是 1。

（34）Access 数据库文件的扩展名是 accdb。

7. 高频考题

（1）常见的数码照片文件的扩展名是 JPG。JPEG 的含义是 Joint Photographic Experts Group 静止图像压缩标准；MPEG 的含义是 Motion Picture Experts Group 运动图像压缩标准。BMP 是常见的画图文件的扩展名，GIF 是常见的动画文件的扩展名，JPG 是常见的照片文件的扩展名。

（2）如果计算机是通过电话线上网的，那么电话线属于模拟信道，计算机要实现上网功能，就必须有设备将数字信号和模拟信道中的模拟信号进行双向转换，该转换设备就是 Modem，俗称“猫”。

（3）在 SQL 语句中，查询语句语法格式为：SELECT 字段名 1,字段名 2 FROM 表名 WHERE 条件，如果是所有字段，则用*表示。

（4）在 SQL 语句中，删除所有记录的语法格式为：DELETE FROM 表名 WHERE 条件，中间不加*号，%表示通配符。

（5）在 SQL 语句中，更新记录的语法格式为：UPDATE 表名 SET 字段名 1=… WHERE 条件。

（6）数据结构分逻辑结构和物理结构两种，其中逻辑结构包括线性结构和非线性结构。线性结构有线性表、栈、队列。非线性结构有树、图。物理结构包括顺序存储、链式存储、索引存储和散列存储。

（7）计算机的发展过程分成以下几个阶段：一代是电子管时代；二代是晶体管时代；三代是中、小规模集成电路时代；四代是大、超大、极大规模集成电路时代。

（8）系统软件可分为：计算机必须要有的操作系统（OS），如 DOS、Windows、Linux；管理数据库必须要有的 DBMS，如 Access、VFP、SQL Server；程序设计语言必须要有的语言处理系统，如编译和解释系统；各种系统辅助处理程序。

三、Word 文档的格式化

1．任务目标

（1）能根据任务需求，通过小组合作查阅资料，获取文档素材。

（2）能根据任务，进行规划设计，通过教师引导，完成 Word 的创建与编辑。

（3）掌握选择、复制、剪切、粘贴操作。

（4）能根据样张对字符、段落进行格式化，并可以在每个段落前添加自动编号。

（5）能进行基本版式的设计与排版，达到样张的效果。

2．任务描述

指导老师要求学生提交论文设计的开题报告，需要使用 Word 制作该文档，请根据素材提供的基本内容，按要求对文档进行格式化，样张如图 3-1 所示。

开题报告填写要求

1.开题报告作为毕业设计（论文）答辩委员会对学生答辩资格审查的依据材料之一。此报告应在指导教师的指导下，由学生在毕业设计（论文）工作的前期完成，经指导教师签署意见及所在专业审查后生效。

2.开题报告的内容必须使用黑色墨水笔工整书写或按教务处统一设计的电子文档标准格式（可以从继续教育学院网站上下载）打印，禁止在其他纸上打印后剪贴，完成后应及时交给指导教师签署意见。

3.“文献综述”应按论文的格式成文，并直接书写（或打印）在开题报告的第一栏目内，学生开题报告的文献综述部分，参考文献应不少于15篇（不包括辞典、手册）。

4.有关年月日等日期的填写，应当按照国标GB/T 7408—2005《数据元和交换格式、信息交换、日期和时间表示法》规定的要求，一律用阿拉伯数字书写。如“2021年3月15日”或“2021-03-15”。

图 3-1　样张

3．操作过程

（1）要求：获取 Word 文档素材，将标题“开题报告填写要求”字体设置为黑体，字号设置为小二，且居中对齐。

打开素材文件“素材.docx”，为了防止误操作，可以复制一份素材作为备份文件。将光标置于文章的开头处，选中标题“开题报告填写要求”，将字体设置为黑体，字号设置为小二，且居中对齐，如图 3-2 所示。

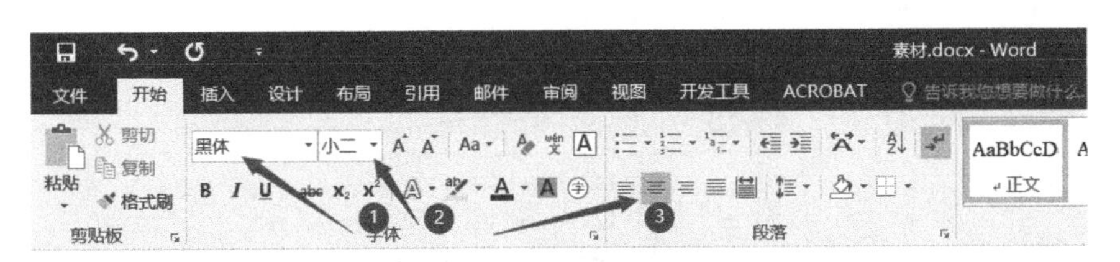

图 3-2　设置标题字体格式

（2）要求：将正文 4 段文字的字体设置为宋体，字号设置为四号，首行缩进 2 个字符，行距设置为固定值 22 磅，段后设置为 0.5 行。

选中正文的 4 段文字，将字体设置为宋体，字号设置为四号。单击“段落”选项组右下角的按钮，在弹出的“段落”对话框中，将“特殊格式”设置为“首行缩进”，“缩进值”设置为“2 字符”，“段后”设置为“0.5 行”，并将“行距”设置为“固定值”，“固定值”设置为“22 磅”，如图 3-3 所示。

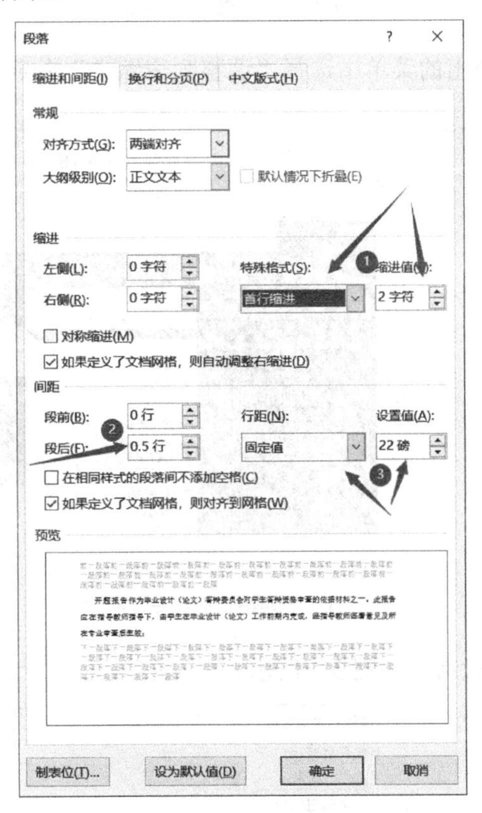

图 3-3　设置段落格式

（3）要求：在 4 个段落前添加自动编号。

再次选中上述 4 个段落，在“开始”选项卡中，单击“段落”选项组中按钮后面的下拉按钮，选择“1.，2.，3.，…”编号样式，如图 3-4 所示。

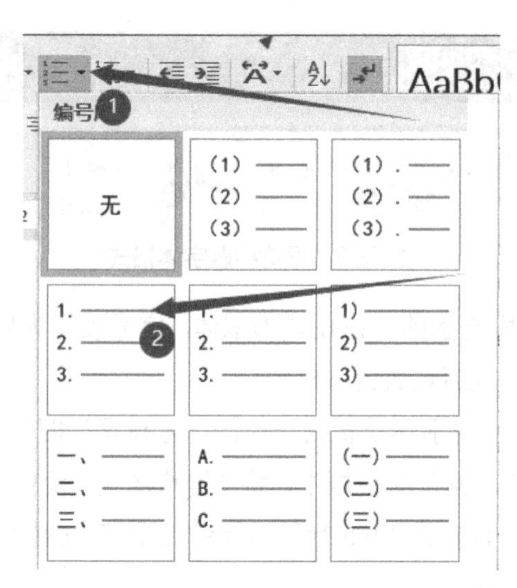

图 3-4　设置编号格式

单击鼠标右键，在弹出的菜单中选择“调整列表缩进”命令，如图 3-5 所示。

图 3-5　“调整列表缩进”命令

“调整列表缩进量”对话框如图 3-6 所示。

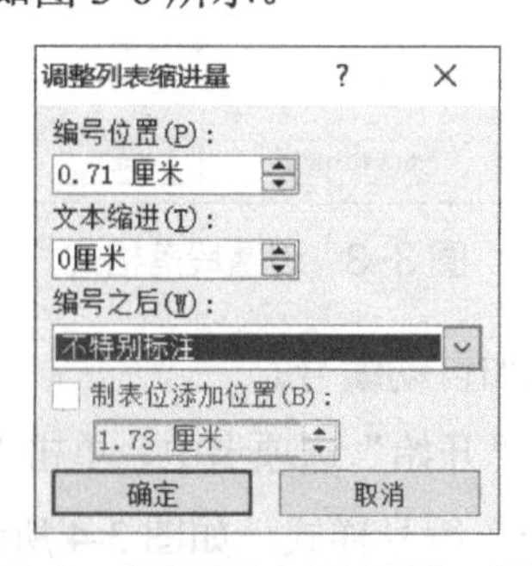

图 3-6　“调整列表缩进量”对话框

将“编号位置”设置为“0.71 厘米”,“文本缩进”设置为“0 厘米”,“编号之后”设置为“不特别标注”。单击“确定”按钮，操作结果如图 3-7 所示。

开题报告填写要求

1.开题报告作为毕业设计（论文）答辩委员会对学生答辩资格审查的依据材料之一。此报告应在指导教师的指导下，由学生在毕业设计（论文）工作的前期完成，经指导教师签署意见及所在专业审查后生效。

2.开题报告的内容必须使用黑色墨水笔工整书写或按教务处统一设计的电子文档标准格式（可以从继续教育学院网站上下载）打印，禁止在其他纸上打印后剪贴，完成后应及时交给指导教师签署意见。

3.“文献综述”应按论文的格式成文，并直接书写（或打印）在开题报告的第一栏目内，学生开题报告的文献综述部分，参考文献应不少于15篇（不包括辞典、手册）。

4.有关年月日等日期的填写，应当按照国标GB/T 7408—2005《数据元和交换格式、信息交换、日期和时间表示法》规定的要求，一律用阿拉伯数字书写。如“2021年3月15日”或“2021-03-15”。

图 3-7　操作结果

4. 相关知识

1）字符格式化

“字体”下拉列表：单击右侧的下拉按钮，可在弹出的下拉列表中选择需要的字体。

“字号”下拉列表：单击右侧的下拉按钮，可在弹出的下拉列表中选择需要的字号。

加粗 **B**：可将所选文字设置为加粗的。

倾斜 *I*：可将所选文字设置为倾斜的。

下画线__：为文字添加下画线。

字体颜色：为文字设置颜色。

文本效果：对所选文本应用外观效果（如阴影、发光或映像）。

上标：可将选择的文字设置为上标。

下标：可将选择的文字设置为下标。

增大字体：可将所选文字的字号增大。

缩小字体：可将所选文字的字号减小。

2）段落格式化

左对齐：将文字左对齐。

居中对齐：将文字居中对齐。

右对齐：将文字右对齐。

两端对齐：将文字左右两端同时对齐，并根据需要增加文字间距。

分散对齐：将段落两端同时对齐，并根据需要增加字符间距。

行距：行和段落间距。

项目符号：开始创建项目符号列表。

编号：开始创建编号列表。

增加缩进量：增加段落的缩进量。

减少缩进量：减少段落的缩进量。

5. 拓展训练

制作一张学生出门证（学生联）和一张学生出门证（存根联），两张证只有标题文字不同，将标题设置为黑体三号字，其余文字设置为宋体五号字，样张如图3-8所示。

学生出门证(学生联)

时间：______年______月______日　　______时______分

班级：____________　　班主任：____________

姓名：____________　　性别：____________

☐走读　　☐住宿

原因及去向：

____

____

____

系（盖章）签发人：____________

备注：

1、学生上课期间出校必须出示胸卡与此证交门卫核对，两证不符者不得出校，出校时将此证交门卫收存。

2、此证必须加盖系部公章且由班主任或系主任（学管干事）签字方为有效。

图3-8 “学生出门证（学生联）”样张

四、Word 操作题

1. 传感技术的发展

打开 T 盘中的 ED1.RTF 文件，按下列要求进行操作，样张如图 4-1 所示。

（1）给文章添加标题“传感技术的发展”，将其字体格式设置为华文彩云、二号字、加粗、标准深红色、居中对齐。

（2）为标题段填充标准浅蓝色底纹，并添加 1.5 磅标准红色带阴影边框。

（3）将正文第一段设置为首字下沉 3 行、距正文 0.3 厘米，首字字体设置为隶书，颜色设置为标准红色，其他段落设置为首行缩进 2 个字符。

（4）将正文中所有的“传感器”设置为标准橙色，并加着重号。

（5）参考样张，在正文的适当位置以四周型环绕方式插入图片“pic1.jpg”，并将图片高度设置为 4 厘米，宽度设置为 6 厘米。

（6）将正文倒数第二段分为等宽的两栏，栏间加分隔线。

（7）将奇数页页眉设置为“传感技术”，偶数页页眉设置为“国内外发展趋势”，均居中显示。

（8）参考样张，在正文的适当位置插入自选图形“椭圆形标注”，并添加文字“技术革命”，将其字体格式设置为楷体、四号字、标准蓝色，填充色设置为标准黄色，环绕方式设置为四周型。

（9）保存 ED1.RTF 文件。

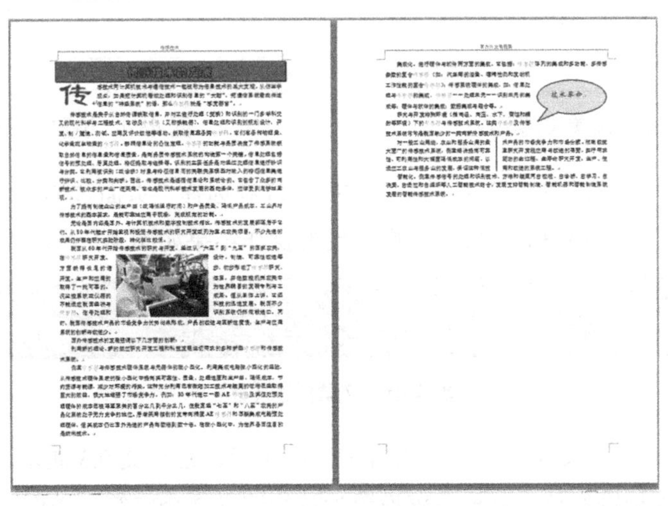

图 4-1　“传感技术的发展”样张

解答：

第（1）小题，给文章添加标题“传感技术的发展”，将其字体格式设置为华文彩云、二号字、加粗、标准深红色、居中对齐。操作过程如下。

将光标移动到文章第一行的最前面，输入文字“传感技术的发展”，按下 Enter 键，注意前面不要有空格，不要有首行缩进。选中文字“传感技术的发展”，在“开始”选项卡的“字体”选项组中将字体格式设置为华文彩云、二号字、加粗、标准深红色。将标题设置为居中对齐只需单击 ≡ 按钮即可，如图 4-2 所示。

传感技术的发展

图 4-2　文章标题（1）

第（2）小题，为标题段填充标准浅蓝色底纹，并添加 1.5 磅标准红色带阴影边框。操作过程如下。

将光标放在标题段落中，选择“页面布局→页面边框→底纹→填充→标准色→浅蓝”选项，并将“应用于”设置为“段落”，单击“确定”按钮，如图 4-3 所示。选择“页面布局→页面边框→边框→阴影”选项，并将“颜色”设置为标准色中的红色，“宽度”设置为“1.5 磅”，“应用于”设置为“段落”，如图 4-4 所示。

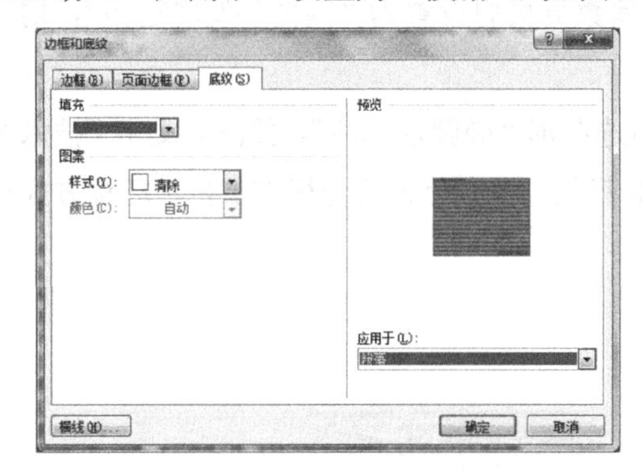

图 4-3　设置段落底纹

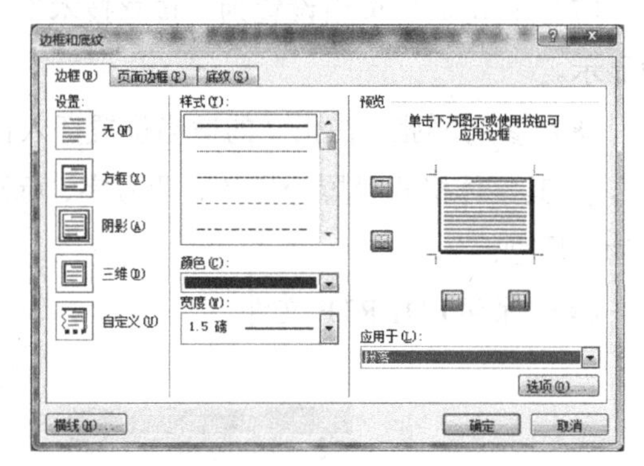

图 4-4　设置段落边框

如果设置错误，可以按 Ctrl+Z 组合键撤销，或者选择“页面边框→边框→无”选项撤销对边框的操作。第（1）和第（2）小题正确的操作结果如图 4-5 所示。

图 4-5　文章标题（2）

第（3）小题，将正文第一段设置为首字下沉 3 行、距正文 0.3 厘米，首字字体设置为隶书，颜色设置为标准红色，其他段落设置为首行缩进 2 个字符。操作过程如下。

将光标置于第一段中，选择“插入→首字→首字下沉选项→下沉”选项，设置首字下沉 3 行、距正文 0.3 厘米，并将首字字体设置为隶书，如图 4-6 所示。再选中下沉的文字，在“开始”选项卡中将字体颜色设置为标准色中的红色。选中其余各段，单击“段落”选项组右下角的 按钮，在打开的对话框的“特殊格式”下拉列表中选择“首行缩进”选项，并将“缩进值”设置为“2 字符”，如图 4-7 所示。

图 4-6　设置首字下沉

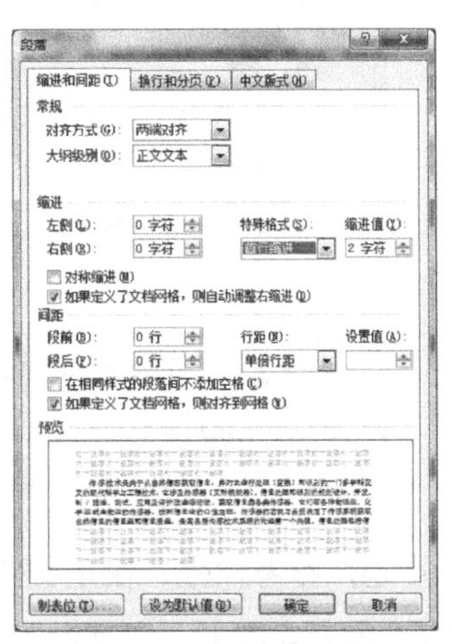

图 4-7　设置首行缩进

第（4）小题，将正文中所有的“传感器”设置为标准橙色，并加着重号。操作过程如下。

这一题是利用替换的方法来操作的。选择“开始→编辑→替换”选项，在“查找内容”文本框中输入“传感器”，在“替换为”文本框中也输入“传感器”，注意光标应该在“替换为”文本框中，选择“更多→格式→字体”选项，如图 4-8 所示。将字体颜色设置为标准色中的橙色，并加着重号，设置完成后单击“全部替换”按钮，如图 4-9 所示。如果操作错误，可以单击左上角快速访问工具栏中的“撤销”按钮。请注意文章标题中有没有文字被替换，如果替换操作错误，还可以在如图 4-9 所示的对话框中单击“更多→替换→不限定格式”按钮（注：图中的“更少”按钮是单击“更多”按钮后显示的）。

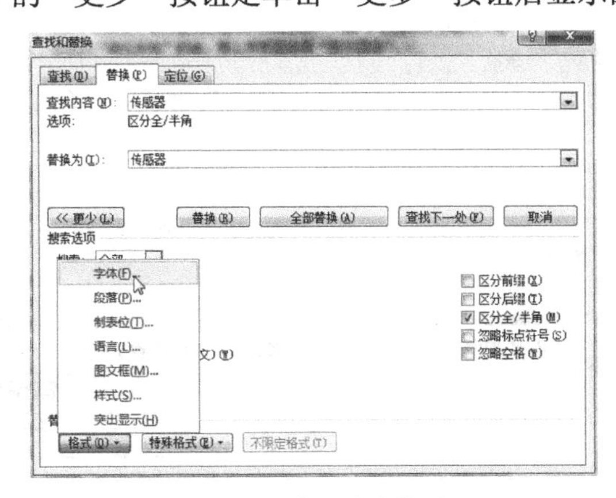

图 4-8　替换时的字体选项

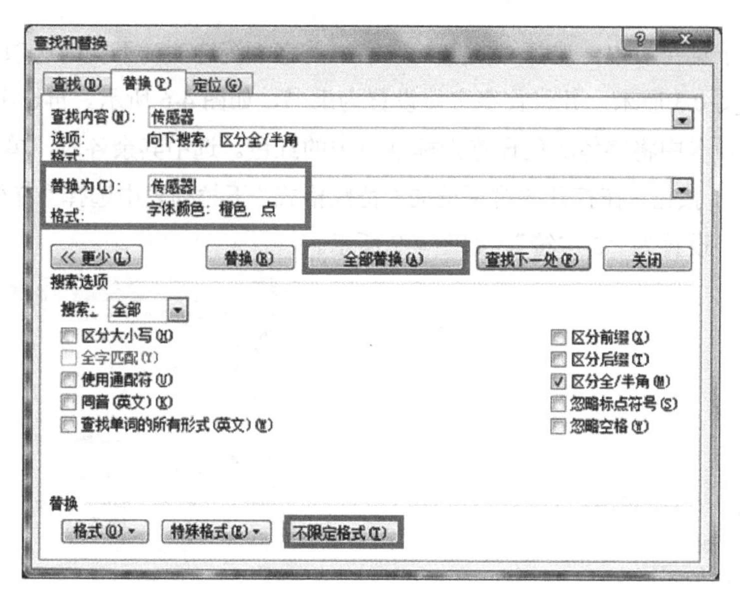

图 4-9　替换设置

第（5）小题，参考样张，在正文的适当位置以四周型环绕方式插入图片“pic1.jpg”，并将图片高度设置为 4 厘米，宽度设置为 6 厘米。操作过程如下。

选择“插入→图片”选项，找到图片“pic1.jpg”，单击“插入”按钮。双击插入的图片，在“图片工具-格式”选项卡中，单击“大小”选项组右下角的 按钮，在弹出的“设置图片格式”对话框中，将图片高度设置为 4 厘米，宽度设置为 6 厘米，注意不要勾选“锁定纵横比”复选框，如图 4-10 所示。选择“位置→其他布局选项→文字环绕”选项，将“环绕方式”设置为“四周型”，如图 4-11 所示。

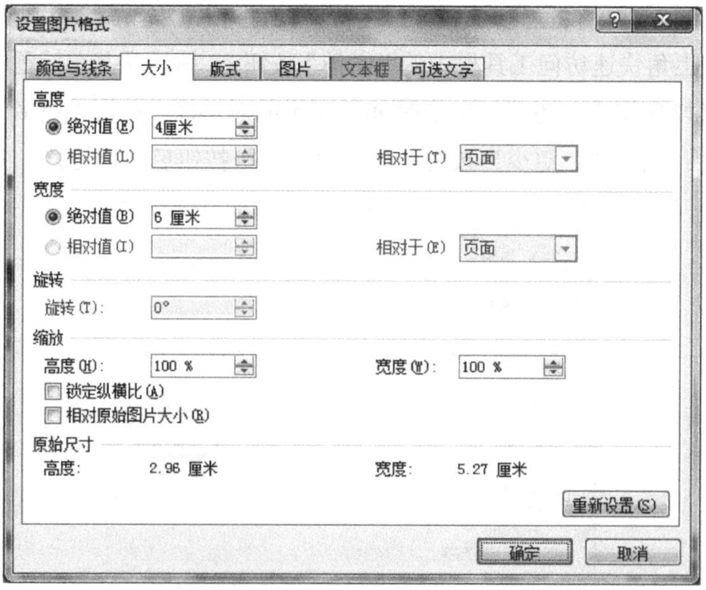

图 4-10　设置图片大小

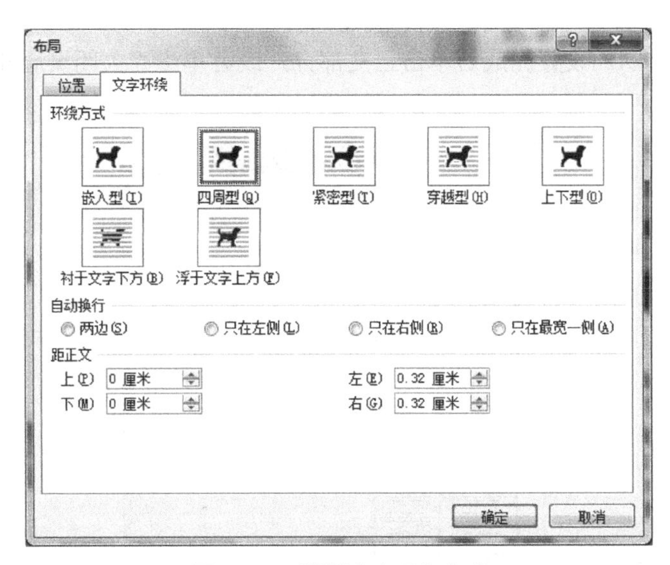

图 4-11　设置文字环绕方式

第（6）小题，将正文倒数第二段分为等宽的两栏，栏间加分隔线。操作过程如下。

选中正文倒数第二段，选择“页面布局→分栏→更多分栏→两栏”选项，并勾选“分隔线”和“栏宽相等”复选框，如图 4-12 所示。

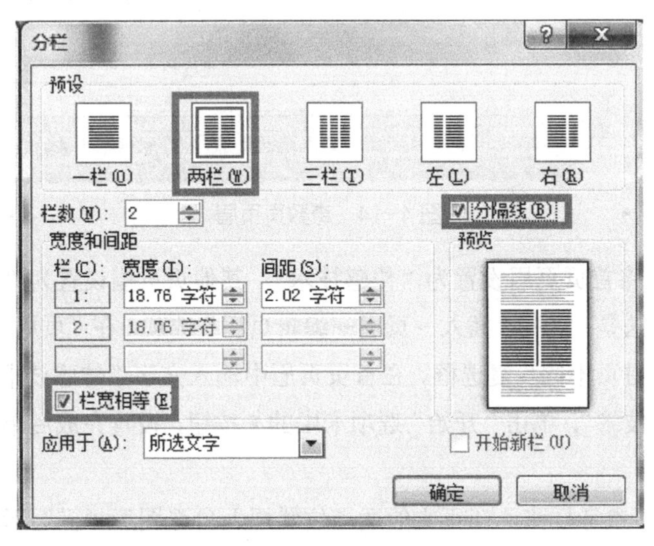

图 4-12　设置分栏

第（7）小题，将奇数页页眉设置为“传感技术”，偶数页页眉设置为“国内外发展趋势”，均居中显示。操作过程如下。

在“页面布局”选项卡中，单击“页面设置”选项组右下角的 按钮，在“版式”选项卡中勾选“奇偶页不同”复选框并单击“确定”按钮，如图 4-13 所示。也可以选择“插入→页眉→编辑页眉”选项，勾选“奇偶页不同”复选框，在奇数页页眉中输入文字“传感技术”，在偶数页页眉中输入文字“国内外发展趋势”，再单击“开始”选项卡中的 按钮即可，如图 4-14 所示。设置完成后单击正文部分，或者单击“关闭页眉和页脚”按钮，即可退出页眉。

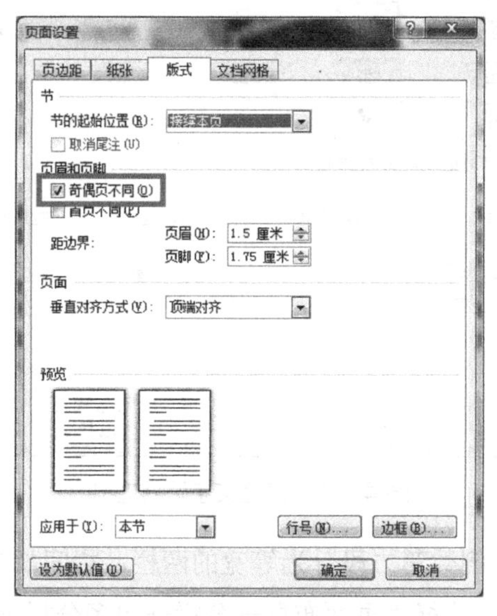

图 4-13 “奇偶页不同”复选框

图 4-14 奇数页页眉

如果题目为：将首页页眉设置为“传感技术”，其他页页眉设置为“其他技术”，居中显示。那么操作方法是：选择“插入→页眉→编辑页眉”选项，在“页眉和页脚工具-设计”选项卡中，勾选“首页不同”复选框。在首页页眉中输入文字“传感技术”，在其他页页眉中输入文字“其他技术”，单击“开始”选项卡中的≡按钮，设置完成后单击正文部分即可，注意保存。

第（8）小题，参考样张，在正文的适当位置插入自选图形“椭圆形标注”，并添加文字“技术革命”，将其字体格式设置为楷体、四号字、标准蓝色，填充色设置为标准黄色，环绕方式为四周型。操作过程如下。

参考样张，将光标置于正文倒数第三段，选择“插入→形状→标注→椭圆形标注”选项，在正文的适当位置拖动鼠标。在椭圆形内部添加文字“技术革命”，选中文字“技术革命”，将其字体格式设置为楷体、四号字、标准蓝色。右击椭圆形标注，选择“设置自选图形格式”命令，在“颜色与线条”选项卡中选择填充颜色为标准色中的黄色，如图 4-15 所示，并在“版式”选项卡中选择“四周型”选项，单击“确定”按钮。

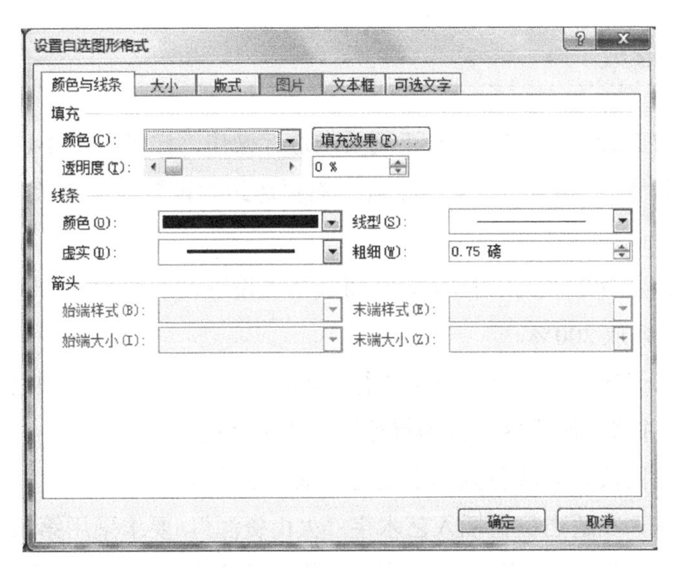

图 4-15　设置椭圆形标注格式

第（9）小题，保存 ED1.RTF 文件。

最后，保存当前操作文件，并关闭 Word。在交卷前，请打开所有操作过的文件进行确认。注意不要更改文件的路径，不要把文档复制到桌面上进行操作。将操作过的文件按要求保存在 T 盘中，交卷前，请查看 T 盘下有没有自己做过的文件。

本题的标准答案如图 4-16 所示。

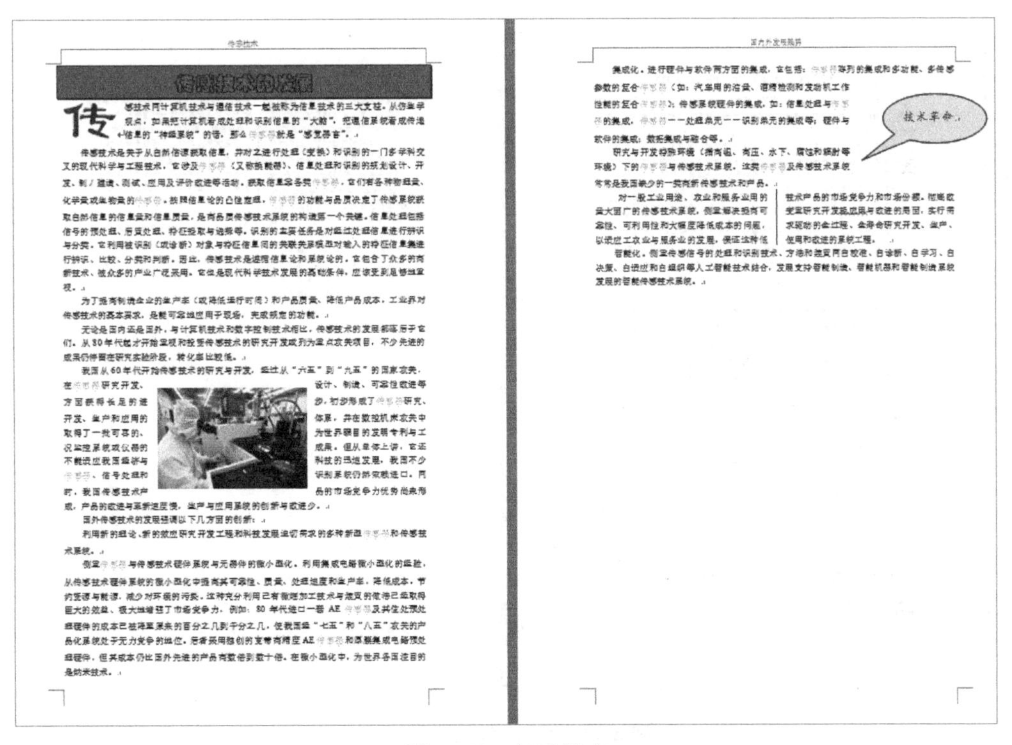

图 4-16　标准答案

2. 火山的形成

打开 T 盘中的 ED2.RTF 文件，按下列要求进行操作，样张如图 4-17 所示。

（1） 将页面设置为 A4 纸，上、下、左、右页边距均设置为 3 厘米，每页 40 行，每行 38 个字符。

（2） 给文章添加标题“火山的形成”，将其格式设置为隶书、小一号字、标准红色、居中对齐，字符间距缩放 200%。

（3） 将正文第一段设置为首字下沉 2 行，首字字体设置为楷体，颜色设置为标准蓝色，距正文 0.5 厘米，并将其他段落设置为首行缩进 2 个字符。

（4） 为正文第四段设置颜色为标准蓝色的双波浪线方框。

（5） 参考样张，在适当位置插入艺术字“火山资源”，要求采用第三行第四列的样式，并将艺术字字体格式设置为楷体、40 号字、加粗，环绕方式设置为四周型。

（6） 将正文中所有“火山”设置为标准红色、带着重号的格式。

（7） 将正文最后两段分为等宽的两栏，栏间加分隔线。

（8） 参考样张，在正文第一个“火山”的右侧插入编号格式为“①，②，③…”的脚注，内容为“英文名称 Volcano”。

（9） 保存 ED2.RTF 文件。

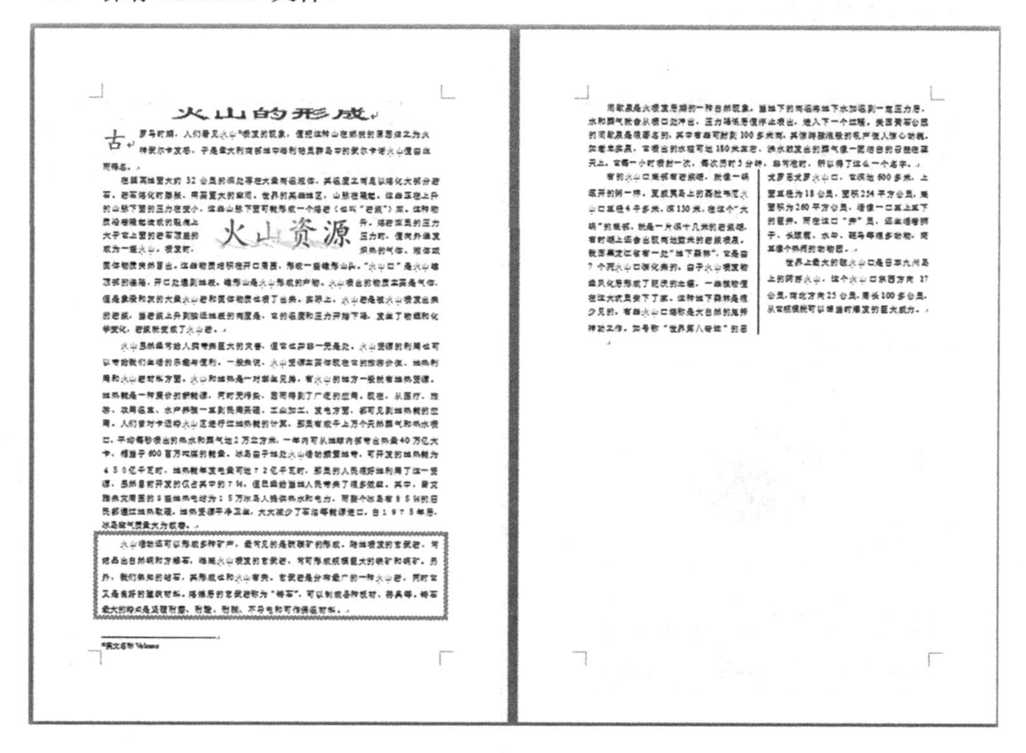

火山的形成

火山资源

图 4-17 “火山的形成”样张

解答：

第（1）小题，将页面设置为 A4 纸，上、下、左、右页边距均设置为 3 厘米，每页 40 行，每行 38 个字符。操作过程如下。

在“页面布局”选项卡中，单击“页面设置”选项组右下角的 按钮，在“纸张”选项卡中将“纸张大小”设置为 A4，如图 4-18 所示。在“页边距”选项卡中将页面的上、下、左、右页边距均设置为 3 厘米，如图 4-19 所示。并在“文档网格”选项卡中选中“指定行和字符网格”单选按钮，如图 4-20 所示。并设置每页 40 行，每行 38 个字符。

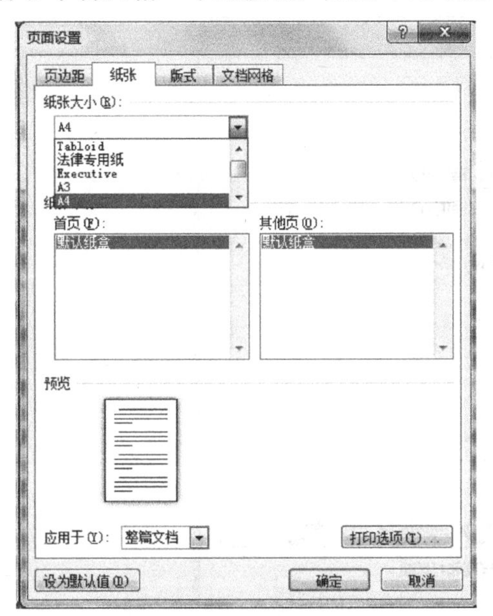

图 4-18　设置纸张大小

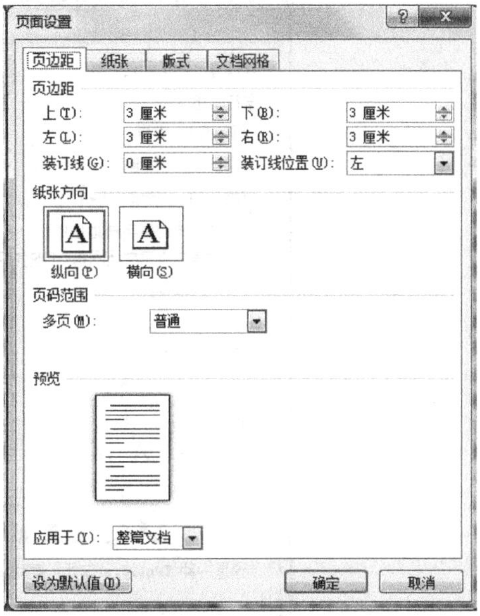

图 4-19　设置页边距

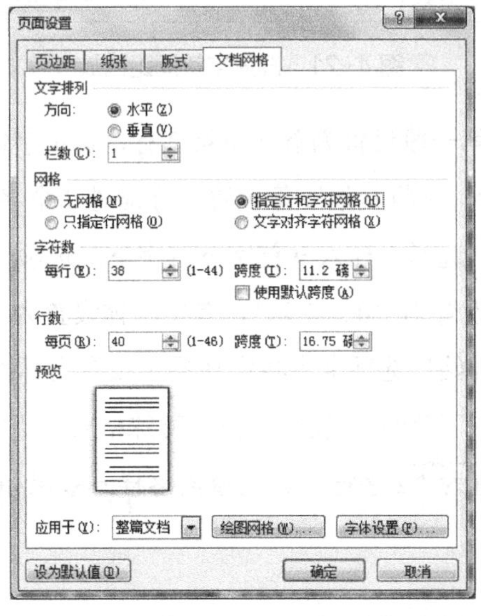

图 4-20　选中“指定行和字符网格”单选按钮

第（2）小题，给文章添加标题“火山的形成”，将其格式设置为隶书、小一号字、标准红色、居中对齐，字符间距缩放200%。操作过程如下。

在文章的最前面输入标题文字“火山的形成”，选中文章标题，在“字体”选项组中将其字体设置为隶书，字号设置为小一号，字体颜色设置为标准色中的红色，并单击“段落”选项组中的按钮。单击“字体”选项组右下角的按钮，会弹出“字体”对话框，在“高级”选项卡中将字符间距的“缩放”设置为200%，如图4-21所示。

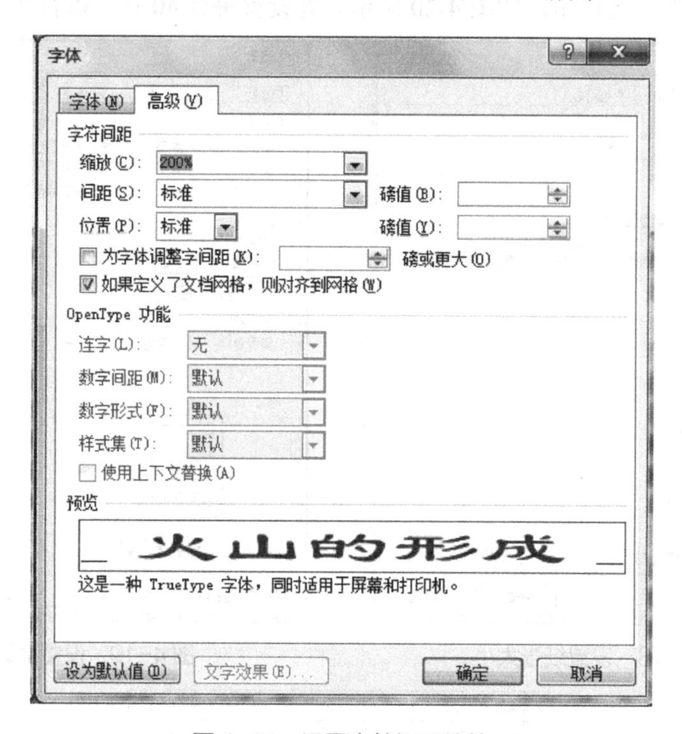

图4-21　设置字符间距缩放

第（3）小题，将正文第一段设置为首字下沉2行，首字字体设置为楷体，颜色设置为标准蓝色，距正文0.5厘米，并将其他段落设置首行缩进2个字符。操作过程如下。

将光标置于第一段中，选择“插入→首字→首字下沉选项→下沉”选项，将“下沉行数”设置为2，“距正文”设置为“0.5厘米”，首字字体设置为“楷体”，如图4-22所示。再选中下沉的文字，在“开始”选项卡中将字体颜色设置为标准色中的蓝色。选中其他段落，单击“段落”选项组右下角的按钮，在“特殊格式”下拉列表中选择“首行缩进”选项，并将“缩进值”设置为“2字符”。文章段落样式效果如图4-23所示。

首字下沉
位置
无(N)
下沉(D)
悬挂(M)
选项
字体(F):
楷体
下沉行数(L): 2
距正文(X): 0.5 厘米
确定
取消

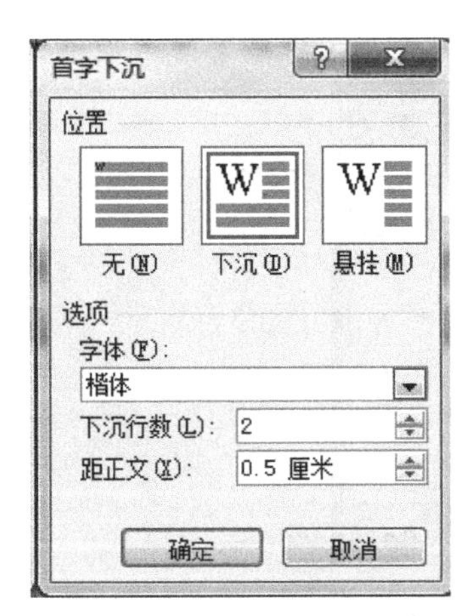

图 4-22　设置首字下沉

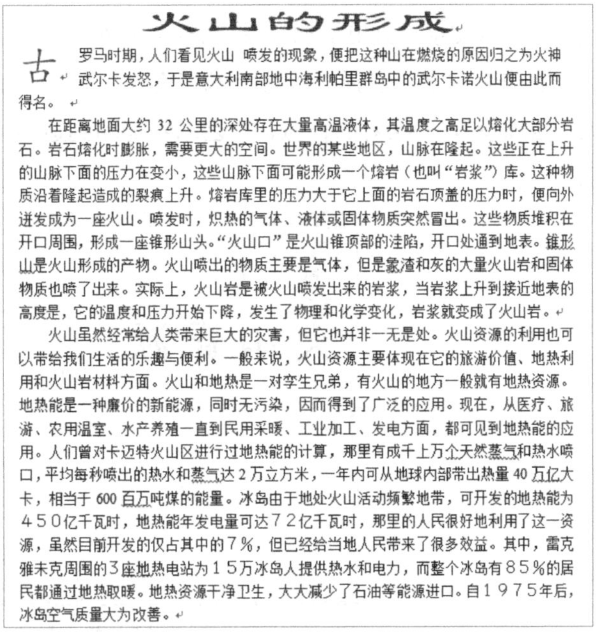

火山的形成
古罗马时期，人们看见火山 喷发的现象，便把这种山在燃烧的原因归之为火神武尔卡发怒，于是意大利南部地中海利帕里群岛中的武尔卡诺火山便由此而得名。
在距离地面大约 32 公里的深处存在大量高温液体，其温度之高足以熔化大部分岩石。岩石熔化时膨胀，需要更大的空间。世界的某些地区，山脉在隆起。这些正在上升的山脉下面的压力在变小，这些山脉下面可能形成一个熔岩（也叫“岩浆”）库。这种物质沿着隆起造成的裂痕上升。熔岩库里的压力大于它上面的岩石顶盖的压力时，便向外迸发成为一座火山。喷发时，炽热的气体、液体或固体物质突然冒出。这些物质堆积在开口周围，形成一座锥形山头。“火山口”是火山锥顶部的洼陷，开口处通到地表。锥形山是火山形成的产物。火山喷出的物质主要是气体，但是象渣和灰的大量火山岩和固体物质也喷了出来。实际上，火山岩是被火山喷发出来的岩浆，当岩浆上升到接近地表的高度是，它的温度和压力开始下降，发生了物理和化学变化，岩浆就变成了火山岩。
火山虽然经常给人类带来巨大的灾害，但它也并非一无是处。火山资源的利用也可以带给我们生活的乐趣与便利。一般来说，火山资源主要体现在它的旅游价值、地热利用和火山岩材料方面。火山和地热是一对孪生兄弟，有火山的地方一般就有地热资源。地热能是一种廉价的新能源，同时无污染，因而得到了广泛的应用。现在，从医疗、旅游、农用温室、水产养殖一直到民用采暖、工业加工、发电方面，都可见到地热能的应用。人们曾对卡迈特火山区进行过地热能的计算，那里有成千上万个天然蒸气和热水喷口，平均每秒喷出的热水和蒸气达 2 万立方米，一年内可从地球内部带出热量 40 万亿大卡，相当于 600 百万吨煤的能量。冰岛由于地处火山活动频繁地带，可开发的地热能为４５０亿千瓦时，地热能年发电量可达７２亿千瓦时，那里的人民很好地利用了这一资源，虽然目前开发的仅占其中的７%，但已经给当地人民带来了很多效益。其中，雷克雅未克周围的３座地热电站为１５万冰岛人提供热水和电力，而整个冰岛有８５%的居民都通过地热取暖。地热资源干净卫生，大大减少了石油等能源进口。自１９７５年后，冰岛空气质量大为改善。

图 4-23　文章段落样式效果

第（4）小题，为正文第四段设置颜色为标准蓝色的双波浪线方框。操作过程如下。

将光标置于正文第四段中的任意位置，选择“页面布局→页面边框→边框→方框”选项，“样式”选择双波浪线，“颜色”选择标准色中的蓝色，在“应用于”下拉列表中选择“段落”选项，单击“确定”按钮，如图 4-24 所示。

边框和底纹
边框(B)
页面边框(P)
底纹(S)
设置:
无(N)
方框(X)
阴影(A)
三维(D)
自定义(U)
样式(Y):
颜色(C):
宽度(W):
0.75 磅
预览
单击下方图示或使用按钮可应用边框
应用于(L):
段落
选项(O)...
横线(H)...
确定
取消

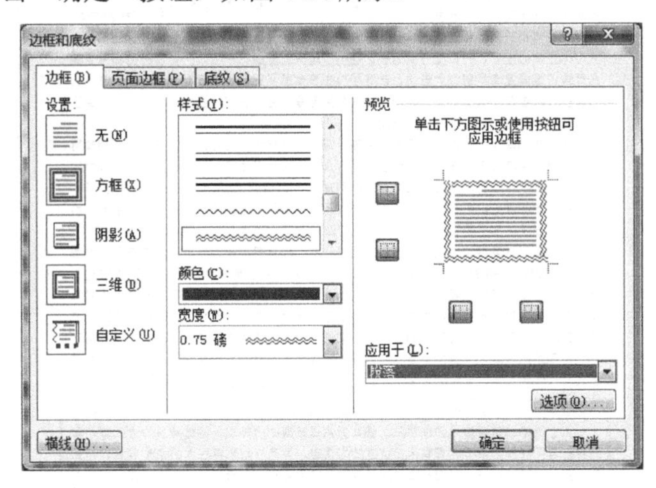

图 4-24　设置段落边框

第（5）小题，参考样张，在适当位置插入艺术字“火山资源”，要求采用第三行第四列的样式，并将艺术字字体格式设置为楷体、40 号字、加粗，环绕方式设置为四周型。操作过程如下。

参考样张，将光标置于第二段中，选择“插入→艺术字”选项，选择第三行第四列的样式，再输入文字“火山资源”，将艺术字字体设置为楷体，字号设置为40，加粗，如图4-25所示。右击艺术字，选择“设置艺术字格式”命令，在“版式”选项卡中将“环绕方式”设置为“四周型”，再次对照样张，把艺术字拖动到适当位置即可。设置成功后，效果如图4-26所示。

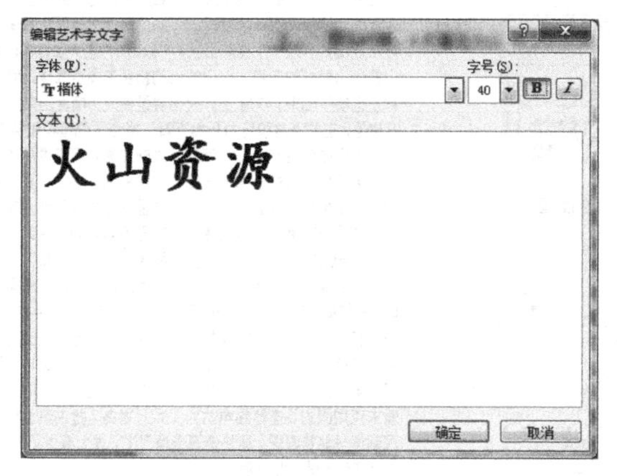

图4-25　插入艺术字

火山的形成

古罗马时期，人们看见火山 喷发的现象，便把这种山在燃烧的原因归之为火神武尔卡发怒，于是意大利南部地中海利帕里群岛中的武尔卡诺火山便由此而得名。

在距离地面大约32公里的深处存在大量高温液体，其温度之高足以熔化大部分岩石，岩石熔化时膨胀，需要更大的空间。世界的某些地区，山脉在隆起。这些正在上升的山脉下面的压力在变小，这些山脉下面可能形成一个熔岩（也叫“岩浆”）库。这种物质沿着隆起造成的裂痕上升。熔岩库里的压力大于它上面的岩石顶盖的压力时，便向外迸发成为一座火山。喷发时，炽热的气体、液体或固体物质突然冒出，这些物质堆积在开口周围，形成一座锥形山头。“火山口”是火山锥顶部的洼陷，开口处通到地表。锥形山是火山形成的产物。火山喷出的物质主要是气体，但是熔渣和灰的大量火山岩和固体物质也喷了出来。实际上，火山岩是被火山喷发出来的岩浆，当岩浆上升到接近地表的高度是，它的温度和压力开始下降，发生了物理和化学变化，岩浆就变成了火山岩。

火山资源

火山虽然经常给人类带来巨大的灾害，但它也并非一无是处。火山资源的利用也可以带给我们生活的乐趣与便利。一般来说，火山资源主要体现在它的旅游价值、地热利用和火山岩材料方面。火山和地热是一对孪生兄弟，有火山的地方一般就有地热资源。地热能是一种廉价的新能源，同时无污染，因而得到了广泛的应用。现在，从医疗、旅游、农用温室、水产养殖一直到民用采暖、工业加工、发电方面，都可见到地热能的应用。人们曾对卡迈特火山区进行过地热能的计算，那里有成千上万个天然蒸气和热水喷口，平均每秒喷出的热水和蒸气达2万立方米，一年内可从地球内部带出热量40万亿大卡，相当于600百万吨煤的能量。冰岛由于地处火山活动频繁地带，可开发的地热能为450亿千瓦时，地热能年发电量可达72亿千瓦时，那里的人民很好地利用了这一资源，虽然目前开发的仅占其中的7%，但已经给当地人民带来了很多效益。其中，雷克雅未克周围的3座地热电站为15万冰岛人提供热水和电力，而整个冰岛有85%的居民都通过地热取暖，地热资源干净卫生，大大减少了石油等能源进口，自1975年后，冰岛空气质量大为改善。

火山活动还可以形成多种矿产，最常见的是硫磺矿的形成。陆地喷发的玄武岩，常结晶出自然铜和方解石，海底火山喷发的玄武岩，常可形成规模巨大的铁矿和铜矿。另外，我们熟知的钻石，其形成也和火山有关。玄武岩是分布最广的一种火山岩，同时它又是良好的建筑材料，熔炼后的玄武岩称为“铸石”，可以制成各种板材、器具等，铸石最大的特点是坚硬耐磨、耐酸、耐碱、不导电和可作保温材料。

图4-26　边框和艺术字效果

第（6）小题，将正文中所有“火山”设置为标准红色、带着重号的格式。操作过程如下。这一题是利用替换功能操作的。选择“开始→替换”选项，在“查找内容”文本框中输入“火山”，在“替换为”文本框中也输入“火山”，单击“更多”按钮，在“格式”下拉列表中选择“字体”选项，将字体颜色设置为标准色中的红色，并加着重号，单击“确定”按钮，如图 4-27 所示，再单击“全部替换”按钮。如果操作错误，可以单击左上角快速访问工具栏中的“撤销”按钮。请注意，本操作可能会把文章标题中的“火山”两个字也替换了，所以还要单独把这两个字的着重号去掉，方法是选中标题中的“火山”两个字，选择“开始→字体→着重号→无”选项。

图 4-27　设置替换字体格式

第（7）小题，将正文最后两段分为等宽的两栏，栏间加分隔线。操作过程如下。

选中正文的最后两段，注意不要选中文章最后一个段落符号↵，选择“页面布局→分栏→更多分栏→两栏”选项，勾选“栏宽相等”和“分隔线”复选框，如图 4-28 所示。如果文章最后一个段落符号被选中，则分成的两栏的效果与样张不同，文字全部位于左侧一栏。分栏的效果如图 4-29 所示。

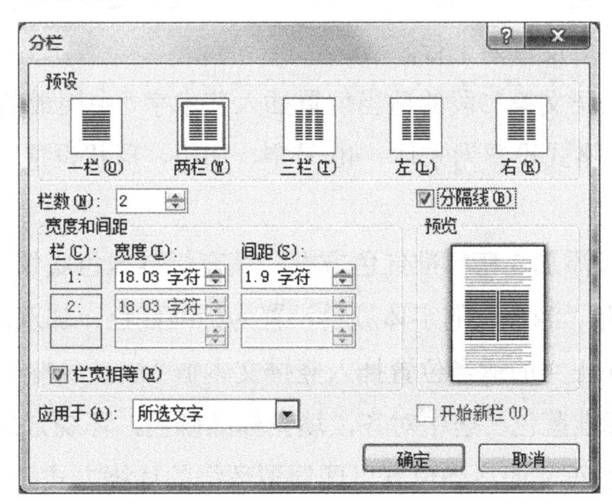

图 4-28　设置分栏

有的火山口底部有岩浆湖，就像一锅滚开的粥一样。夏威夷岛上的基拉韦厄火山口直径4千多米，深130米，在这个“大锅”的底部，就是一片深十几米的岩浆湖，有时湖上还会出现高达数米的岩浆喷泉。我国黑龙江省有一处“地下森林”，它是由7个死火山口演化来的。由于火山喷发物经风化后形成了肥沃的土壤，一些植物便在这大坑里安下了家。这种地下森林是很少见的。有些火山口堪称是大自然的鬼斧神功之作。如号称“世界第八奇迹”的恩戈罗恩戈罗火山口，它深达600多米，上面直径为18公里，面积254平方公里，底面积为260平方公里，活像一口直上直下的巨井。而在这口“井”里，还生活着狮子、长颈鹿、水牛、斑马等很多动物，简直像个热闹的动物园。

世界上最大的破火山口是日本九州岛上的阿苏火山，这个火山口东西方向17公里，南北方向25公里，周长100多公里，从它规模就可以想当时爆发的巨大威力。

图4-29 分栏效果

第（8）小题，在正文第一个“火山”的右侧插入编号格式为“①，②，③…”的脚注，内容为“英文名称 Volcano”。操作过程如下。

将光标放在正文第一段中第一个“火山”的右侧，单击“引用”选项卡中“脚注”选项组右下角的 按钮，会弹出“脚注和尾注”对话框，在“编号格式”下拉列表中选择“①，②，③…”选项，再单击“插入”按钮，此时，光标会自动跳到页面的底端。在页面的底端输入文字“英文名称 Volcano”，完成后将光标置于正文中，注意保存。

第（9）小题，保存 ED2.RTF 文件。注意文件所在的路径。

上述操作全部完成后，再与样张进行核对，保证与样张一致。

3. 涠洲岛概况

打开 T 盘中的 ED3.RTF 文件，按下列要求进行操作，样张如图 4-30 所示。

（1）将页面设置为 A4 纸，上、下页边距设置为 2.5 厘米，左、右页边距设置为 3 厘米，每页 38 行，每行 34 个字符。

（2）给文章添加标题“涠洲岛概况”，居中显示，将标题文字设置为隶书、小初、标准深蓝色、加粗，段后间距设置为 1 行。

（3）参考样张，在正文第二段的适当位置插入艺术字“中国最美的地方”，采用第三行第四列的样式，将字体格式设置为宋体、40 号字、加粗，形状设置为“波形 1”，环绕方式设置为紧密型。

（4）为正文第三段添加 3 磅标准红色方框，填充标准绿色底纹。

（5）将正文中所有“涠洲”的字体颜色设置为标准红色，加双波浪下画线。

（6）参考样张，在正文的适当位置插入竖排文本框“涠洲岛特产”，将字体格式设置为华文彩云、三号字、标准蓝色、居中对齐，填充标准橙色，环绕方式设置为四周型。

（7）参考样张，在正文的适当位置以四周型环绕的环绕方式插入图片“pic3.jpg”，并将图片高度、宽度的缩放比例均设置为 80%。

（8） 参考样张，在第二页的右上角插入文本框，将 file3.txt 文件中的内容添加到该文本框中，将其字体设置为隶书，文本框边框设置为 2 磅标准红色方点，环绕方式设置为四周型，并适当调整其大小。

（9） 保存 ED3.RTF 文件。

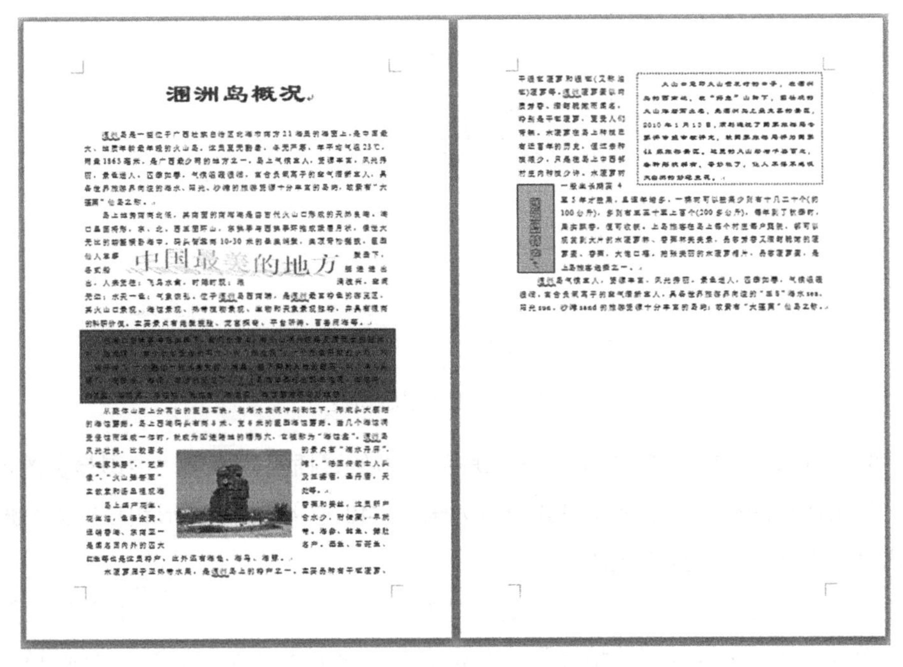

图 4-30 “涠洲岛概况”样张

解答：

第（1）小题，将页面设置为 A4 纸，上、下页边距设置为 2.5 厘米，左、右页边距设置为 3 厘米，每页 38 行，每行 34 个字符。操作过程如下。

在“页面布局”选项卡中单击“页面设置”选项组右下角的按钮，在“纸张”选项卡中将“纸张大小”设置为 A4。将页边距的上、下页边距设置为 2.5 厘米，左、右边距设置为 3 厘米，并在“文档网格”选项卡中，选中“指定行和字符网格”单选按钮，设置每页 38 行，每行 34 个字符。

第（2）小题，给文章添加标题“涠洲岛概况”，居中显示，将标题文字设置为隶书、小初、标准深蓝色、加粗，段后间距设置为 1 行。操作过程如下。

在文章的最前方输入文字“涠洲岛概况”并选中，在“字体”选项组中将其字体设置为隶书，字号设置为小初，字体颜色设置为标准色中的深蓝色，并单击“段落”选项组中的按钮。单击“段落”选项组右下角的按钮，将段后间距设置为 1 行，如图 4-31 所示。

如果发现标题不能居中，可以在“页面设置”对话框的“文档网格”选项卡中，选中“指定行和字符网格”单选按钮。

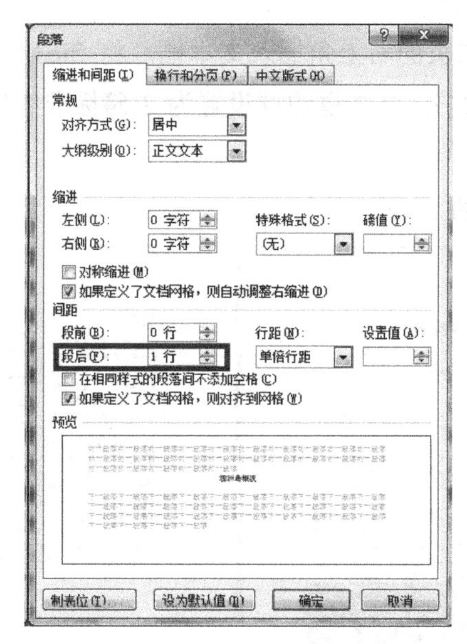

图 4-31　设置段后间距

第（3）小题，参考样张，在正文第二段的适当位置插入艺术字“中国最美的地方”，采用第三行第四列的样式，将字体格式设置为宋体、40 号字、加粗，形状设置为“波形 1”，环绕方式设置为紧密型。操作过程如下。

参考样张，将光标置于第二段中，选择“插入→艺术字”选项，选择第三行第四列的样式，再输入文字“中国最美的地方”，并将艺术字的字体设置为宋体，字号设置为 40，加粗。右击艺术字，选择“设置艺术字格式”命令，在打开的“设置艺术字格式”对话框的“版式”选项卡中，将“环绕方式”设置为“紧密型”，如图 4-32 所示。双击艺术字，会出现“艺术字工具-格式”选项卡，选择“艺术字工具-格式→更改形状→弯曲→波形 1”选项，光标在图形上停留片刻，就会出现提示，找到“波形 1”即可，如图 4-33 所示。再次对照样张，把图片拖动到适当位置即可。

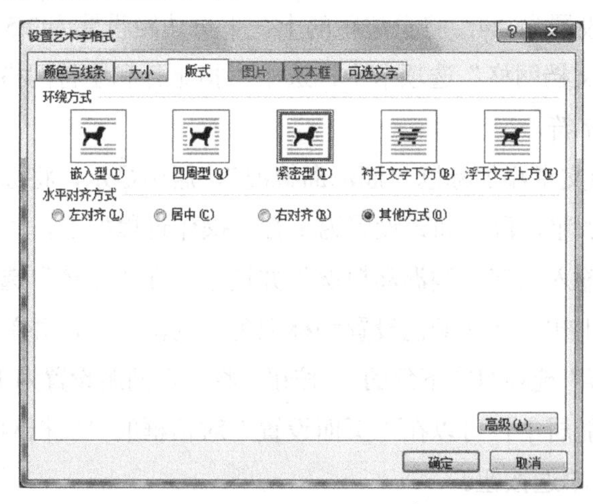

图 4-32　“波形 1”形状

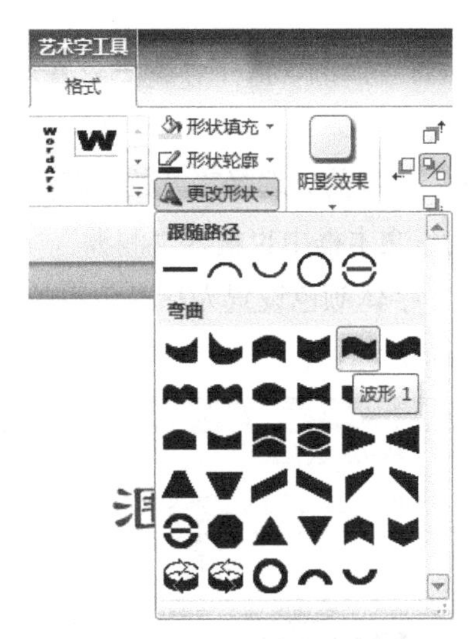

图 4-33　艺术字形状

第（4）小题，为正文第三段添加 3 磅标准红色方框，填充标准绿色底纹。操作过程如下。

将光标置于正文第三段中的任意位置，选择“页面布局→页面边框→边框→方框”选项，并将“宽度”设置为“3.0 磅”，“颜色”设置为标准色中的红色，在“应用于”下拉列表中选择“段落”选项，单击“确定”按钮，如图 4-34 所示。选择“页面布局→页面边框→底纹→填充→标准色→绿色”选项，单击“确定”按钮。如果设置错误，可以在左上角的快速访问工具栏中单击“撤销”按钮，或在“边框”选项卡中选择“无”选项，在“底纹”选项卡中将“填充”设置为“无颜色”。

这里补充说明一下，如果题目要求变为“将页面边框设置为 3 磅标准深红色方框”，则操作过程为：选择“页面布局→页面边框→方框”选项，将“宽度”设置为“3.0 磅”，“颜色”设置为标准色中的深红色，“应用于”设置为“整篇文档”，单击“确定”按钮。

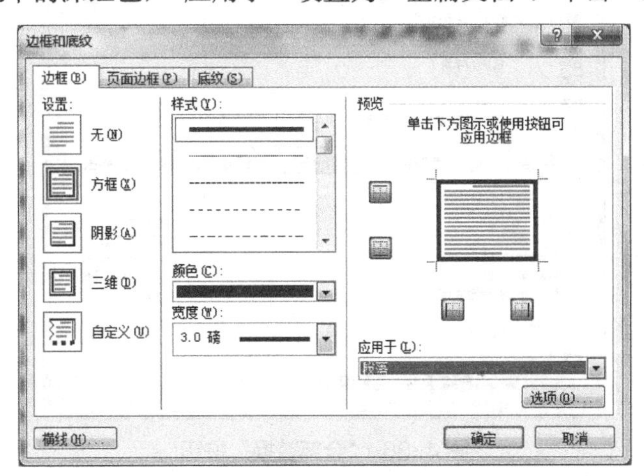

图 4-34　设置边框

第（5）小题，将正文中所有“澗洲”的字体颜色设置为标准红色，加双波浪下画线。操作过程如下。

这一题是利用替换的方法来操作的。选择“开始→替换”选项，在“查找内容”文本框中输入“澗洲”，在“替换为”文本框中也输入“澗洲”，单击“更多”按钮，在“格式”下拉列表中选择“字体”选项，字体颜色设置为标准色中的红色，并加双波浪下画线，单击“确定”按钮，如图 4-35 所示。

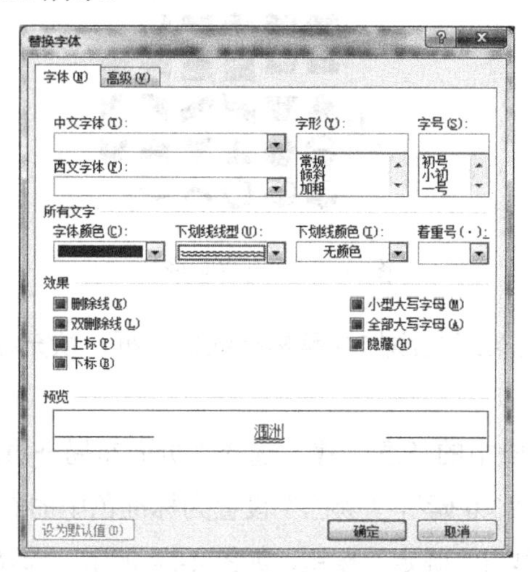

图 4-35　设置替换字体格式

再单击“全部替换”按钮，如图 4-36 所示。如果操作错误，可以单击“不限定格式”按钮，也可以单击左上角快速访问工具栏中的“撤销”按钮。请注意，本操作可能会把文章标题中的“澗洲”两个字替换了，所以还要把这两个字改回原样，最快速的方式是用“格式刷”工具。

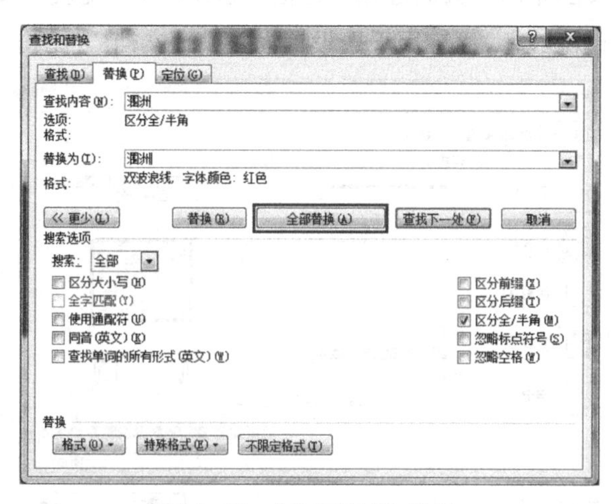

图 4-36　“全部替换”按钮

注：图 4-35 中“下划线”的正确写法为“下画线”，后文同。

第（6）小题，参考样张，在正文的适当位置插入竖排文本框“涠洲岛特产”，将字体格式设置为华文彩云、三号字、标准蓝色、居中对齐，填充标准橙色，环绕方式设置为四周型。操作过程如下。

将光标置于文章的第二页，选择“插入→文本框→绘制竖排文本框”选项。这时鼠标指针会变成十字形，拖动鼠标指针在页面上绘制出竖排文本框，并输入文字“涠洲岛特产”，再选中文字“涠洲岛特产”，将字体格式设置为华文彩云，字号设置为三号字，颜色设置为标准色中的蓝色，单击按钮，适当地调整文本框的大小。双击文本框，会出现“文本框工具-格式”选项卡，在“形状填充”下拉列表中选择标准色中的橙色，并在“位置”下拉列表中选择“其他布局选项”选项，在“文字环绕”选项卡中将环绕方式设置为“四周型”，如图4-37所示。

第（7）小题，参考样张，在正文的适当位置以四周型的环绕方式插入图片“pic3.jpg”，并将图片高度、宽度的缩放比例均设置为80%。操作过程如下。

将光标置于正文第四段中，选择“插入→图片”选项，找到pic3.jpg文件，插入即可。双击插入的图片，会出现“图片工具-格式”选项卡，单击“图片工具-格式”选项卡中“大小”选项组右下方的按钮，弹出如图4-38所示的“设置图片格式”对话框，将图片高度、宽度的缩放比例均设置为80%，在“版式”选项卡中选择“四周型”选项，再单击“确定”按钮，最后参考样张，将图片移动到正文的适当位置。

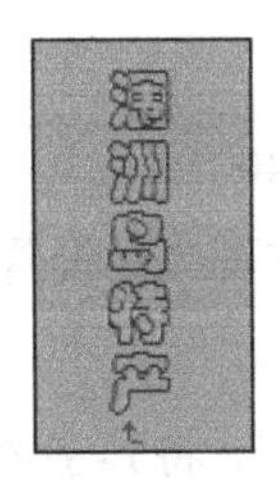

图4-37　竖排文本框

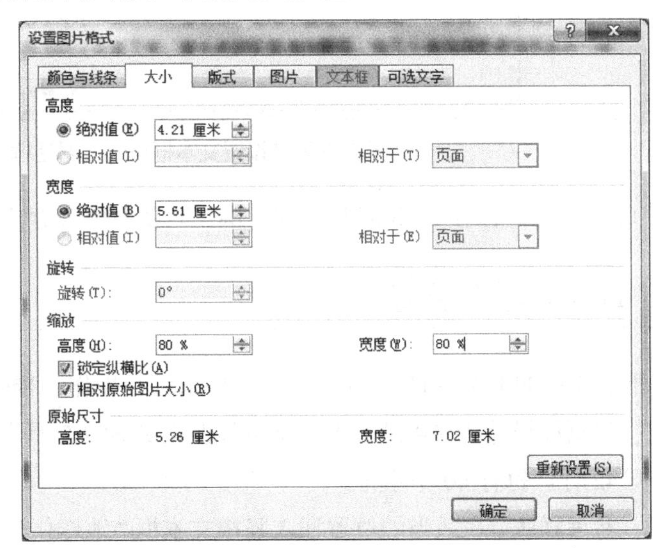

图4-38　“设置图片格式”对话框

第（8）小题，参考样张，在第二页的右上角插入文本框，将file3.txt文件中的内容添加到该文本框中，将其字体设置为隶书，文本框边框设置为2磅标准红色方点，环绕方式设置为四周型，并适当调整其大小。操作过程如下。

将光标置于第二页右上角，选择“插入→文本框→简单文本框”选项，将file3.txt文件中的内容复制到该文本框中，再将光标置于正文其他位置。双击文本框，会出现“文本框工具-格式”选项卡，选择“形状轮廓→虚线→其他线条→颜色与线条”选项，将“颜色”设置为标准色中的红色，“虚实”设置为方点，“粗细”设置为“2 磅”，如图 4-39 所示。选择“版式→四周型→右对齐”选项，并单击“确定”按钮。参考样张，将文本框移动到正文的适当位置。

本题也可以右击文本框，在弹出的菜单中选择“设置文本框格式”命令，进行相关操作。需要注意的是，如果在“页面布局”选项卡中单击“页面边框”按钮，则在宽度下，找不到“2 磅”选项。

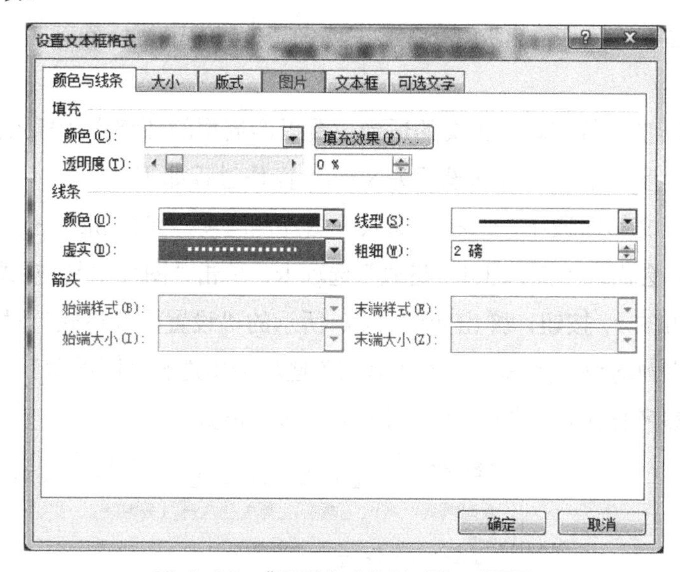

图 4-39 “设置文本框格式”对话框

第（9）小题，保存 ED3.RTF 文件。操作时要及时保存文件，注意文件所在的路径。

4. 地球化学发展简史

打开 T 盘中的 ED4.RTF 文件，按下列要求进行操作，样张如图 4-40 所示。

（1） 将页面设置为 A4 纸，上、下页边距设置为 2.5 厘米，左、右页边距设置为 3 厘米，每页 42 行，每行 40 个字符。

（2） 参考样张，在适当的位置插入竖排文本框“地球化学发展简史”，将其字体格式设置为华文行楷、二号字、标准红色，文本框环绕方式设置为四周型，填充标准蓝色。

（3） 将正文第一段设置为首字下沉 2 行，首字字体设置为隶书，颜色设置为标准蓝色，其他段落设置为首行缩进 2 个字符。

（4） 将正文中所有的“化学”设置为标准红色，加双波浪下画线。

（5） 将奇数页页眉设置为“地球化学”，偶数页页眉设置为“发展简史”，均居中显示。

（6） 参考样张，在正文的适当位置插入图片“pic4.jpg”，将图片的宽度、高度缩放均设置为 150%，环绕方式设置为四周型。

（7） 参考样张，在正文的适当位置插入自选图形“椭圆形标注”，添加文字“地球化学的基本内容”，将其文字格式设置为华文彩云、标准红色、三号字，自选图形格式设置为标准浅蓝色填充色、紧密型环绕。

（8） 将正文最后一段分为等宽的两栏，栏间加分隔线。

（9） 保存 ED4.RTF 文件。

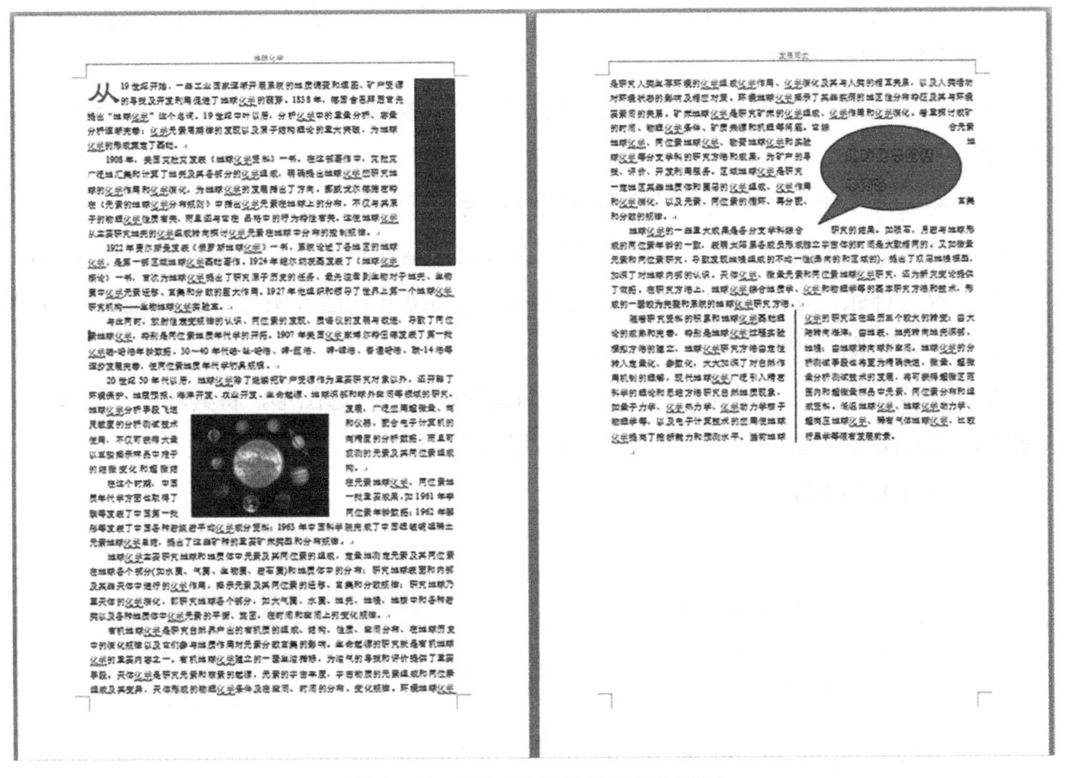

图 4-40 “地球化学发展简史”样张

解答：

第（1）小题到第（7）小题的操作与前面操作类似。

第（8）小题，将正文最后一段分为等宽两栏，栏间加分隔线。操作过程如下。

在“开始”选项卡中单击“段落”选项组中的按钮，这个操作要注意不能选中段落最后的段落符号，否则只能分成一栏。在“页面布局”选项卡中选择“分栏→更多分栏→两栏”选项，并勾选“分隔线”复选框。

第（9）小题，保存 ED4.RTF 文件。注意文件所在的路径。

5. 苏州刺绣

打开 T 盘中的 ED5.RTF 文件，按下列要求进行操作，样张如图 4-41 所示。

（1） 将页面设置为 16 开纸，上、下、左、右页边距均设置为 2.5 厘米，每页 40 行，每行 36 个字符。

（2） 给文章加标题“苏州刺绣”，居中显示，将其字体格式设置为隶书、一号字、标准蓝色、加粗，字符间距缩放 200%。

（3） 将正文第二段设置为首字下沉 3 行，首字字体设置为楷体，颜色设置为标准红色，其余各段设置为首行缩进 2 个字符。

（4） 给正文第三段添加 1.5 磅带阴影的标准蓝色边框，填充白色、背景 1、深色 15% 的底纹。

（5） 将正文中所有“苏绣”的字体格式设置为标准深红色、双下画线。

（6） 将奇数页页眉设置为“苏州刺绣”，偶数页页眉设置为“手工艺品”，均居中显示。

（7） 参考样张，在适当的位置以四周型环绕的环绕方式插入图片“pic5.jpg”，并将其高度设置为 4 厘米，宽度设置为 5 厘米。

（8） 参考样张，在正文最后一段插入“椭圆形标注”自选图形，将其环绕方式设置为紧密型，填充标准黄色，并在其中添加文字“四大名绣之一”。

（9） 保存 ED5.RTF 文件。

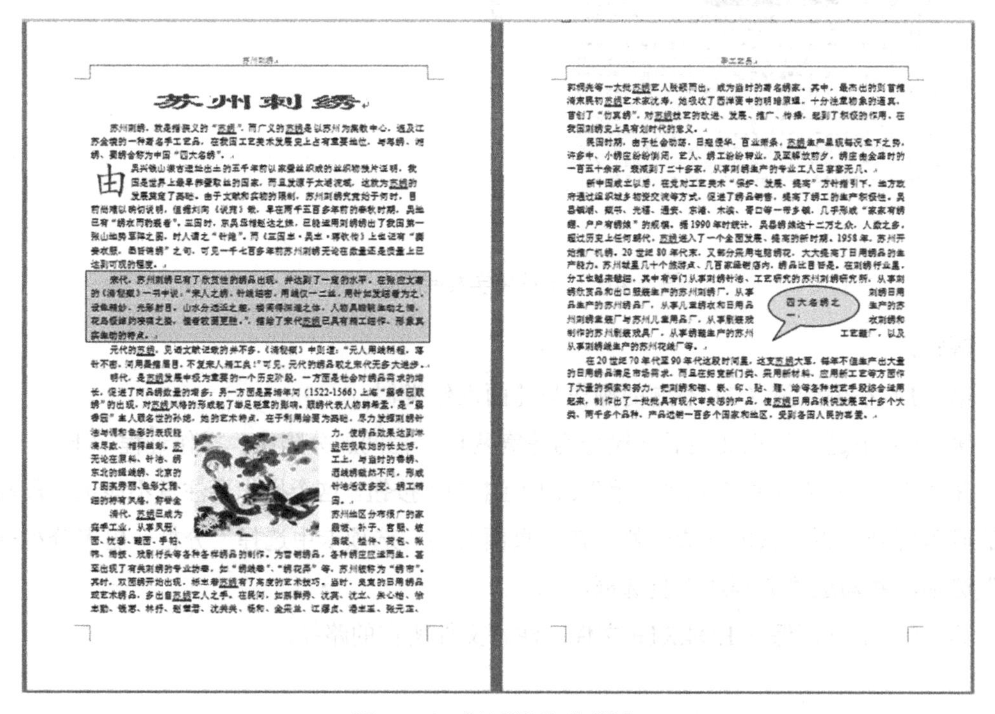

图 4-41 “苏州刺绣”样张

解答：

第（1）小题到第（3）小题的操作与前面的操作类似。

第（4）小题，给正文第三段添加 1.5 磅带阴影的标准蓝色边框，填充白色、背景 1、深色 15%的底纹。操作过程如下。

选择“页面布局→页面边框→边框→阴影→颜色→标准色→蓝色”选项，并将“宽度”设置为“1.5 磅”，“应用于”设置为“段落”。在“底纹”选项卡的“图案”选区中，将“样式”设置为 15%，“颜色”设置为“白色，背景 1，深色 15%”，单击“确定”按钮，如图 4-42 所示。

第（5）小题到第（8）小题的操作与前面的操作类似，此处不做赘述。

第（9）小题，保存 ED5.RTF 文件。注意文件所在的路径。

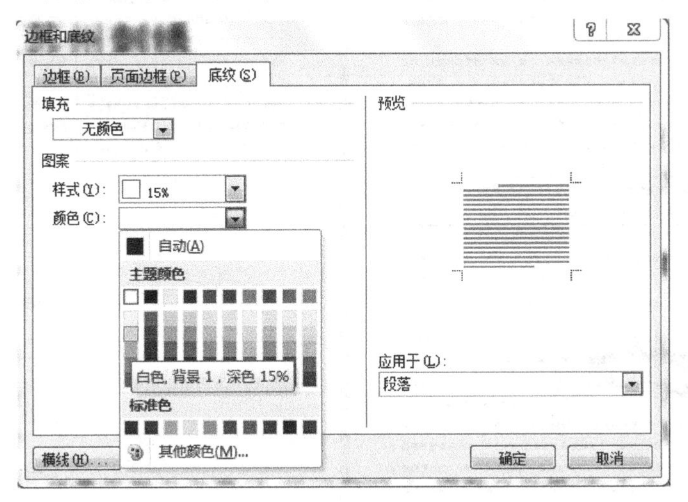

图 4-42　填充底纹

6. 地质仪器

打开 T 盘中的 ED6.RTF 文件，按下列要求进行操作，样张如图 4-43 所示。

（1） 将页面设置为 A4 纸，上、下、左、右页边距均设置为 2 厘米。

（2） 参考样张，在文章的适当位置插入艺术字“地质仪器”，采用第四行第三列的样式，将艺术字字体格式设置为隶书、48 号字，形状设置为“两端近”，环绕方式设置为紧密型。

（3） 将正文行距设置为 1.5 倍行距，第一段设置为首字下沉 2 行，首字字体设置为黑体，其余各段设置为首行缩进 2 个字符。

（4） 将正文中所有“仪器”的字体格式设置为标准红色、加粗。

（5） 为正文第四段填充白色、背景 1、深色 15%的底纹，并加 1.5 磅带阴影的绿色边框。

（6）参考样张，在正文适当位置以四周型环绕方式插入图片“pic6.jpg”，将图片高度设置为4厘米，宽度设置为6厘米。

（7）将奇数页页眉设置为“地质仪器”，偶数页页眉设置为“发展简史”。

（8）将正文最后两段分为等宽的两栏，栏间加分隔线。

（9）保存ED6.RTF文件。

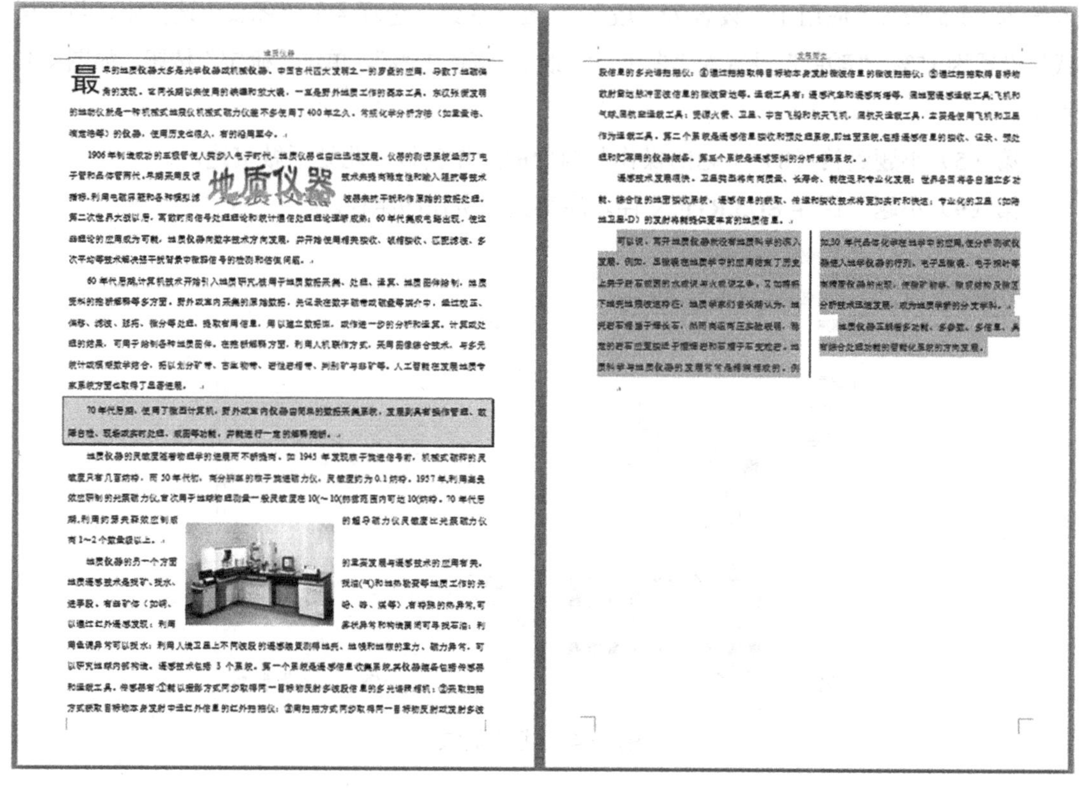

图4-43 “地质仪器”样张

解答：

第（1）小题到第（2）小题的操作与前面的操作类似。

第（3）小题，将正文行距设置为1.5倍行距的操作过程为：在“开始”选项卡中，单击“段落”选项组右下角的 按钮，将“行距”设置为“1.5倍行距”。其他操作与前面的操作类似。

第（5）小题到第（7）小题的操作与前面的操作类似。

第（8）小题，注意不能选中文章最后一段末尾的段落标记↵，否则只能分成一栏。

第（9）小题，保存ED6.RTF文件。注意文件所在的路径。

7. 火山爆发——大自然的疯狂

打开 T 盘中的 ED7.RTF 文件，按下列要求进行操作，样张如图 4-44 所示。

（1） 将页面设置为 A4 纸，上、下页边距设置为 2.5 厘米，左、右页边距设置为 3 厘米，每页 40 行，每行 42 个字符。

（2） 给文章加标题“火山爆发——大自然的疯狂”，并将标题字体格式设置为华文新魏、一号字、居中对齐，字符间距缩放 120%。

（3） 参考样张，在标题下方添加一条 2 磅标准红色直线，并将第一段段前设置为 1 行。

（4） 将正文第三段设置为首字下沉 2 行，首字字体设置为楷体，其余各段设置为首行缩进 2 个字符。

（5） 参考样张，在适当的位置插入图片“pic7.jpg”，将图片的高度设置为 3 厘米，宽度设置为 5 厘米，环绕方式设置为四周型。

（6） 给正文第四段添加标准绿色 3 磅带阴影边框，填充白色，背景 1，深色 25%的底纹。

（7） 参考样张，在第二页右上角插入文本框“火山爆发与全球气候变暖”，将其字体格式设置为华文彩云、二号字，文本框边框设置为红色 2 磅方点，环绕方式设置为四周型，并适当调整其位置及大小。

（8） 将奇数页页眉设置为“火山灾害”，偶数页页眉设置为“火山报警”，所有页的页脚格式设置为“-页码-”，页眉页脚均居中显示。

（9） 保存 ED7.RTF 文件。

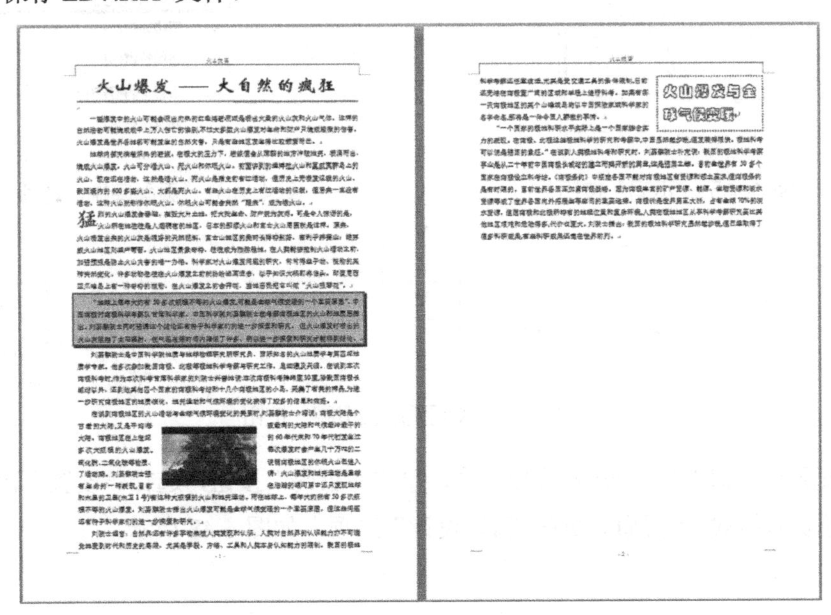

图 4-44 “火山爆发——大自然的疯狂”样张

解答：

第（1）小题到第（2）小题的操作与前面的操作类似，此处不做赘述。

第（3）小题，在标题下方添加一条 2 磅标准红色直线，并将第一段段前设置为空 1 行。操作过程如下。

在标题下方添加一条 2 磅标准红色直线的操作过程为：在“开始”选项卡中单击后的下拉按钮，选择“横线”选项。双击横线，在弹出的“设置横线格式”对话框中将横线的“高度”设置为“2 磅”，“颜色”设置为标准色中的红色。

将第一段段前设置为 1 行的操作过程为：将光标移动到第一段中，在“开始”选项卡中，单击“段落”选项组右下角的按钮，将“段前”设置为 1 行。其他操作与前面的操作类似。

第（4）小题到第（7）小题的操作与前面的操作类似。

第（8）小题，将所有页的页脚设置为“-页码-”格式，页眉页脚均居中显示的操作步骤如下。

在“插入”选项卡中单击“页码”按钮，如图 4-45 所示。选择“页面底端”选项，如图 4-46 所示。页码格式选择“普通数字 2”选项，按 Esc 键或在“页眉和页脚工具-设计”选项卡中单击“关闭页眉和页脚”按钮返回正文，如图 4-47 所示。

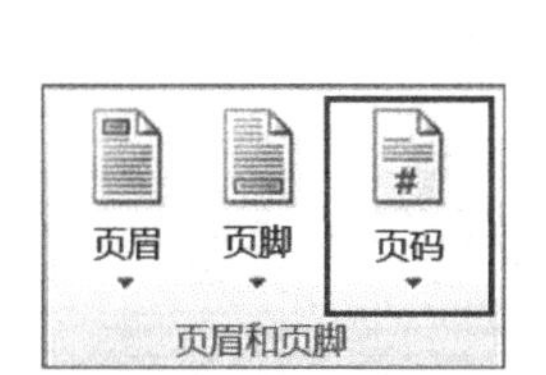

图 4-45 “页码”按钮

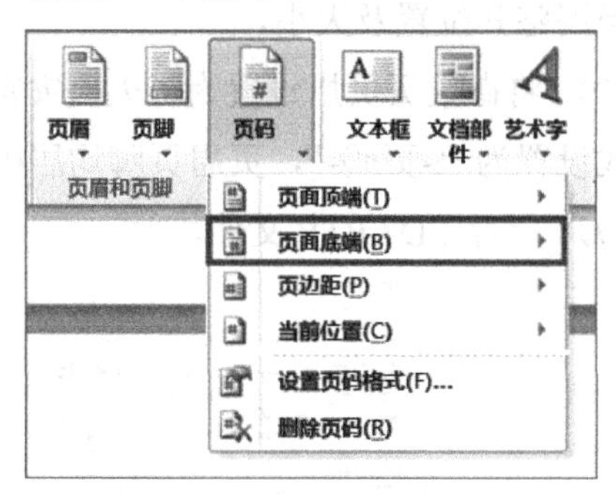

图 4-46 “页面底端”选项

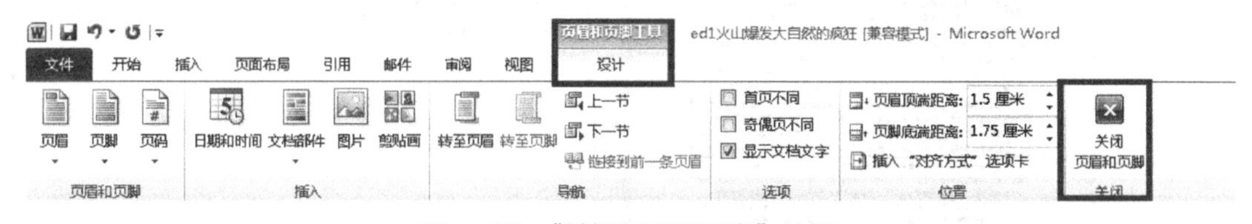

图 4-47 “关闭页眉和页脚”按钮

在“页眉和页脚工具-设计”选项卡中，单击“页码”按钮，选择“设置页码格式”选项可以更改页码格式，“页眉和页脚工具-设计”选项卡如图 4-48 所示。

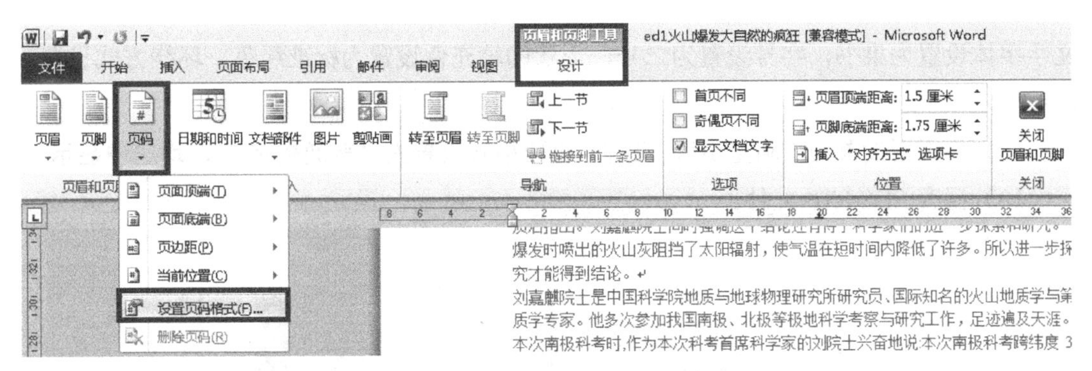

图 4-48 “页眉和页脚工具-设计”选项卡

“页码格式”对话框如图 4-49 所示。

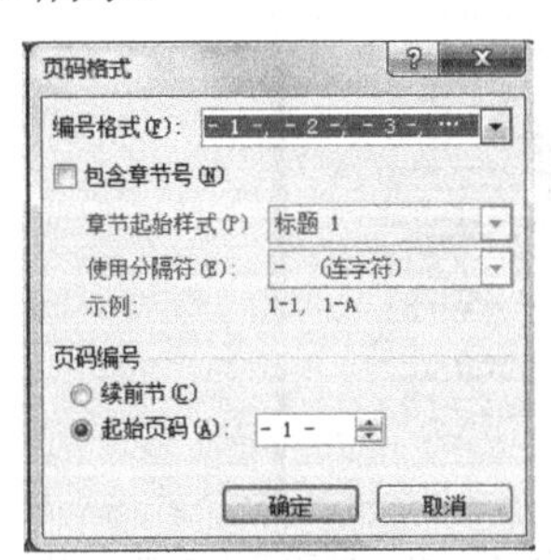

图 4-49 “页码格式”对话框

第（9）小题，保存 ED7.RTF 文件。注意文件所在的路径。

8. 阿里山之美

打开 T 盘中的 ED8.RTF 文件，按下列要求进行操作，样张如图 4-50 所示。

（1）给文章加标题“阿里山之美”，并将其字体格式设置为：幼圆、一号字、标准蓝色、居中对齐，字符间距缩放 150%，段后间距设置为 0.5 行。

（2）将正文第一段设置为首字下沉 3 行，首字字体设置为黑体，颜色设置为标准红色，其余段落设置为首行缩进 2 个字符。

（3）参考样张，在正文的适当位置插入第四行第一列样式的艺术字“阿里山五奇”，将艺术字字体设置为隶书，字号设置为 36，环绕方式设置为紧密型。

（4）将正文中所有“公里”的字体格式设置为标准红色，加双下画线。

（5）参考样张，在正文的适当位置插入图片“pic8.jpg”，将图片的宽度、高度缩放均设置为 110%，并给图片添加标准红色边框，环绕方式设置为四周型。

（6）在正文第二段“五奇”后插入脚注，并将编号格式设置为“i，ii，iii，…”，注释内容设置为“铁路、森林、云海、日出及晚霞”。

（7）参考样张，在适当位置插入形状“竖卷形”，并在其中添加文字“旅游避暑胜地”，文字字体设置为隶书，字号设置为二号，形状的填充色设置为标准绿色，环绕方式设置为四周型。

（8）将页眉设置为“阿里山”，页脚的页码格式设置为“普通数字 2”，均居中显示。

（9）保存 ED8.RTF 文件。

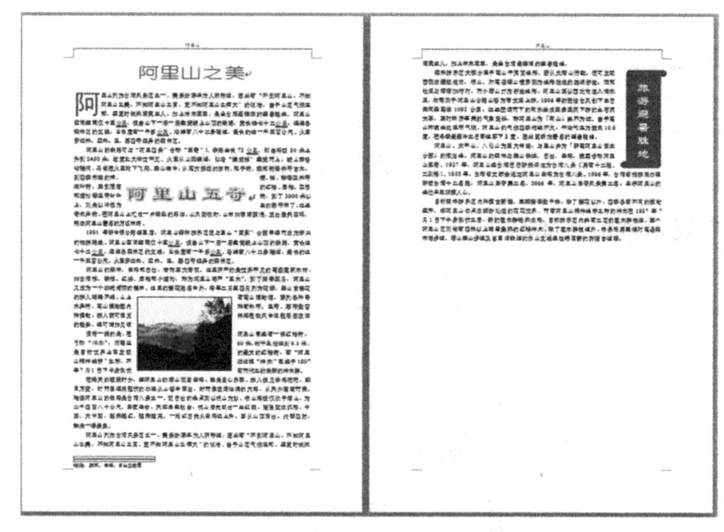

图 4-50 “阿里山之美”样张

解答：

第（1）小题，将段后间距设置为 0.5 行的操作过程为：在“开始”选项卡中，单击“段落”选项组右下角的 按钮，将“段后”设置为“0.5 行”，如图 4-51 所示。

第（2）小题到第（5）小题的操作与前面的操作类似。

第（6）小题，在正文第二段“五奇”后插入脚注的操作过程为：在“引用”选项卡中，单击“脚注”选项组右下角的 按钮，选择题目要求的编号格式，如图 4-52 所示。

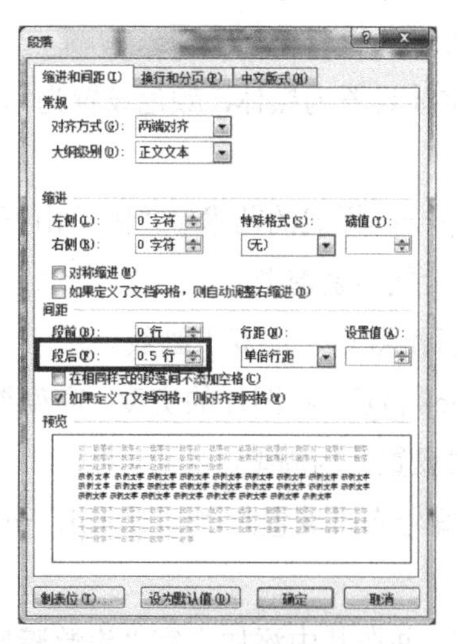

图 4-51 设置段后间距

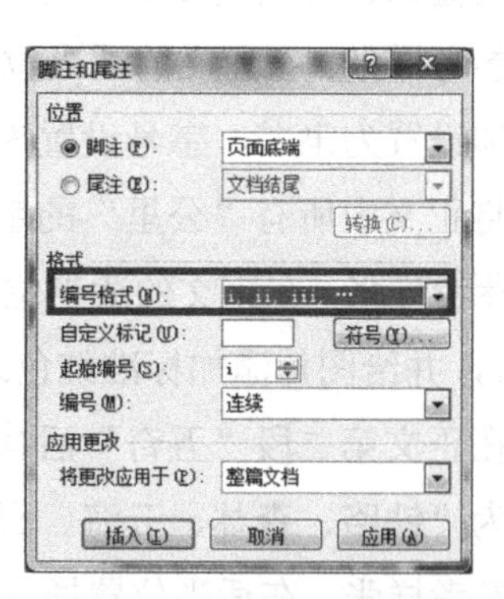

图 4-52 选择编号格式

如果考试要求在第四段文字“迈克尔逊干涉仪”后插入尾注，内容为“一种精密光学仪器”，则操作过程为：在正文第四段中找到文字“迈克尔逊干涉仪”，将光标置于“仪”字后面，选择“引用→插入尾注”选项，会出现一条横线。此时，在光标处输入文字“一种精密光学仪器”即可。

第（7）小题，操作与前面类似。

如果考试要求在正文适当位置插入形状“云形标注”，并添加文字“自驾旅行注意安全”。则操作过程为：选择“插入→形状→标注→云形标注”选项，此时，鼠标指针变成十字形，拖动鼠标指针，再添加文字“自驾旅行注意安全”即可。注意不是插入“基本形状”中的“云形”图案。两者的区别是标注看起来有一个可以调节的尾巴，而“云形”图案没有。

第（8）小题，将页脚的页码格式设置为“普通数字 2”的操作过程为：在“插入”选项卡中单击“页码”按钮，选择“页面底端”选项，拖动垂直滚动条，选择“普通数字 2”选项。

如果考试要求为所有页的页面底端插入页码，页码样式设置为“三角形 2”，则操作过程为：在“插入”选项卡中单击“页码”按钮，选择“页面底端”选项，拖动垂直滚动条，选择“三角形 2”选项，如图 4-53 所示。

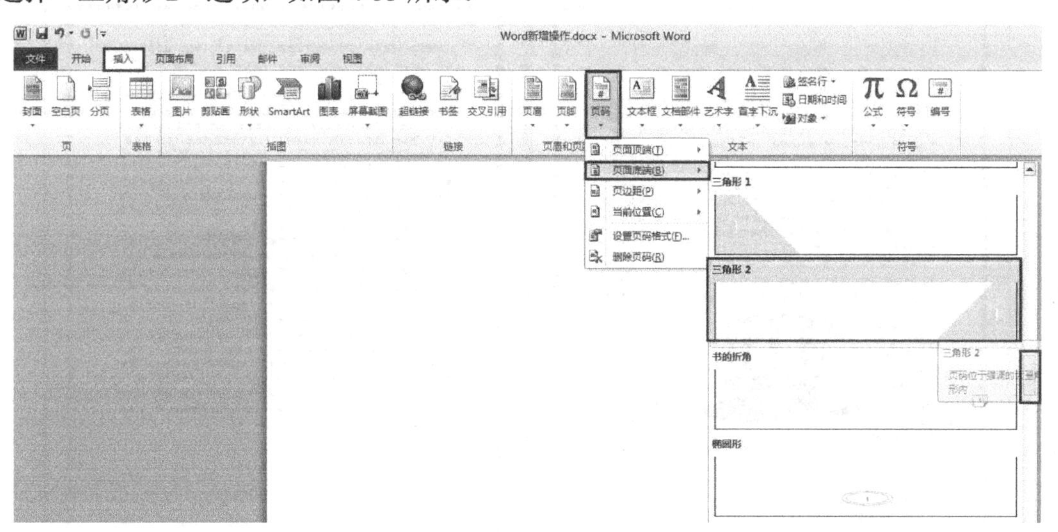

图 4-53　选择页码“三角形 2”选项

注意，题目中的“普通数字 3”是页码样式，不是手动输入数字 3。

9. 魔术技巧

打开 T 盘中的 ED9.RTF 文件，按下列要求进行操作，样张如图 4-54 所示。

（1）将页面设置为 A4 纸，上、下页边距设置为 2.5 厘米，左、右页边距设置为 3 厘米，装订线距上方 0.2 厘米，每页 42 行，每行 38 个字符。

（2）给文章添加标题“魔术技巧”，并将其字体格式设置为华文新魏、一号字、标准紫色，居中显示，字符间距设置为加宽 5 磅，标题段落填充茶色、背景 2、深色 25%的底纹。

（3）将正文第一段设置为首字下沉 3 行，距正文 0.1 厘米，首字字体格式设置为幼圆、倾斜，其余各段设置为首行缩进 2 个字符。

（4）在正文第二段第一行中的文字“魔术”后插入脚注，内容为“以假乱真的特殊幻想戏法”。

（5）将正文中所有“魔术”的字体格式设置为标准深红色、加粗、倾斜、加着重号。

（6）参考样张，在正文的适当位置插入图片“魔术.jpg”，将图片高度、宽度缩放比例均设置为 80%，环绕方式设置为四周型。

（7）将奇数页页眉设置为“魔术探秘”，偶数页页眉设置为“欣赏魔术”，均居中显示，并在所有页的页面底端插入页码，页码样式设置为“三角形 2”。

（8）参考样张，设置艺术型页面边框。

（9）保存 ED9.RTF 文件。

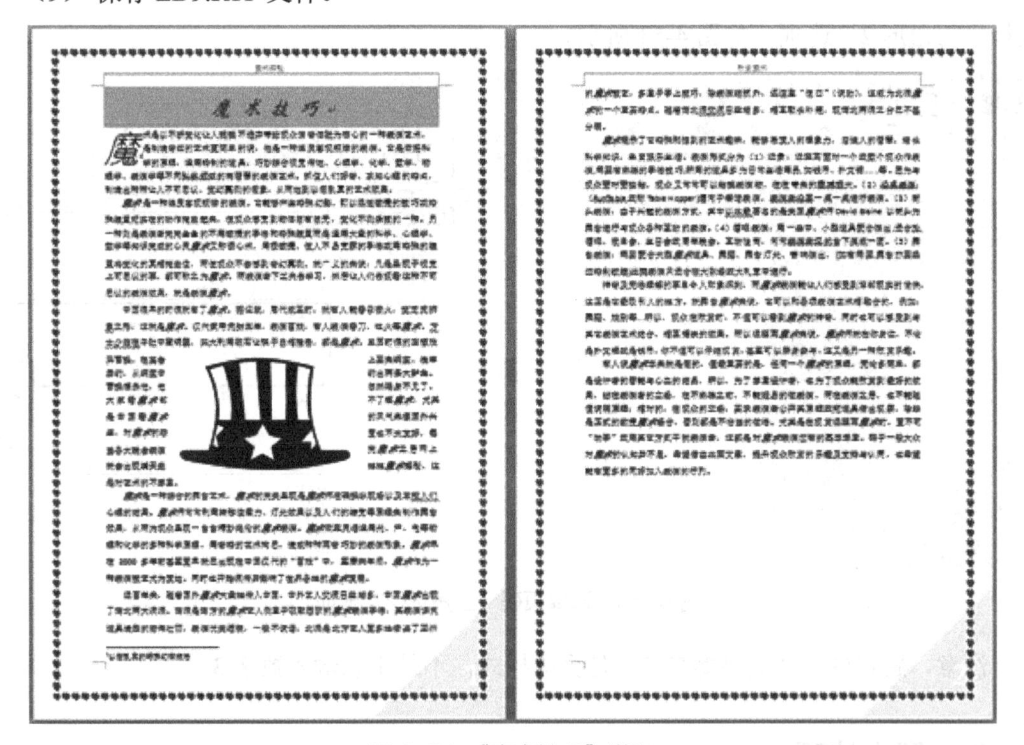
魔术技巧

图 4-54 “魔术技巧”样张

解答：

本题的操作与前面的操作类似，此处不做赘述，仅介绍第（2）小题中的注意事项。

第（2）小题，标题段落填充茶色、背景 2、深色 25%的底纹。这个“茶色”怎么找到的呢？实际上“茶色、背景 2、深色 25%”是一个整体，如图 4-55 所示，鼠标指针停留在上面就会显示“茶色，背景 2，深色 25%”。

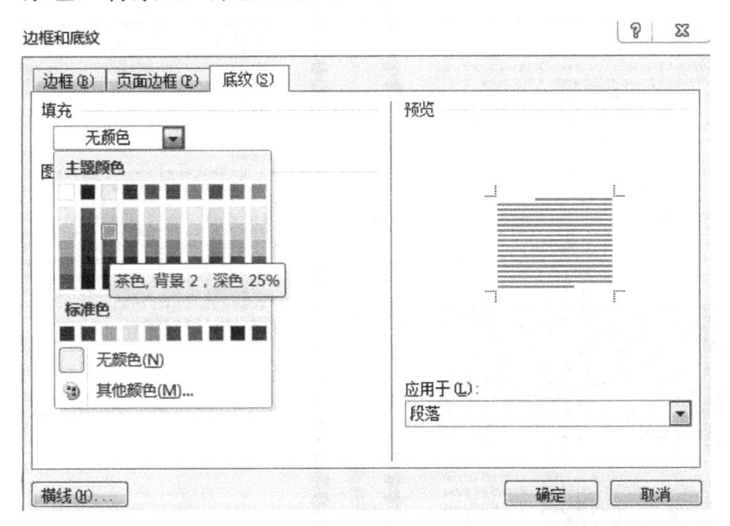

图 4-55 “茶色，背景 2，深色 25%”选项

10. 潮汐发电

打开 T 盘中的 ED10.RTF 文件，按下列要求进行操作，样张如图 4-56 所示。

（1）将页面设置为 A4 纸，上、下页边距设置为 2.6 厘米，左、右页边距设置为 3.2 厘米，每页 43 行，每行 40 个字符。

（2）给文章加标题“潮汐发电”，并将其格式设置为隶书、小一号字、标准深红色，居中显示，标题段落填充标准浅绿色底纹。

（3）将正文第二段设置为首字下沉 3 行，距正文 0.1 厘米，首字字体设置为幼圆，其余各段设置为首行缩进 2 个字符。

（4）为正文第三段添加带阴影、标准蓝色、1.5 磅的边框，填充标准绿色底纹。

（5）参考样张，在正文的适当位置插入图片“潮汐发电.jpg”，将图片的高度设置为 4 厘米、宽度设置为 7 厘米，环绕方式设置为四周型。

（6）参考样张，在正文的适当位置插入第四行第一列样式的艺术字“绿色能源”，将艺术字字体设置为隶书，字号设置为 36，环绕方式设置为紧密型。

（7）将奇数页页眉设置为“潮汐发电”，偶数页页眉设置为“蓝色能源”，均居中显示，并在所有页插入页脚，页脚样式设置为“边线型”。

（8）参考样张，设置宽度为 20 磅的艺术型页面边框。

（9）保存 ED10.RTF 文件。

图 4-56 “潮汐发电”样张

11. 共享经济

打开 T 盘中的 ED11.DOCX 文件，按下列要求进行操作，样张如图 4-57 所示。

（1）将页面设置为 A4 纸，上、下页边距设置为 2.2 厘米，左、右页边距设置为 3.2 厘米，每页 42 行，每行 40 个字符。

（2）给文章添加标题“共享经济”，并将其格式设置为楷体、二号字、加粗，字符间距缩放 120%，居中显示，标题段落填充标准浅绿色底纹。

（3）将正文第一段设置为首字下沉 3 行，距正文 0.1 厘米，首字字体设置为楷体，其余各段设置为首行缩进 2 个字符。

（4）将正文中所有“共享单车”的字体格式设置为标准红色、加着重号。

（5）为第一段第一个“共享单车”添加脚注，脚注内容为“一种新型绿色环保共享经济”。

（6）参考样张，在正文的适当位置插入图片“单车.jpg”，将图片的高度、宽度缩放比例均设置为 80%，环绕方式设置为四周型。

（7）将奇数页页眉设置为“共享单车”，偶数页页眉设置为“出行方式”，均居中显示，并在所有页的页面底端插入页码，页码样式设置为“框中倾斜 2”。

（8）将正文最后一段分为偏左的两栏，栏间加分隔线。

（9）保存 ED11.RTF 文件。

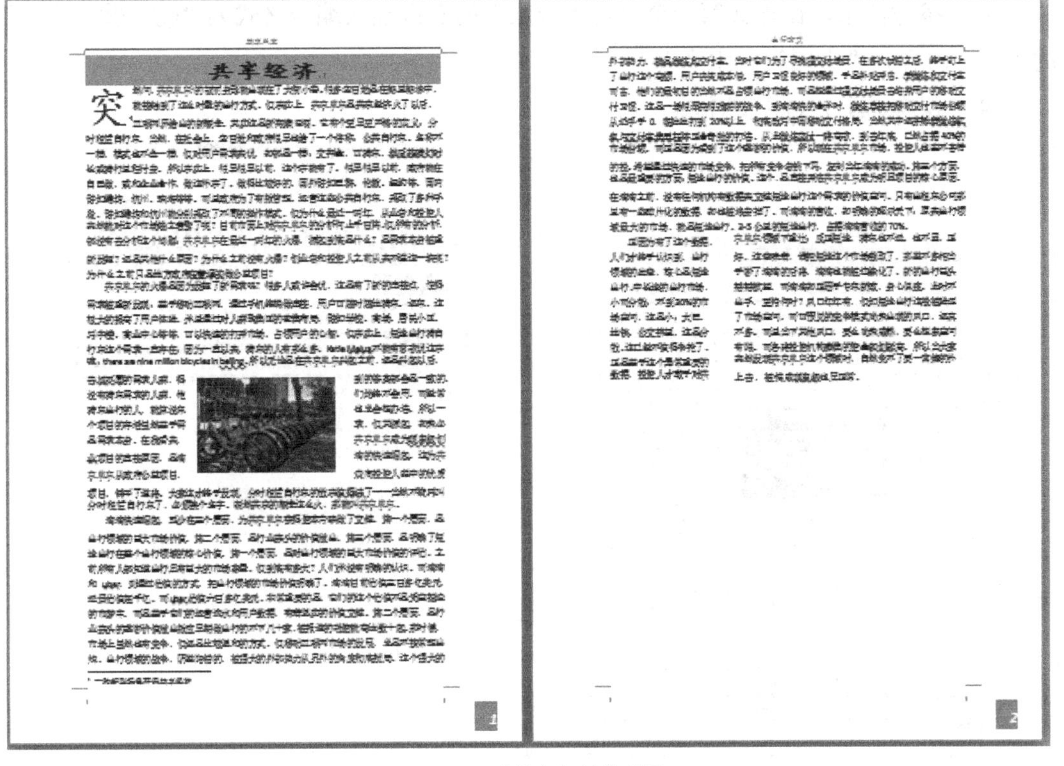

图 4-57 “共享经济”样张

12. 古镇周庄

打开 T 盘中的 ED12.DOCX 文件，按下列要求进行操作，样张如图 4-58 所示。

（1）将页面设置为 A4 纸，上、下页边距设置为 3 厘米，左、右页边距设置为 2 厘米，每页 42 行，每行 40 个字符。

（2）给文章添加标题“古镇周庄”，并将标题文字的格式设置为隶书、一号字、水平居中，标题段落填充标准橙色底纹，段前、段后间距均设置为 0.5 行。

（3）参考样张，为正文中的“夜游周庄”和“一稀堂博物馆”段落添加实心圆项目符号，其他段落设置为首行缩进 2 个字符。

（4）将正文中所有“水乡”的字体格式设置为标准红色、加粗。

（5）参考样张，在正文的适当位置以四周型环绕的方式插入图片“pic12.jpg”，并将图片高度、宽度的缩放比例均设置为 120%。

（6）将奇数页页眉设置为“文化名镇”，偶数页页眉设置为“魅力水乡”。

（7）给正文第五段添加 1.5 磅带阴影的标准黄色边框，填充白色、背景 1、深色 25% 的底纹。

（8）参考样张，在正文第一个“古镇周庄”的右侧插入编号格式为“①，②，③…”的脚注，内容为“中国第一水乡”。

（9）保存 ED12.RTF 文件。

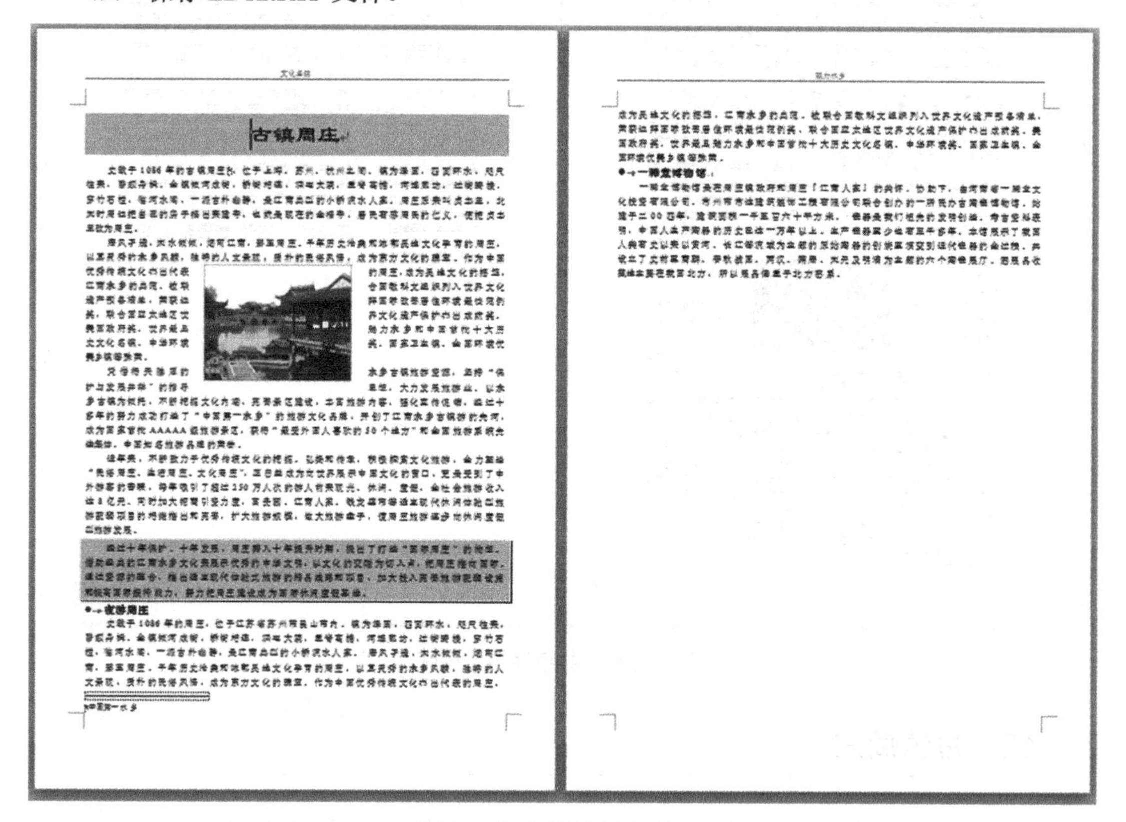

图 4-58 “古镇周庄”样张

解答：

本题的操作与前面的操作类似，此处不做赘述，仅介绍第（3）小题中的注意事项。

第（3）小题，参考样张，为正文中的“夜游周庄”和“一稀堂博物馆”段落添加实心圆项目符号。操作过程如下。

在“开始”选项卡中，单击“项目符号”按钮，选择实心圆项目符号，如图 4-59 所示。

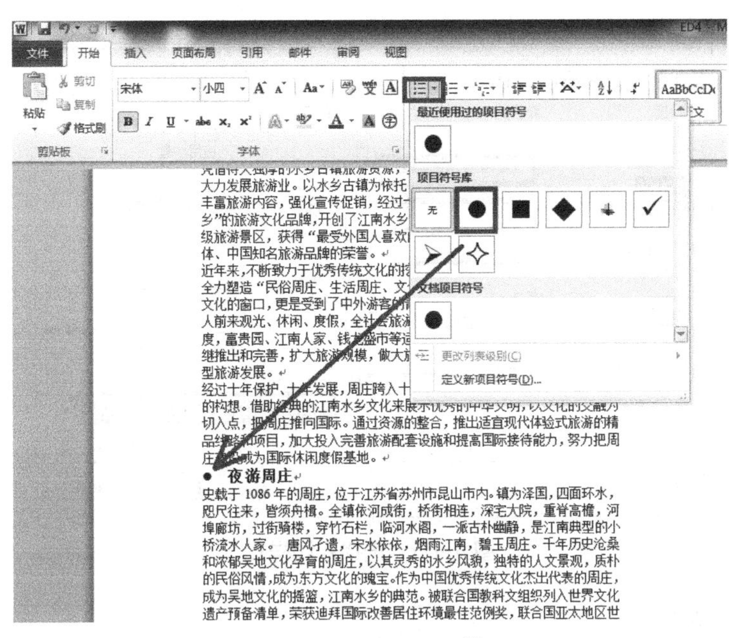

图 4-59　实心圆项目符号

下面对 Word 操作题中出现的其他操作要求做出解答。

（1）要求：给文章标题添加底纹图案样式为 10%的底纹。

操作：选择“页面布局→页面边框→底纹→样式→10%”选项，如图 4-60 所示。

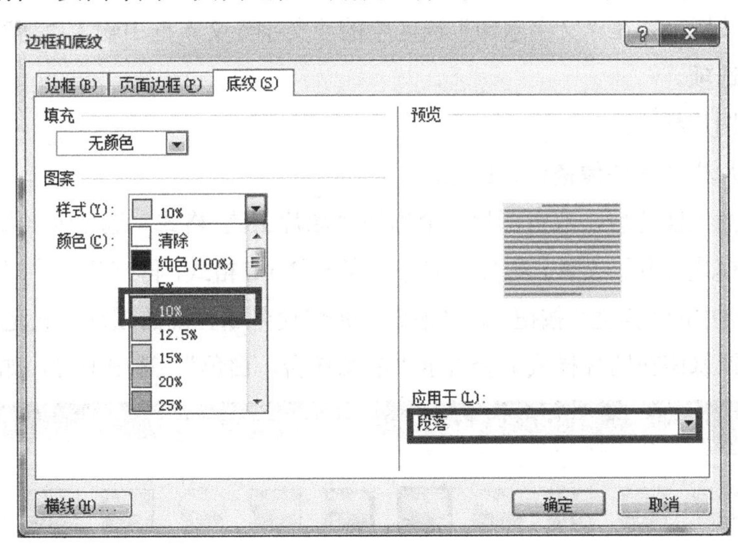

图 4-60　设置底纹样式

（2）要求：给文章标题段落添加双线。

操作：选择“页面布局→页面边框→边框→方框→样式”选项，选择双线样式，如图 4-61 所示。

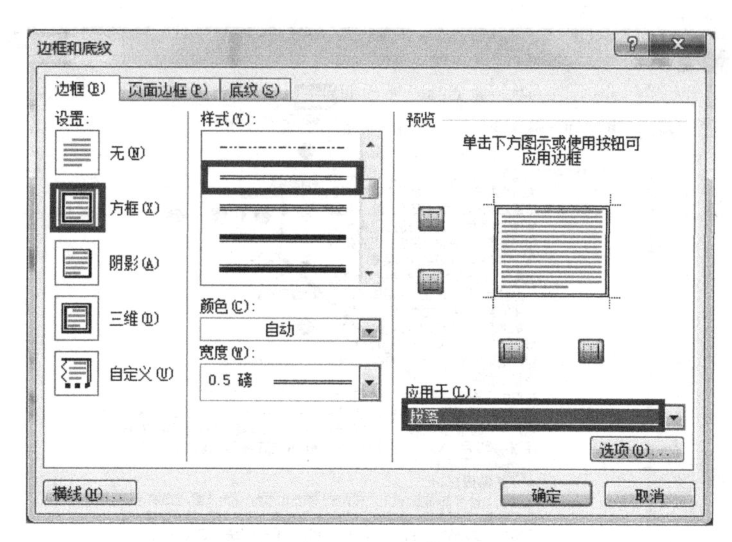

图 4-61　选择双线样式

（3）主题与水印。

要求：为文章应用内置主题“跋涉”，并添加文字水印“博物馆”，水印字体设置为隶书。

操作：为文章应用内置主题“跋涉”的操作为：选择“页面布局→主题→跋涉”选项。添加文字水印“博物馆”的操作为：选择“页面布局→水印→自定义水印”选项，选中“文字水印”单选按钮，并在“文字水印”选区中的“文字”文本框中输入“博物馆”，“字体”选择“隶书”选项。

（4）设置图片样式。

要求：图片样式为映像棱台、白色。

操作：在插入图片后，双击图片，会出现“图片工具-格式”选项卡（如果没有出现，可能是以兼容模式打开了文件，此时将文件另存为 Word 格式，再打开文件即可），单击“图片样式”选项组中的“其他”按钮，再根据样张快速判断正确的图片样式是第二行的最后一个，鼠标指针悬停在图片样式上会显示“映像棱台，白色”，选中即可，如图 4-62 所示。

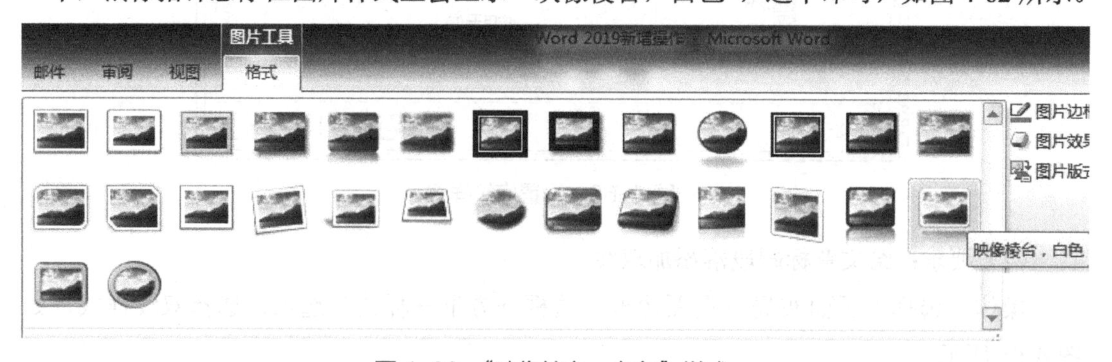

图 4-62　“映像棱台，白色”样式

（5）设置金色。

要求：给文字添加标准金色。

操作：金色的 RGB 为（255，215，000）或（204，153，000），可以在“自定义”选项卡中输入对应数值，也可以在“颜色”对话框中直接选择，如图 4-63 所示。回到颜色设置中，在“最近使用的颜色”中会显示相关颜色，鼠标指针停留在上面时，会显示“金色”。

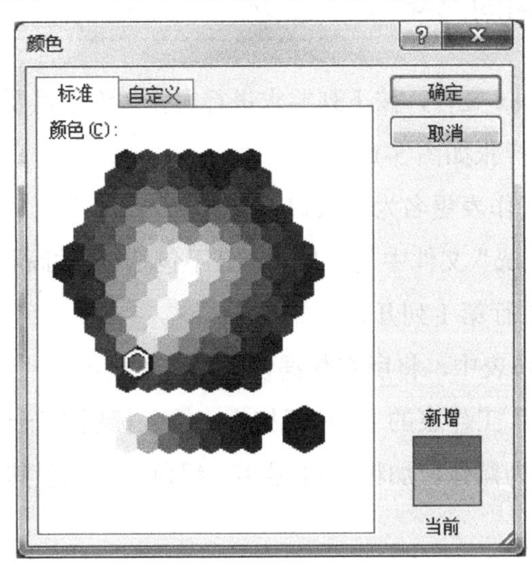

图 4-63　设置金色

五、Excel 操作题

1. “十二五”期间历年人均 GDP

打开 T 盘中的 ex1.xlsx 文件，按下列要求进行操作（除题目要求外，不得增加、删除、移动工作表中的内容），样张如图 5-1 所示。

（1） 将“Sheet1”工作表更名为“人口”。

（2） 将“人口数据.doc”文件中的表格数据（不包括栏目标题）转换到“人口”工作表中，要求表格数据自第 2 行第 1 列开始存放。

（3） 在“人口”工作表中，将所有数据设置为居中显示。

（4） 在“GDP 统计”工作表的 B1 单元格中，输入标题“‘十二五’期间年度 GDP 统计”，将其字体格式设置为黑体、加粗、14 号字、绿色，并设置其在 B 列至 E 列范围合并后居中。

（5） 在“GDP 统计”工作表的“国内生产总值”列的各单元格中，引用“地区 GDP”工作表中的数据，用公式分别计算 2011—2015 年度国内生产总值（年度国内生产总值为各地区当年度生产总值之和）。

（6） 在“GDP 统计”工作表的“人均国内生产总值”列的各单元格中，引用“人口”工作表中相应年度的数据，用公式分别计算 2011—2015 年度人均国内生产总值［人均国内生产总值（元）＝10000×国内生产总值（亿元）/人口数（万人）］，结果保留 2 位小数。

（7） 在“GDP 统计”工作表中，将表格区域 B2:E7 外框线设置为最粗线、标准红色，内框线设置为最细单线、标准蓝色。

（8） 参考样张，在“GDP 统计”工作表中，根据各年度人均国内生产总值数据，生成一张簇状柱形图嵌入当前工作表，要求水平（分类）轴标签为年度数据，图表标题为“‘十二五’期间历年人均 GDP”，无图例，显示数据标签，并放置在数据点结尾之外。

（9） 保存 ex1.xlsx 文件。

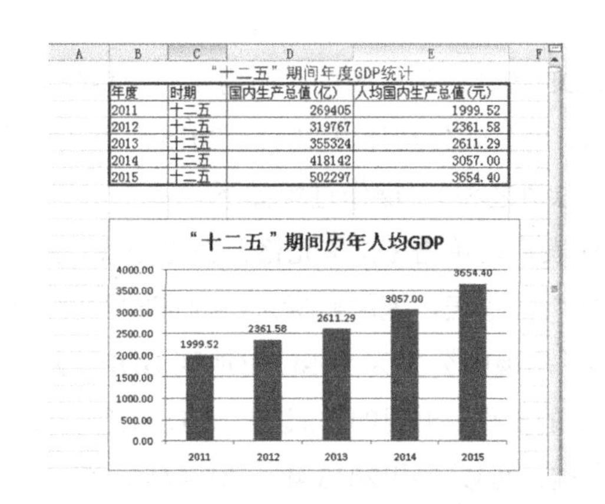

"十二五"期间年度GDP统计

年度	时期	国内生产总值(亿)	人均国内生产总值(元)
2011	十二五	269405	1999.52
2012	十二五	319767	2361.58
2013	十二五	355324	2611.29
2014	十二五	418142	3057.00
2015	十二五	502297	3654.40

图 5-1 "'十二五'期间历年人均 GDP"样张

解答：

第（1）小题，将"Sheet1"工作表更名为"人口"。操作过程如下。

在工作表的最下方找到"Sheet1"字样，双击 Sheet1，则 Sheet1 被选中，输入"人口"即可完成更名。

第（2）小题，将"人口数据.doc"文件中的表格数据（不包括栏目标题）转换到 "人口"工作表中，要求表格数据自第 2 行第 1 列开始存放。操作过程如下。

打开 Word 文件，把表格中的数据（不包括栏目标题）全部复制到"人口"工作表的对应单元格中。

第（3）小题，在"人口"工作表中，将所有数据设置为居中显示。操作过程如下。

选中"人口"工作表中的所有数据，单击"开始"选项卡中的 按钮。注意保存。

第（4）小题，在"GDP 统计"工作表的 B1 单元格中，输入标题"'十二五'期间年度 GDP 统计"，将其字体格式设置为黑体、加粗、14 号字、绿色。操作过程如下。

找到对应的 B1 单元格，也就是第 1 行第 2 列的单元格，输入标题文字"'十二'五期间年度 GDP 统计"，并对标题文字进行相应设置。

设置标题文字在 B 列至 E 列范围合并后居中。具体操作如下。

单击 B1 单元格，长按鼠标左键拖动，选中 B 列至 E 列，单击"开始"选项卡中的 按钮，如图 5-2 所示。

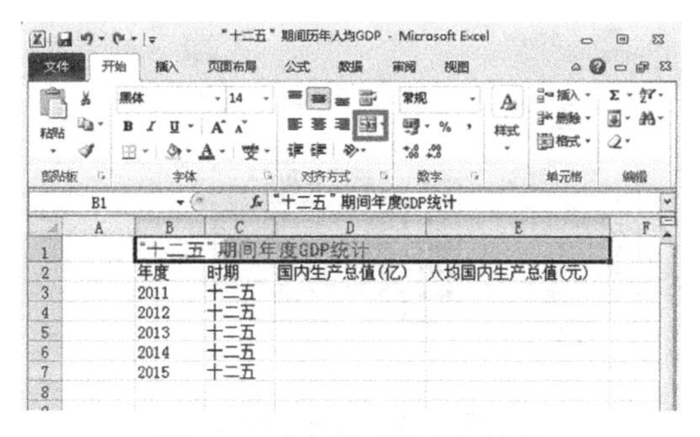

图 5-2 "合并后居中"按钮

第（5）小题，在“GDP统计”工作表的“国内生产总值”列的各单元格中，引用“地区GDP”工作表中的数据，用公式分别计算2011—2015年度国内生产总值（年度国内生产总值为各地区当年度生产总值之和）。操作过程如下。

在“GDP统计”工作表中，单击D3单元格，在“公式”选项卡中单击Σ按钮自动求和，再切换至“地区GDP”工作表，拖动鼠标选中对应时期的连续的单元格C2至C32，有虚线框提示选中的范围，出现的公式为“=SUM(地区GDP!C2:C32)”，再按Enter键即可。单击D4单元格，重复上面的操作，出现的公式为“=SUM(地区GDP!C33:C63)”，求出2012年国内生产总值，以此类推，可以求出2013年、2014年、2015年的国内生产总值。

本题还有另一种操作方法。先计算“地区GDP”工作表中的各个年度国内生产总值。之后，在“GDP统计”工作表中引用刚才计算出来的值。将数据按年份顺序排列好，直接进行分类汇总。单击“地区GDP”工作表中的任一数据，选择“数据→分类汇总”选项，将“分类字段”设置为“年度”，“汇总方式”设置为“求和”，“选定汇总项”设置为“生产总值”，单击“确定”按钮，如图5-3所示。

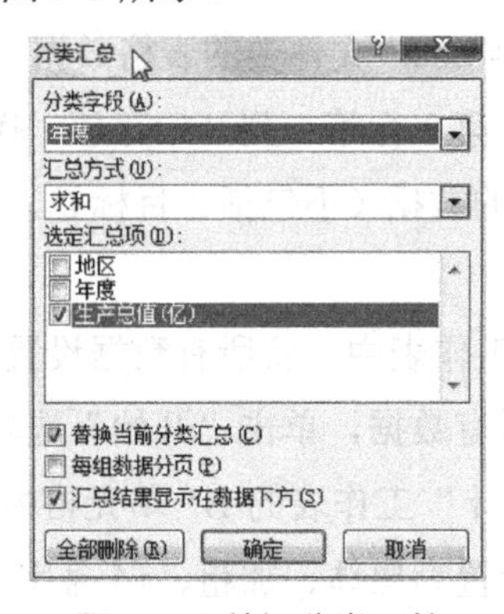

图5-3　数据分类汇总

此时，界面的最左边有“1”“2”“3”3个数字，单击数字“2”，查看汇总项，如图5-4所示。

	A	B	C
1	地区	年度	生产总值(亿)
33		2011 汇总	269405
65		2012 汇总	319767
97		2013 汇总	355324
129		2014 汇总	418142
161		2015 汇总	502297
162		总计	1864935

图5-4　查看汇总项

在“GDP 统计”工作表的 D3 单元格中，在英文状态下输入等号，单击“地区 GDP”工作表，再单击对应的 2011 年汇总的数据“269405”，最后单击“√”按钮即可，如图 5-5 所示。

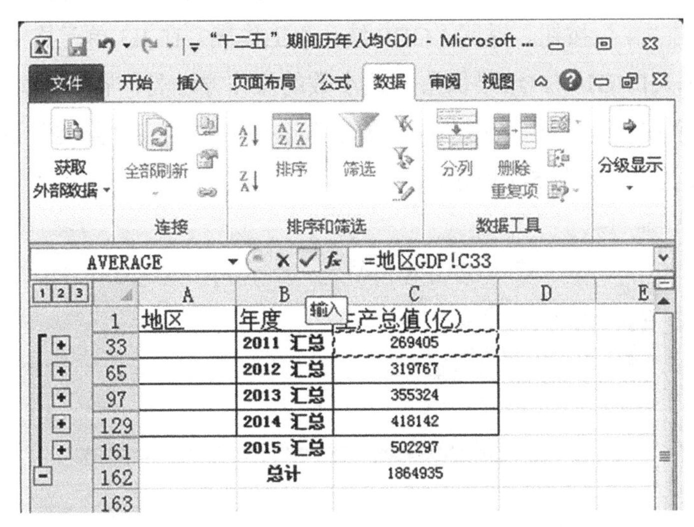

图 5-5　引用汇总数据

数据表自动返回“GDP 统计”表，如图 5-6 所示。

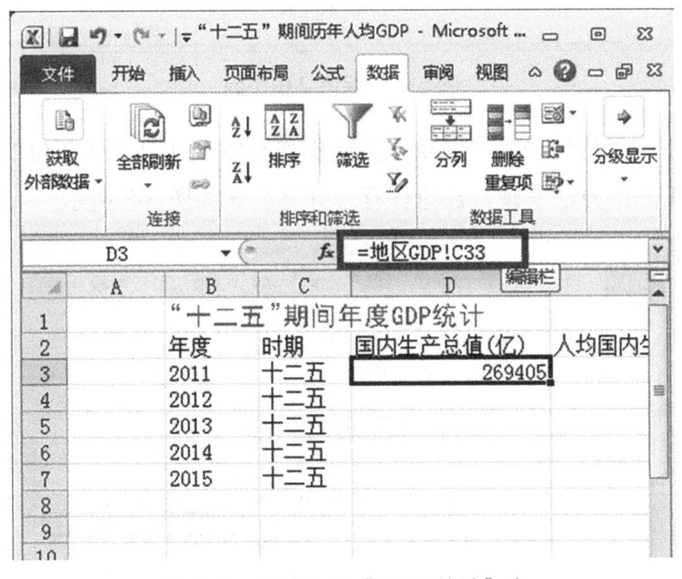

图 5-6　自动返回“GDP 统计”表

计算其他年份的国内生产总值与上述操作类似，注意保存。

第（6）小题，在“GDP 统计”工作表的“人均国内生产总值”列的各单元格中，引用“人口”工作表中相应年度的数据，用公式分别计算 2011—2015 年度人均国内生产总值［人均国内生产总值（元）＝10000×国内生产总值（亿元）/人口数（万人）］，结果保留 2 位小数。操作过程如下。

这一题主要考查的是公式计算，在“GDP统计”工作表的E3单元格中，输入“=10000*”，再用鼠标选择D3单元格，输入“/”，然后用鼠标选择“人口”工作表中相应的2011年度的数据，最后单击“√”按钮，返回“GDP统计”工作表。在E3单元格中，完整的计算公式为“=1000*D3/人口!B13”。结果保留2位小数的操作方法是：在“开始”选项卡中，单击“字体”功能区右下角的按钮，在“数字”选项卡中，将“分类”设置为“数值”，“小数位数”设置为2，如图5-7所示。

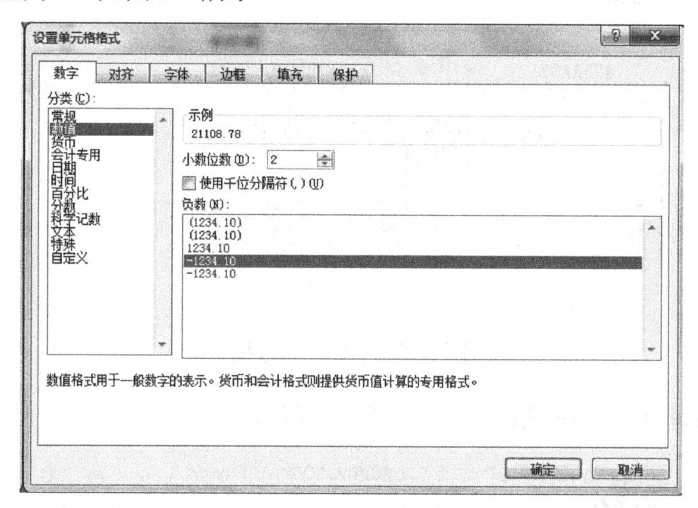

图5-7 保留2位小数

计算其他年份的人均国内生产总值与上述操作类似，计算其他年份的人均国内生产总值也可以用自动填充的方法实现，注意保存，计算公式如图5-8所示。

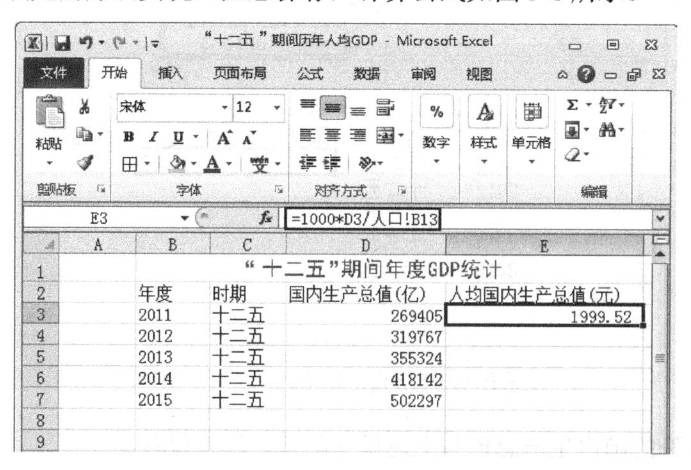

图5-8 计算公式

第（7）小题，在“GDP统计”工作表中，将表格区域B2: E7外框线设置为最粗线、标准红色，内框线设置为最细单线、标准蓝色。操作过程如下。

这一题考查的是格式设定，选中表格区域 B2:E7，在“开始”选项卡中，单击“字体”选项组右角的 按钮，在“边框”选项卡中，将线条样式设置为最粗线，“颜色”设置为标准色中的红色，“预置”设置为“外边框”，单击“确定”按钮，如图 5-9 所示。再次打开“边框”选项卡，将线条样式设置为最细单线，“颜色”设置为标准色中的蓝色，“预置”设置为“内部”，单击“确定”按钮。注意先定线条，再定边框。

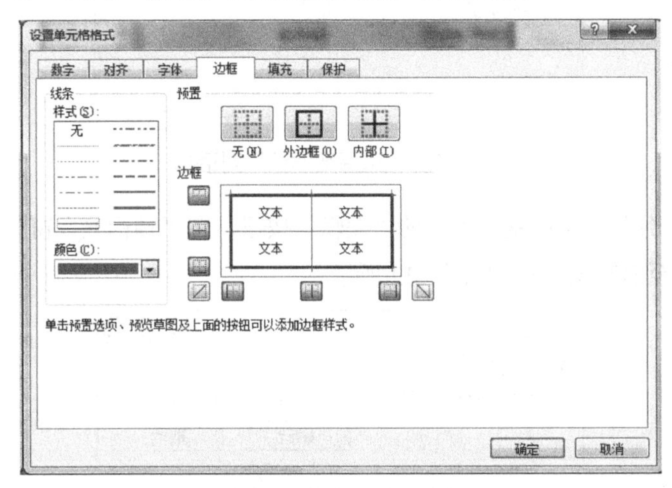

图 5-9　设置单元格外框线

第（8）小题，参考样张，在“GDP 统计”工作表中，根据各年度人均国内生产总值数据，生成一张簇状柱形图嵌入当前工作表，要求水平（分类）轴标签为年度数据，图表标题为“‘十二五’期间历年人均 GDP”，无图例，显示数据标签，并放置在数据点结尾之外。操作过程如下。

这一题比较重要，在“GDP 统计”工作表中，选中 E2 至 E7 单元格，选择“插入→图表→柱形图→簇状柱形图”选项，如图 5-10 所示。将图表标题重命名为“‘十二五’期间历年人均 GDP”，删除图例。

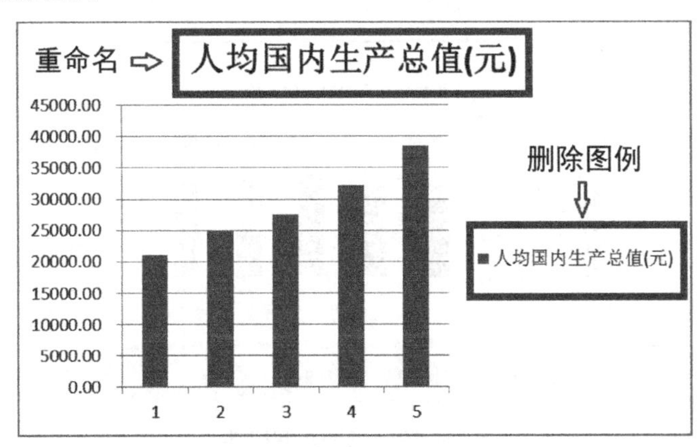

图 5-10　修改前的图表

在“图表工具-设计”选项卡中，单击“选择数据”按钮，弹出“选择数据源”对话框，如图 5-11 所示。

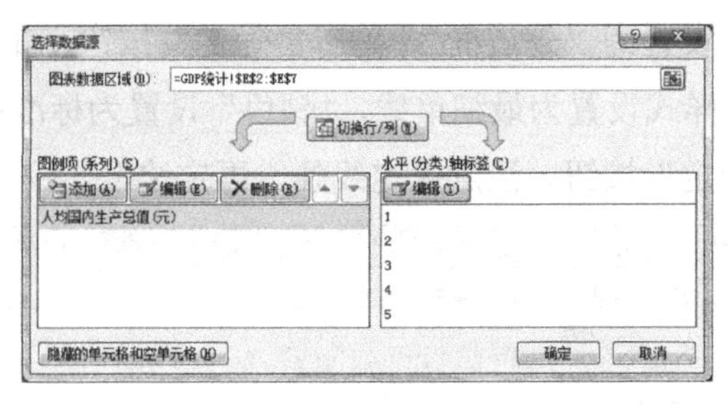

图 5-11 “选择数据源”对话框

单击“水平（分类）轴标签”下方的“编辑”按钮，在“轴标签”窗口中单击按钮，选中数据表中 B3 至 B7 单元格，如图 5-12 所示。

图 5-12 编辑轴标签

单击“确定”按钮，右击图表中的柱状图形，在弹出的菜单中选择“添加数据标签”命令，如图 5-13 所示。

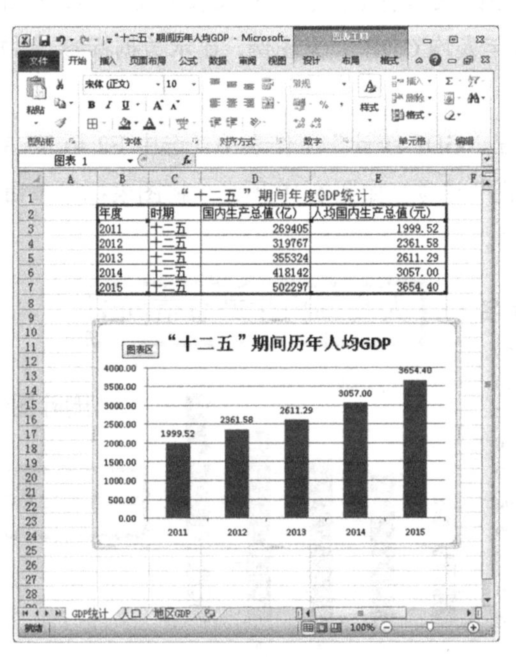

图 5-13 添加数据标签

第（9）小题，单击“保存”按钮，保存 ex1.xlsx 文件，注意文件所在的路径。

2. 产业就业结构

打开 T 盘中的 ex2.xlsx 文件，按下列要求进行操作（除题目要求外，不得增加、删除、移动工作表中内容），样张如图 5-14 所示。

（1） 将“产业结构数据.htm”文档中的表格数据转换到工作表“产业就业结构”中，要求表格数据自第 25 行第 1 列开始存放。

（2） 在“产业就业结构”工作表的 A1 单元格中，输入标题“2014 年各产业就业人员比重”，将其字体格式设置为黑体、加粗、18 号字，并设置其在 A 列至 D 列合并后居中。

（3） 在“产业就业结构”工作表的 D4 单元格中，输入“第三产业”，在 D5 到 D41 单元格中，用公式分别计算各国第三产业就业人员的比重（第三产业=100-第一产业-第二产业）。

（4） 在“产业就业结构”工作表中，将表格区域 B5: D41 内的格式设置为水平居中。

（5） 在“产业就业结构”工作表中，将表格区域 A4:D41 的外框线设置为双线，内框线设置为最细单线。

（6） 在“产业就业结构”工作表中，根据表格区域 A4:D5 中的数据，生成一张饼图嵌入当前工作表，图表标题为“2014 年中国各产业就业比重图”，在左侧显示图例，显示数据标签，并居中放置在数据点上。

（7） 将“Sheet1”工作表更名为“就业”。

（8） 在“工资”工作表中，利用自动筛选功能筛选出金融业平均工资大于或等于 50000 元的记录。

（9） 保存 ex2.xlsx 文件。

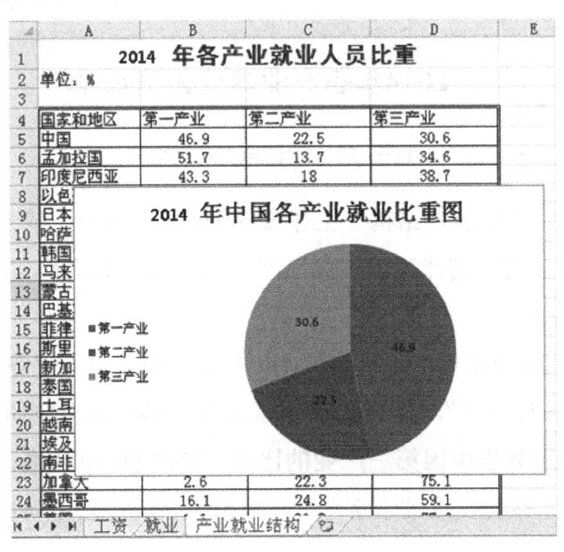

图 5-14 “产业就业结构”样张

解答：

第（1）小题，将“产业结构数据.htm”文档中的表格数据转换到工作表“产业就业结构”中，要求表格数据自第25行第1列开始存放。操作过程如下。

打开“产业结构数据.htm”文档，按快捷键Ctrl+A全选文档内容，再按快捷键Ctrl+C复制，打开ex2.xlsx文件，找到工作表“产业就业结构”。将光标置于第25行第1列的位置，按快捷键Ctrl+V粘贴。关闭“产业结构数据.htm”文档，注意保存当前Excel文件。

第（1）小题的另一种操作方法是：将光标定位在A25单元格，在“数据”选项卡中选择“数据→获取外部数据→现有连接→浏览更多→我的电脑→T盘→产业结构数据→打开”选项，请根据实际文件存放位置进行操作，单击表格旁边的第二个黄色小箭头，使它变成绿色的勾号，再单击“导入”按钮，最后确定存放的位置即可。

第（2）小题，在“产业就业结构”工作表的A1单元格中，输入标题“2014年各产业就业人员比重”，将其字体格式设置为黑体、加粗、18号字，并设置其在A列至D列合并后居中。操作过程如下。

将光标置于“产业就业结构”工作表的A1单元格中，输入标题文字“2014年各产业就业人员比重”，单击A1单元格，将其字体设置为黑体、加粗、18号字。单击A1单元格，按住鼠标左键不放，拖动鼠标选中A列至D列，单击按钮，如图5-15所示。

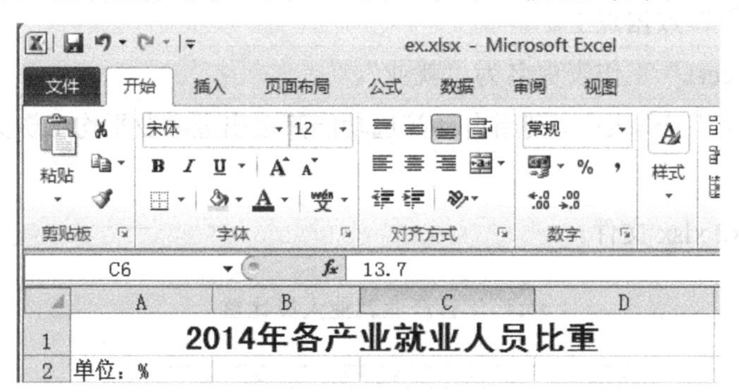

图5-15　设置合并后居中

第（3）小题，在“产业就业结构”工作表的D4单元格中，输入“第三产业”，在D5到D41单元格中，用公式分别计算各国第三产业就业人员的比重（第三产业=100-第一产业-第二产业）。操作过程如下。

将光标置于“产业就业结构”工作表的D4单元格中，输入“第三产业”，在D5单元格中，输入公式“=100-B5-C5”，其中B5和C5可以直接单击对应的单元格，并单击“√”按钮或按Enter键，即可算出中国第三产业的比重。单击D5单元格，先将鼠标指针移动到D5单元格的右下角，光标会变成细十字形，然后双击，就可以自动填充余下的数据，自动填充效果如图5-16所示。

2014年各产业就业人员比重			
单位：%			
国家和地区	第一产业	第二产业	第三产业
中国	46.9	22.5	30.6
孟加拉国	51.7	13.7	34.6
印度尼西亚	43.3	18	38.7
以色列	2	22.2	75.8
日本	4.5	28.4	67.1
哈萨克斯坦	33.5	17.4	49.1
韩国	8.1	27.5	64.4
马来西亚	14.8	30.1	55.1
蒙古	40.2	16.1	43.7
巴基斯坦	42.1	20.8	37.1
菲律宾	37.1	15.4	47.5
斯里兰卡	34.3	23.4	42.3
新加坡	0.3	23.3	76.4
泰国	42.3	20.5	37.2
土耳其	34	23	43
越南	57.9	17.4	24.7
埃及	29.9	19.8	50.3
南非	10.3	24.5	65.2
加拿大	2.6	22.3	75.1
墨西哥	16.1	24.8	59.1
美国	1.6	20.8	77.6
阿根廷	1.2	23	75.8
巴西	21	21	58
委内瑞拉	10.7	19.8	69.5
保加利亚	9.7	33.1	57.2
捷克	4.3	39.2	56.5
德国	2.3	30.8	66.9
意大利	4.9	31.7	63.4
荷兰	3	20.1	76.9
波兰	18	28.8	53.2
罗马尼亚	31.6	31.2	37.2
俄罗斯联邦	10.2	29.7	60.1
西班牙	5.5	30.4	64.1
乌克兰	19.7	24.6	55.7
英国	1.3	22.2	76.5
澳大利亚	3.8	21.2	75
新西兰	7.5	22.7	69.8

图 5-16　自动填充效果

第（4）小题，在“产业就业结构”工作表中，将表格区域 B5: D41 内的格式设置为水平居中。操作过程如下。

在“产业就业结构”工作表中，拖动鼠标指针选中表格区域 B5: D41，单击“开始”选项卡中的按钮即可。

第（5）小题，在“产业就业结构”工作表中，将表格区域 A4:D41 的外框线设置为双线，内框线设置为最细单线。操作过程如下。

在“产业就业结构”工作表中，拖动鼠标选中表格区域 A4:D41，在“开始”选项卡中单击“字体”选项组右下角的按钮，在“边框”选项卡中将线条样式设置为双线，“预置”设置为“外边框”，单击“确定”按钮，如图 5-17 所示。再次打开“边框”选项卡，将线条样式设置为最细单线，“预置”设置为“内部”，单击“确定”按钮。注意先定线条，再定边框。

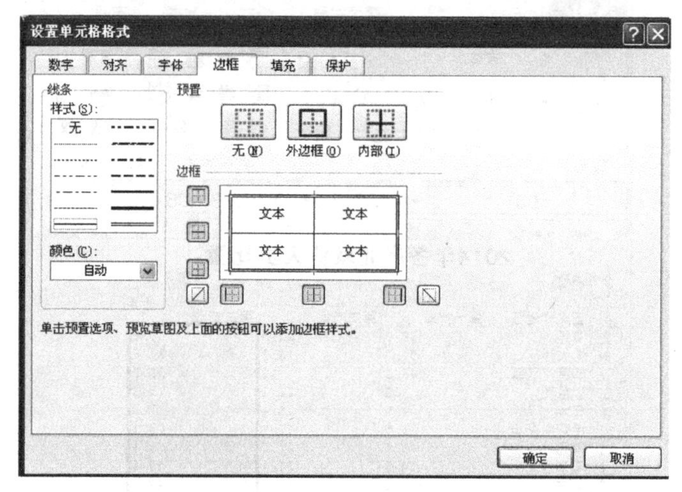

图 5-17　设置单元格外框

第（6）小题，在“产业就业结构”工作表中，根据表格区域 A4:D5 中的数据，生成一张饼图嵌入当前工作表，图表标题为“2014 年中国各产业就业比重图”，在左侧显示图例，显示数据标签，并居中放置在数据点上。操作过程如下。

在“产业就业结构”工作表中，选中表格区域 A4:D5，选择“插入→图表→饼图→二维饼图→饼图”选项，右击饼图，添加数据标签，右击已经添加的数据，选择“设置数据标签格式”命令，在“标签选项”选项卡中将“标签位置”设置为“居中”，单击“关闭”按钮，如图 5-18 所示。

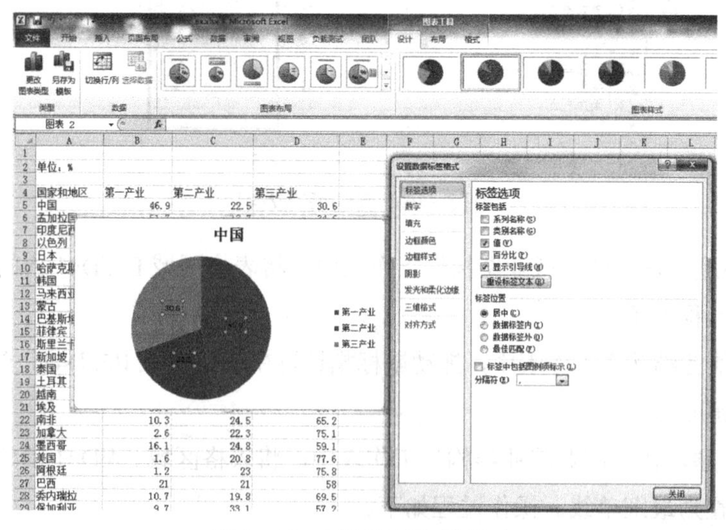

图 5-18　设置数据标签格式

将图表标题重命名为“2014 年中国各产业就业比重图”，右击图例，选择“设置图例格式”命令，在“图例选项”选项卡中选择“靠左”选项。最后，右击图表，选择“移动图表”命令，在弹出的“移动图表”对话框中，选择“对象位于”选项并选择“产业就业结构”工作表，注意保存文件，检查与样张是否一致。

第（7）小题，将“Sheet1”工作表更名为“就业”。操作过程如下。

双击界面底部的“Sheet1”标签，直接输入文字“就业”即可。

第（8）小题，在“工资”工作表中，利用自动筛选功能筛选出金融业平均工资大于或等于 50000 元的记录。操作过程如下。

单击任一数据单元格，选择“数据→筛选”选项，再单击“金融业”后面的下拉按钮，选择“数字筛选→大于或等于”选项，在弹出的对话框中输入 50000，单击“确定”按钮，如图 5-19 所示。

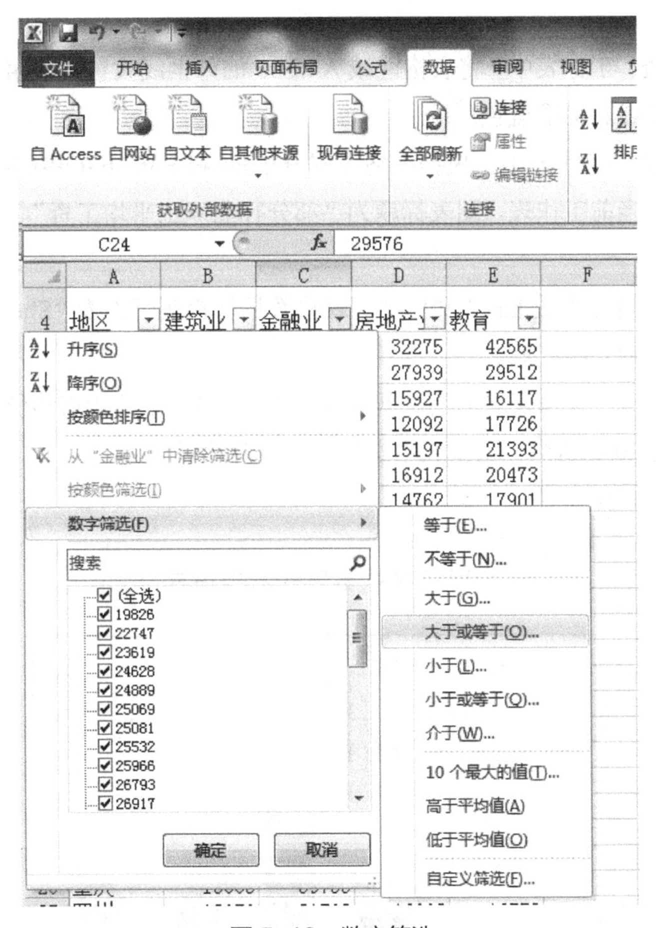

图 5-19　数字筛选

第（9）小题，单击“保存”按钮，保存 ex2.xlsx 文件，注意文件路径并关闭 Excel。

3. 部分行业职工平均工资

打开 T 盘中的 ex3.xlsx 文件，按下列要求进行操作（除题目要求外，不得增加、删除、移动工作表中内容），样张如图 5-20 所示。

（1） 在“工资”工作表的 A1 单元格中，输入标题“中国部分行业职工平均工资”，将其字体格式设置为隶书、加粗、18 号字，并设置其在 A 列至 E 列范围合并后居中。

（2） 在“工资”工作表的 A36 单元格中，输入“平均工资”，在 B36 至 E36 的单元格中用公式分别计算各行业职工的平均工资。

（3） 在“工资”工作表中，将表格区域 B36: E36 的数值格式设置为带千位分隔符，保留 2 位小数。

（4） 在“工资”工作表中，将表格区域 A4:E36 的外框线设置为最粗线、标准红色，内框线设置为最细单线、标准蓝色。

（5） 在“工资”工作表中，根据表格区域 B4: E4 和 B36: E36 中的数据，生成一张三维簇状柱形图嵌入当前工作表，图表标题为“部分行业职工平均工资”，无图例，显示数据标签。

（6） 将“部分就业人数.htm”文档中的表格数据转换到工作表“Sheet1”中，要求表格数据自第 3 行第 1 列开始存放。

（7） 将“Sheet1”工作表更名为“就业人数”，并将其中的所有年份设置为左对齐。

（8） 在“产业就业结构”工作表中按第三产业降序排序。

（9） 保存 ex3.xlsx 文件。

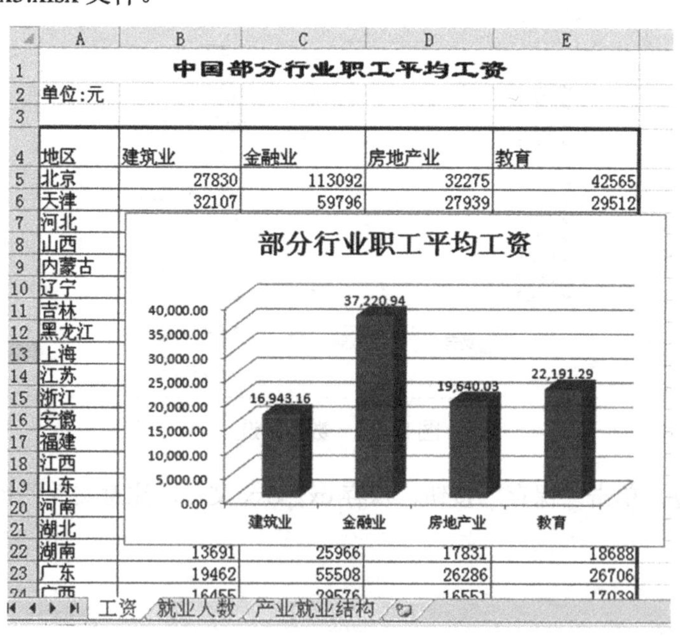

图 5-20 “部分行业职工平均工资”样张

解答：

第（1）小题，在“工资”工作表的 A1 单元格中，输入标题“中国部分行业职工平均工资”，将其字体格式设置为隶书、加粗、18 号字，并设置其在 A 列至 E 列范围合并后居中。操作过程如下。

这一题比较简单，找到“工资”工作表的 A1 单元格，也就是第 1 行第 1 列的单元格，输入标题文字“中国部分行业职工平均工资”，将其字体格式设置为隶书、加粗、18 号字。单击 A1 单元格，按住鼠标左键不放，拖动鼠标选中 A 列至 E 列，单击按钮即可。

第（2）小题，在“工资”工作表的 A36 单元格中，输入“平均工资”，在 B36 至 E36 的单元格中用公式分别计算各行业职工的平均工资。操作过程如下。

单击 B36 单元格，选择“公式→Σ自动求和→平均值”选项，检查一下求平均值的范围是否正确，若正确，单击“√”按钮，然后对 C36 至 E36 的单元格进行自动填充，计算出建筑业、金融业、房地产业和教育业工资的平均值。

第（3）小题，在“工资”工作表中，将表格区域 B36: E36 的数值格式设置为带千位分隔符，保留 2 位小数。操作过程如下。

在“开始”选项卡中单击“字体”选项组右下角的按钮，在“数字”选项卡中将“分类”设置为“数值”，“小数位数”设置为 2，勾选“使用千位分隔符”复选框。

第（4）小题，在“工资”工作表中，将表格区域 A4:E36 的外框线设置为最粗线、标准红色，内框线设置为最细单线、标准蓝色。操作过程如下。

这一题考查的是格式设定，选中表格区域 A4:E36，在“开始”选项卡中，单击“字体”选项组右下角的按钮，在“边框”选项卡中将线条样式设置为最粗线，“颜色”设置为标准色中的红色，“预置”设置为“外边框”，单击“确定”按钮。再次打开“边框”选项卡，将线条样式设置为最细单线，“颜色”设置为标准色中的蓝色，“预置”设置为“内部”，单击“确定”按钮。注意先定线条，再定边框。

第（5）小题，在“工资”工作表中，根据表格区域 B4: E4 和 B36: E36 中的数据，生成一张三维簇状柱形图嵌入当前工作表，图表标题为“部分行业职工平均工资”，无图例，显示数据标签。操作过程如下。

这一题比较重要，在“工资”工作表中，选中表格区域 B4: E4，要注意按住键盘上的 Ctrl 键，再选择表格区域 B36: E36 的数据，注意要选中这两部分不连续的区域，不要一次性选择连续的区域。选择“插入→图表→柱形图→三维簇状柱形图”选项，将三维簇状柱形图嵌入当前工作表，将图表标题生命名为“部分行业职工平均工资”，删除图例。

第（6）小题，将“部分就业人数.htm”文档中的表格数据转换到工作表“Sheet1”中，要求表格数据自第 3 行第 1 列开始存放。本题使用复制、粘贴即可。

第（7）小题，将“Sheet1”工作表更名为“就业人数”，并将其中的所有年份设置为左对齐。操作过程如下。

在工作表的最下方找到“Sheet1”标签，双击“Sheet1”，输入“就业人数”。再选中需要设置的年份数据，单击“开始”选项卡中的“左对齐”按钮即可。

第（8）小题，在“产业就业结构”工作表中按第三产业降序排序。操作过程如下。

单击数据表中的任一数据单元格，选择“数据→排序”选项，在弹出的“排序”对话框中，将“主要关键字”设置为“第三产业”，“次序”设置为“降序”，单击“确定”按钮，如图 5-21 所示。

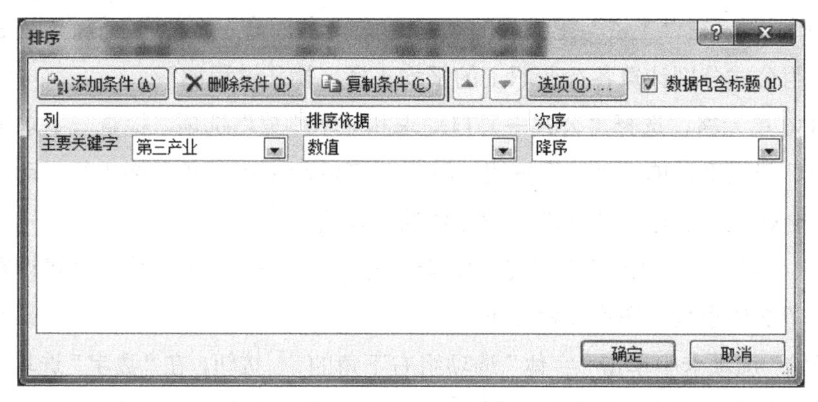

图 5-21　排序

第（9）小题，单击“保存”按钮，保存 ex3.xlsx 文件，注意文件所在的路径。

4. 典型城市自来水成本构成

打开 T 盘中的 ex4.xlsx 文件，按下列要求进行操作（除题目要求外，不得增加、删除、移动工作表中内容），样张如图 5-22 所示。

（1） 在“成本”工作表的 A1 单元格中，输入标题“典型城市自来水成本构成”，将其字体格式设置为黑体、加粗、20 号字，并设置其在 A 列至 G 列合并后居中。

（2） 在“成本”工作表中，将表格中所有数据设置为百分比格式，保留 1 位小数。

（3） 在“成本”工作表的 A12 单元格中，输入“劳动力与动力费之和”，在 B12 至 G12 单元格中用公式分别计算相应城市的劳动力与动力费之和。

（4） 在“成本”工作表中，将表格区域 A3:G12 的外框线设置为双线，内框线设置为最细单线。

（5） 参考样张，在“成本”工作表中，根据表格区域 A3:G3 和 A12:G12 中的数据，生成一张簇状柱形图嵌入当前工作表，图表标题为“典型城市劳动力与动力费占比图”，在左侧显示图例，显示数据标签，放置在数据点结尾之外。

（6） 将“成本分类.rtf”文档中的表格数据（包括标题）转换到工作表“Sheet1”中，

要求表格数据自第 1 行第 1 列开始存放。

（7） 将“Sheet1”工作表更名为“成本分类”。

（8） 在“用水”工作表中，利用自动筛选功能筛选出人均用水量 400 立方米及以下的记录。

（9） 保存 ex4.xlsx 文件。

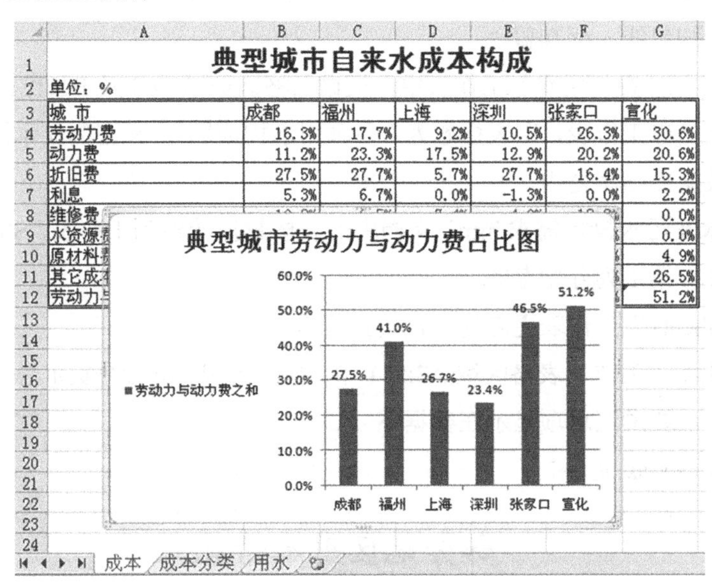

图 5-22 “典型城市自来水成本构成”样张

解答：

第（1）小题的操作与前面的操作类似。

第（2）小题，将表格中所有数据设置为百分比的操作为：在“开始”选项卡中，单击“字体”选项组右下角的 按钮，将“分类”设置为“百分比”，“小数位数”为 1。

第（3）小题到第（4）小题的操作与前面的操作类似。

第（5）小题，选中表格区域 A3:G3 和 A12:G12 中的数据时，要注意按住键盘上的 Ctrl 键，选择两部分不连续的区域。

第（6）小题到第（8）小题的操作与前面的操作类似。

第（9）小题，单击“保存”按钮，保存 ex4.xlsx 文件，注意文件所在的路径。

5. 部分地区用水情况

打开 T 盘中的 ex5.xlsx 文件，按下列要求进行操作（除题目要求外，不得增加、删除、移动工作表中内容），样张如图 5-23 所示。

（1） 在“用水”工作表的 A1 单元格中，输入标题“部分地区用水情况”，并将其字体格式设置为楷体、加粗、24 号字，并设置其在 A 列至 G 列合并后居中。

（2） 在“用水”工作表的 A12 单元格中，输入“平均值”，在 B12 至 G12 单元格中，利用公式分别计算各项的平均值。

（3） 在“用水”工作表中，将表格区域 B12:G12 设置为数值格式，保留 2 位小数。

（4） 在“用水”工作表中，将表格区域 A3:G12 的外框线设置为最粗单线、标准红色，内框线设置为最细单线、标准蓝色。

（5） 参考样张，在“用水”工作表中，根据表格区域 B3:E3 及 B12:E12 中的数据，生成一张饼图嵌入当前工作表，图表标题为“各项用水构成图”，在左侧显示图例，显示数据标签，放置在数据点结尾之内。

（6） 将“水及污水投资需求.htm”文档中的表格数据转换到工作表“Sheet1”中，要求表格数据自第 2 行第 1 列开始存放。

（7） 将“Sheet1”工作表更名为“投资预测”。

（8） 在“供水”工作表表格区域 A3:F11 中，按“区域”进行分类汇总，汇总出不同区域的供水量之和，要求汇总项显示在数据下方。

（9） 保存 ex5.xlsx 文件。

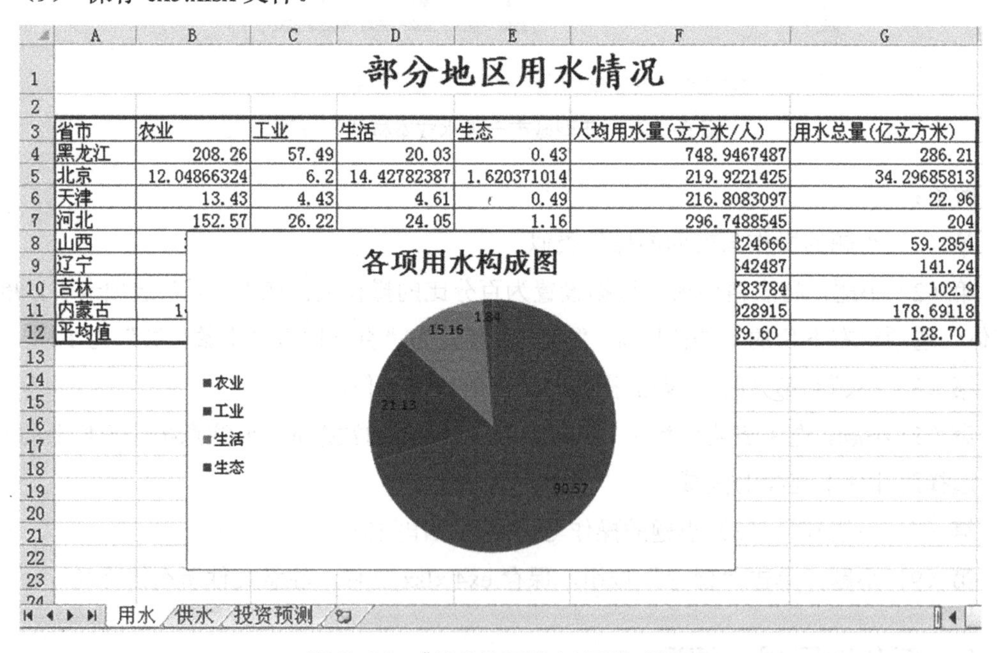

图 5-23 “部分地区用水情况”样张

解答：

第（1）小题到第（7）小题的操作与前面的操作类似。

第（8）小题，在“供水”工作表表格区域 A3:F11 中，按“区域”进行分类汇总，汇总出不同区域的供水量之和，要求汇总项显示在数据下方。操作过程如下。

分类汇总要注意的点是在做分类汇总之前，要做排序。本题要按“区域”进行排序，单击数据表中的任一数据单元格，选择“数据→排序”选项，在弹出的“排序”对话框中，将“主要关键字”设置为“区域”，“次序”设置为“降序”或“升序”都可以，单击“确定”按钮。下面开始做分类汇总，选择“数据→分类汇总”选项，在弹出的“分类汇总”对话框中，将“分类字段”设置为“区域”，“汇总方式”设置为“求和”，“选定汇总项”设置为“供水量”，并勾选“汇总项显示在数据下方”复选框，单击“确定”按钮即可，如图 5-24 所示。

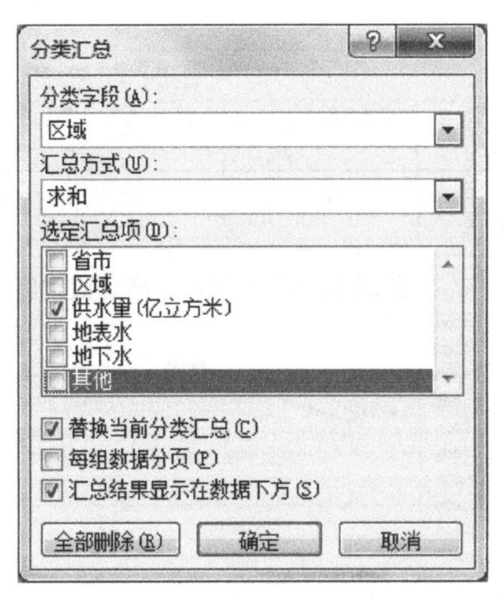

图 5-24　按“区域”进行分类汇总

第（9）小题，单击“保存”按钮，保存 ex5.xlsx 文件，注意文件所在的路径。

6. 各时期三产产值

打开 T 盘中的 ex6.xlsx 文件，按下列要求进行操作（除题目要求外，不得增加、删除、移动工作表中内容），样张如图 5-25 所示。

（1） 将“六五时期 GDP 数据.htm”文档中的表格数据（不包括栏目标题）转换到工作表“Sheet1”中，要求表格数据自 A2 单元格开始存放。

（2） 将“Sheet1”工作表更名为“GDP 数据”。

（3） 在“GDP 数据”工作表中，将年度数据表格区域 A2:A26 设置为左对齐。

（4） 在“统计”工作表的 B1 单元格中，输入标题“各时期三产产值”，将其字体格式设置为楷体、红色、24 号字，并设置其在 B 列至 G 列合并后居中。

（5） 在“统计”工作表中，引用“GDP”工作表中的数据，计算各时期“国内生产总值”“第一产业”“第二产业”和“第三产业”的数据。

（6） 在“统计”工作表中的 G 列，利用函数计算各时期“第三产业”占“国内生产总值”的比例，结果以百分比的形式表示，保留 2 位小数。

（7） 在“统计”工作表中，将表格区域 B2:G7 的内框线设置为最细单线，外框线设置为双线、标准绿色。

（8） 参考样张，在工作表“统计”中，根据各时期“比例”数据，生成一张折线图，嵌入到当前工作表，图表标题为“各时期三产占国内生产总值比例”，显示数据标签，并放置在数据点上方，无图例。

（9） 保存 ex6.xlsx 文件。

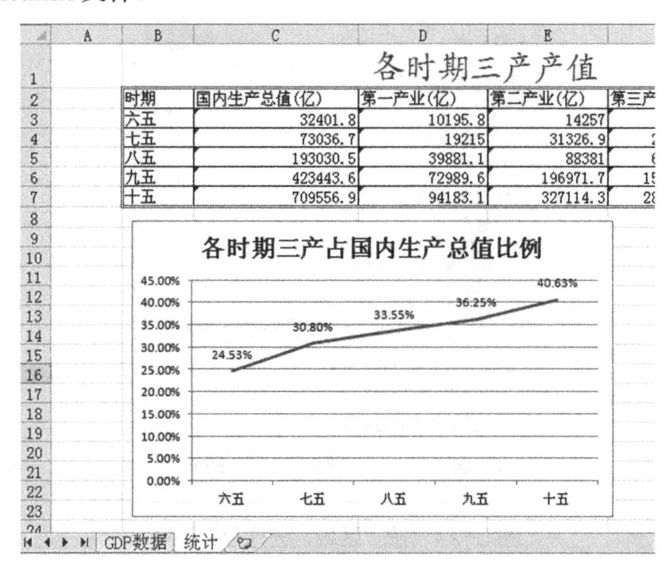

各时期三产产值

时期	国内生产总值(亿)	第一产业(亿)	第二产业(亿)
六五	32401.8	10195.8	14257
七五	73036.7	19215	31326.9
八五	193030.5	39881.1	88381
九五	423443.6	72989.6	196971.7
十五	709556.9	94183.1	327114.3

图 5-25 “各时期三产产值”样张

解答：

本题的操作与前面的操作类似，此处不做赘述，仅介绍第（1）和第（6）小题中的注意事项。

第（1）小题，利用快捷键 Ctrl+A 全选文档中的表格数据，快捷键 Ctrl+C 复制，单击 A1 单元格，在粘贴选项中，选择“匹配目标格式”命令。

第（6）小题，用函数计算的操作方法是：在 G3 单元格中，输入“=F3/C3”，再单击“√”按钮或者按 Enter 键，其他行使用自动填充完成。

7. 华东/华南用水统计

打开 T 盘中的 ex7.xlsx 文件，按下列要求进行操作（除题目要求外，不得增加、删除、移动工作表中内容），样张如图 5-26 所示。

（1） 在“用水统计”工作表的 A1 单元格中，输入标题“华东/华南用水统计”，将其字体格式设置为隶书、加粗、20 号字，并设置其在 A 列至 H 列合并后居中。

（2） 在“用水统计”工作表的 C11、C18 单元格中，用求和公式分别计算华东和华南地区的用水总量。在 H11、H18 单元格中，用平均值公式分别计算华东和华南地区的人均用水量。

（3） 在“用水统计”工作表中，将表格中所有数据设置为数值格式，保留 2 位小数。

（4） 在“用水统计”工作表中，将表格区域 A3:H18 的外框线设置为最粗线、标准蓝色，内框线设置为最细单线、标准蓝色。

（5） 参考样张，在“用水统计”工作表中，根据表格区域 D3:G3 和 D5:G5 中的数据，生成一张三维簇状柱形图嵌入当前工作表，图表标题为“江苏省用水结构统计图”，不显示图例。

（6） 将“历年供水统计.rtf”文档中的表格数据转换到工作表“Sheet1”中，要求表格数据自第 1 行第 1 列开始存放。

（7） 将“Sheet1”工作表更名为“历年供水统计”。

（8） 在“供水数据”工作表中，按供水总量进行降序排序。

（9） 保存 ex7.xlsx 文件。

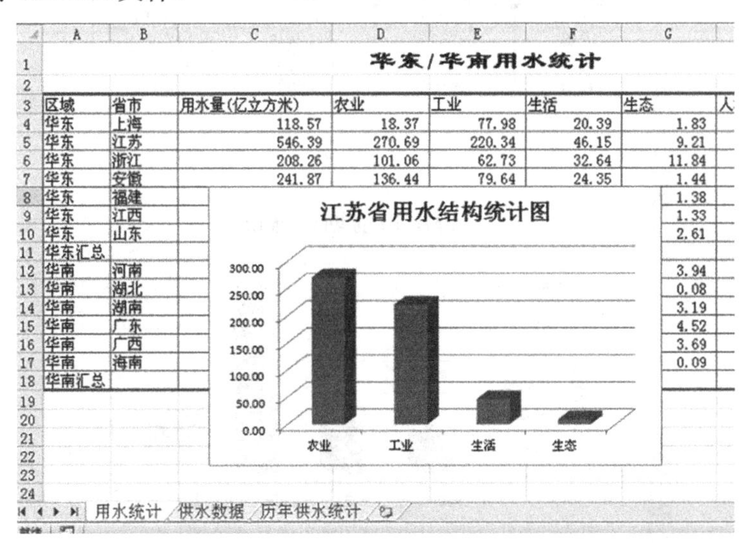

图 5-26 “华东/华南用水统计”样张

8. 江苏省进出口情况

打开 T 盘中的 ex8.xlsx 文件，按下列要求进行操作（除题目要求外，不得增加、删除、移动工作表中内容），样张如图 5-27 所示。

（1） 在“地市”工作表中，将 B 列列宽设置为 15，第 1 行行高设置为 30。

（2） 在“地市”工作表的 B4 至 B18 单元格中，利用公式计算各地市进出口累计值（进出口累计=进口+出口）。

（3）在“地市”工作表的B19至D19单元格中，利用公式分别计算B、C、D列的均值，结果以保留1位小数的数值格式显示。

（4）在“地市”工作表中，将表格区域A3:D19的外框线设置为标准绿色、最粗实线，内框线设置为标准绿色、最细实线。

（5）复制“地市”工作表，将复制的工作表改名为“进出口”。

（6）在“进出口”工作表中，删除“进出口”工作表的第19行。

（7）在“进出口”工作表中，筛选出“进出口累计”高于平均值的城市。

（8）参考样张，在“进出口”工作表中，根据筛选出的进出口累计数据生成一张三维簇状柱形图，嵌入当前工作表，图表上方的标题为“进出口前四的城市”，纵坐标轴竖排标题为“万美元”，无图例，数据标签显示值。

（9）保存ex8.xlsx文件。

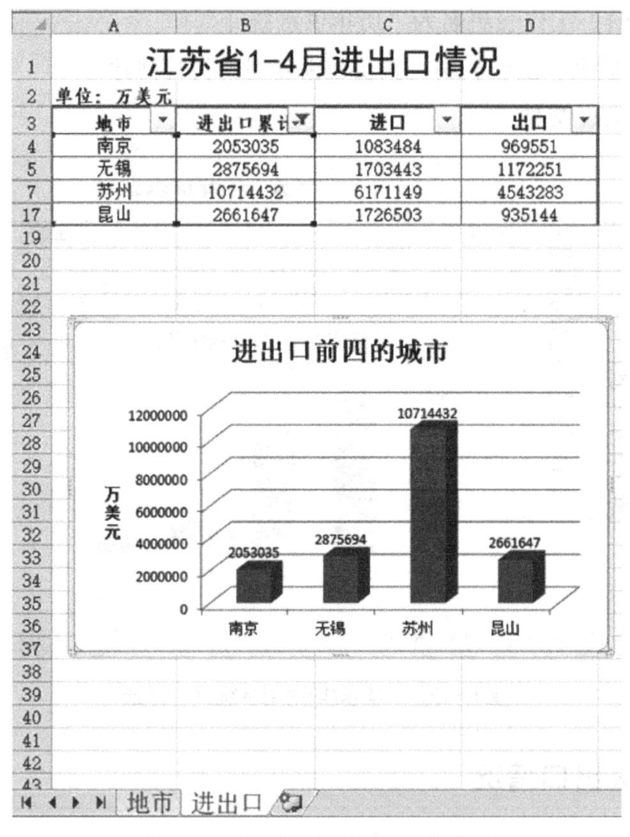

江苏省1-4月进出口情况			
单位：万美元			
地市	进出口累计	进口	出口
南京	2053035	1083484	969551
无锡	2875694	1703443	1172251
苏州	10714432	6171149	4543283
昆山	2661647	1726503	935144

图5-27 “江苏省进出口情况”样张

解答：

本题的操作与前面的操作类似，此处不做赘述，仅介绍第（1）小题中的注意事项。

第（1）小题，设置单元格的行高与列宽，只需在“开始”选项卡中单击“格式”按钮，就可以找到“行高”和“列宽”选项了。

9. 网约车一周订单完成量分析

打开 T 盘中的 ex9.xlsx 文件，按下列要求进行操作（除题目要求外，不得增加、删除、移动工作表中内容），样张如图 5-28 所示。

（1）在“网约车”工作表中，设置第一行标题文字“一周订单完成量分析”在表格区域 A1:F1 合并后居中，字体格式设置为华文仿宋、16 号字、加粗、标准深蓝色。

（2）在“网约车”工作表中，利用填充序列填写 A4 至 A33 单元格，数据形如“C001、C002、…、C030”。

（3）在“网约车”工作表的 E 列中，利用公式计算各派车号订单完成总数（完成总数=顺风车+快车+拼车）。

（4）在“网约车”工作表的 F 列中，利用公式计算各派车号中快车完成量占比（快车占比=快车/完成总数），结果以保留 1 位小数的百分比格式显示。

（5）复制“网约车”工作表，并将复制的工作表更名为“用车排序”。

（6）在“用车排序”工作表中，将 A3 至 F3 单元格的背景色设置为标准黄色。

（7）在“用车排序”工作表中，先按完成总数降序排序，再按快车占比降序排序。

（8）参考样张，在“用车排序”工作表中，根据排名前五的派车号和完成总数，生成一张三维簇状柱形图，嵌入当前工作表，图表上方标题为“订单完成量前五名”，并将字号设置为 14，横坐标轴下方标题为“派车号”，无图例，数据标签显示值。

（9）保存 ex9.xlsx 文件。

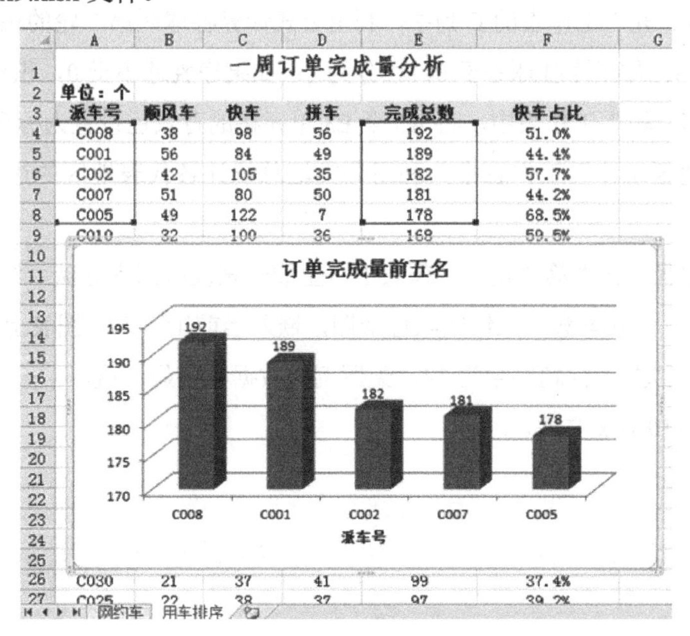

图 5-28 “网约车一周订单完成量分析”样张

解答：

本题的操作与前面的操作类似，此处不做赘述，仅介绍第（2）小题中的注意事项。

第（2）小题，利用填充序列填写 A4 至 A33 单元格，数据形如“C001、C002、…、C030”。操作过程如下。

在 A4 单元格中输入 C001，选中 A4 单元格，将光标移到单元格的右下角，在光标变成细十字形后双击，即可完成自动填充。如果填充内容都是 C001，可以在填充完成后，在右下角的自动填充选项中选择“填充序列”选项。

10. 四强小组赛

打开 T 盘中的 ex10.xlsx 文件，按下列要求进行操作（除题目要求外，不得增加、删除、移动工作表中内容），样张如图 5-29 所示。

（1）在“第二轮”工作表中，设置第一行标题文字“第二轮比赛结果”在表格区域 A1:E1 合并后居中，字体格式设置为黑体、16 号字、标准蓝色。

（2）将“第一轮”工作表的标签颜色设置为标准橙色。

（3）将“第一轮”工作表 A3 至 E35 单元格的样式设置为数据和模型中的“输出”。

（4）在“第二轮”工作表的 D 列中，利用公式计算各球队第二轮的净胜球（净胜球=进球-失球）。

（5）在“第二轮”工作表的 E 列中，利用公式计算各球队第二轮的积分（如果净胜球大于 0，积分为 3；如果净胜球等于 0，积分为 1；如果净胜球小于 0，积分为 0）。

（6）在“第二轮”工作表中，将 A3 至 E3 单元格的背景色设置为标准黄色。

（7）在“地区统计”工作表中，利用分类汇总统计各代表地区的进球之和以及失球之和。

（8）参考样张，在“第二轮”工作表中，生成一张反映四支球队（法国、克罗地亚、比利时、英格兰）净胜球数的三维簇状柱形图，嵌入当前工作表，图表上方标题为“四强小组赛第二轮净胜球”，标题字号为 14，无图例，数据标签显示值。

（9）保存 ex10.xlsx 文件。

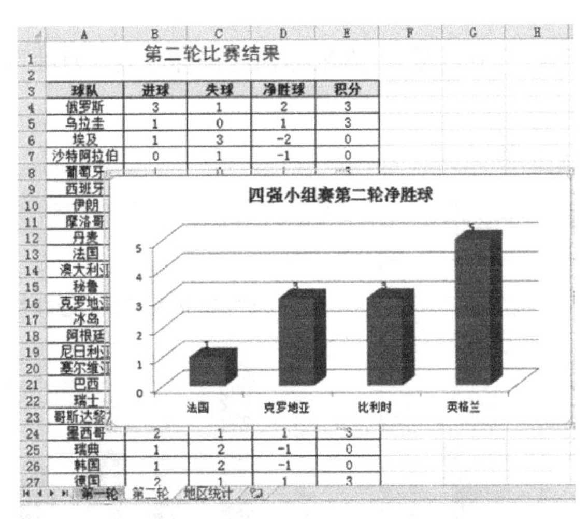

图 5-29 “四强小组赛”样张

解答：

本题的操作与前面的操作类似，此处不做赘述，仅介绍第（5）小题中的注意事项。

第（5）小题，在“第三轮”工作表的 E 列中，利用公式计算各球队第二轮的积分（如果净胜球大于 0，积分为 3；如果净胜球等于 0，积分为 1；如果净胜球小于 0，积分为 0）。操作过程如下。

在“积分”列（E 列）的 E4 单元格中，输入公式“=IF(D4>0,3,IF(D4=0,1,0))”。

11. 内河港口货物吞吐量

打开 T 盘中的 ex11.xlsx 文件，按下列要求进行操作（除题目要求外，不得增加、删除、移动工作表中内容），样张如图 5-30 所示。

（1） 复制“3 月”工作表，并将复制后的工作表重命名为“3 月备份”。

（2） 在“3 月备份”工作表中，筛选出占比高于平均值的记录。

（3） 在“4 月”工作表中，设置第一行标题文字“内河港口货物吞吐量”在表格区域 A1:C1 合并后居中，字体格式设置为幼圆、16 号字、加粗。

（4） 在“4 月”工作表的 B20 单元格中，利用函数计算内河港口吞吐量合计。

（5） 在“4 月”工作表的 C4 至 C19 单元格中，利用公式计算各港口占比（占比=吞吐量/内河港口合计），要求使用绝对地址表示内河港口合计值。

（6） 在“4 月”工作表中，设置 C4 至 C19 单元格为百分比格式，保留 1 位小数。

（7） 在“4 月”工作表中，设置 A3:C201 单元格区域的外框线为最粗实线，内框线为最细实线。

（8） 参考样张，在“4 月”工作表中，根据“吞吐量”数据，生成一张反映南京、镇江、嘉兴、佛山、重庆五个内河港口吞吐量的三维簇状柱形图，嵌入当前工作表，图表上方标题为“4 月部分内河港口吞吐量”，纵坐标轴竖排标题为“万吨”，无图例，数据标签显示值。

（9）保存 ex11.xlsx 文件。

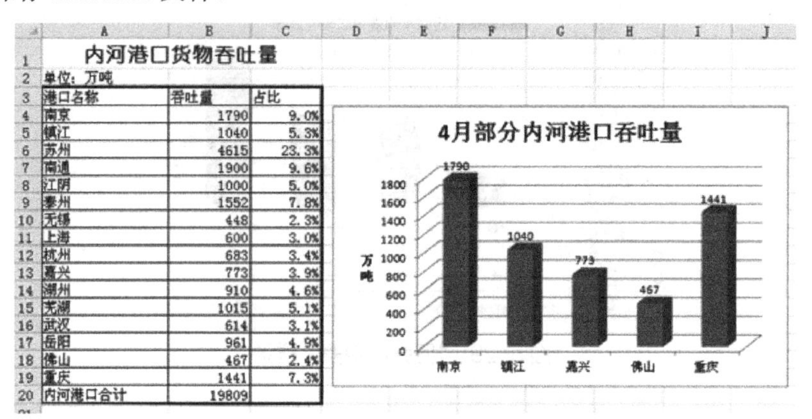

内河港口货物吞吐量

单位：万吨

港口名称	吞吐量	占比
南京	1790	9.0%
镇江	1040	5.3%
苏州	4615	23.3%
南通	1900	9.6%
江阴	1000	5.0%
泰州	1552	7.8%
无锡	448	2.3%
上海	600	3.0%
杭州	683	3.4%
嘉兴	773	3.9%
湖州	910	4.6%
芜湖	1015	5.1%
武汉	614	3.1%
岳阳	961	4.9%
佛山	467	2.4%
重庆	1441	7.3%
内河港口合计	19809	

图 5-30 “内河港口货物吞吐量”样张

解答：

本题的操作与前面的操作类似，此处不做赘述，仅介绍第（5）小题中的注意事项。

第（5）小题，在“4 月”工作表的 C4 至 C19 单元格中，利用公式计算各港口占比（占比=吞吐量/内河港口合计），要求使用绝对地址表示内河港口合计值。操作过程如下。

如图 5-31 所示，在 C4 单元格中输入“=B4/$B$20”，其中“B4”代表南京的吞吐量，“$B$20”代表内河港口合计值。因为 C5 至 C19 单元格要使用到自动填充，所以在这里使用绝对地址符号“$”。简单地说，绝对地址是每次都引用的一个固定的单元格里的值，这就需要在行号和列号之前都加上符号“$”。以后遇到类似绝对地址的操作，记住加上符号“$”。

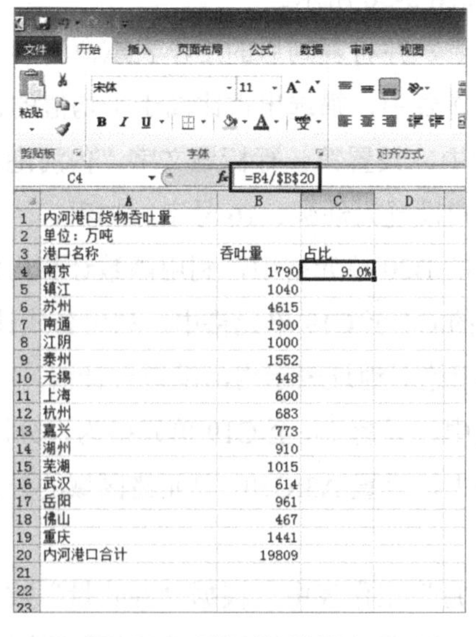

图 5-31 绝对地址的表示

六、PowerPoint 操作题

1. 缓解就业压力

打开 T 盘中的“缓解就业压力.pptx”文件，按下列要求进行操作，样张如图 6-1 所示。

（1） 将所有幻灯片的主题设置为“夏至”，显示背景图形。

（2） 将第 1 张幻灯片标题“如何缓解就业压力”的字体格式设置为微软雅黑、60 号字，版式设置为：仅有标题。

（3） 将第 1 张幻灯片中的图片的样式设置为“棱台亚光，白色”，高度和宽度分别设置为 8 厘米、14 厘米，并调整至适当的位置。

（4） 为第 2 张幻灯片的文字“缓解就业压力的措施”设置温和型的上浮效果，持续时间设置为 2 秒。

（5） 参考样张，将第 2 张幻灯片的内容部分转换为 SmartArt，布局设置为垂直项目符号列表，并为各项文字添加指向相应幻灯片的超链接。

（6） 将所有幻灯片的切换效果设置为垂直百叶窗，伴有疾驰声音，并将自动换片时间设置为 5 秒，持续时间设置为 2 秒。

（7） 添加幻灯片编号，但在标题幻灯片中不显示，将页脚内容改为“如何缓解就业压力”。

（8） 保存“缓解就业压力.pptx”文件。

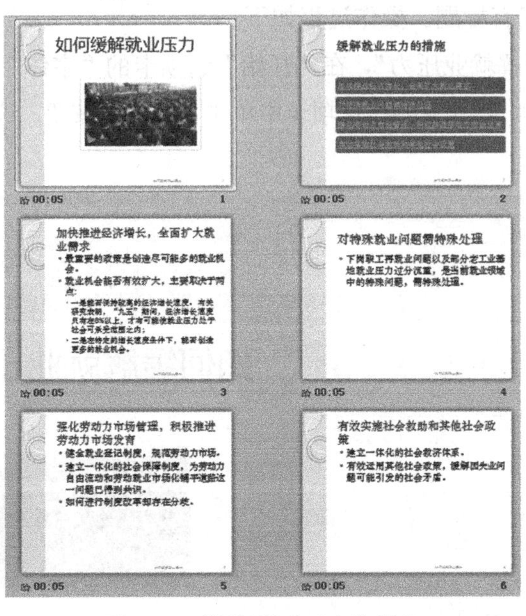

图 6-1 “缓解就业压力”样张

解答：

第（1）小题，将所有幻灯片的主题设置为“夏至”，显示背景图形。操作过程如下。

在“设计”选项卡中，对照样张快速找到主题“夏至”，当鼠标指针悬停在某个主题上时，就会显示此主题对应的名称，找到主题“夏至”，如图 6-2 所示。显示背景图形的方法是，在“设计”选项卡的最右侧，取消勾选“隐藏背景图形”复选框，如图 6-3 所示。

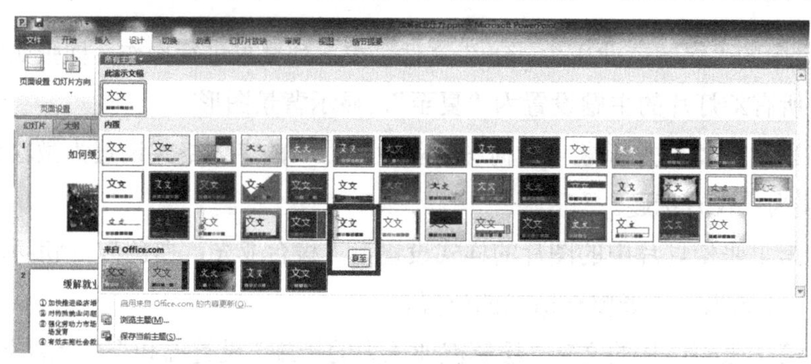

图 6-2　幻灯片的主题“夏至”

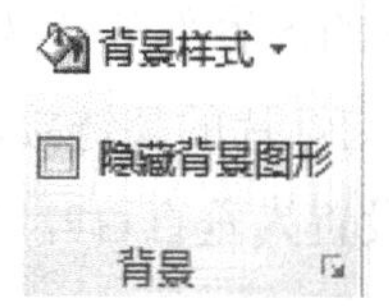

图 6-3　取消勾选“隐藏背景图形”复选框

第（2）小题，将第 1 张幻灯片标题“如何缓解就业压力”的字体格式设置为微软雅黑、60 号字，版式设置为仅有标题。操作过程如下。

选中文字“如何缓解就业压力”，在“开始”选项卡的“字体”选项组中，将字体设置为微软雅黑，字号为 60。在“开始”选项卡中单击“版式”按钮，选择“仅标题”选项，如图 6-4 所示。

图 6-4　选择“仅标题”选项

第（3）小题，将第 1 张幻灯片中的图片的样式设置为“棱台亚光，白色”，高度和宽度分别设置为 8 厘米、14 厘米，并调整至适当的位置。操作过程如下。

双击图片，出现“图片工具-格式”选项卡，将鼠标指针悬停在对应的图片样式上时，就会出现提示，找到“棱台亚光，白色”图片样式，单击即可。在“图片工具-格式”选项卡中单击“大小”选项组右下方的按钮，在弹出的“设置图片格式”对话框中取消勾选“锁定纵横比”复选框，并将图片的高度和宽度分别设置为 8 厘米、14 厘米，注意要取消勾选“锁定纵横比”复选框，如图 6-5 所示。

图 6-5　设置图片大小

第（4）小题，为第 2 张幻灯片的文字“缓解就业压力的措施”设置温和型的上浮效果，持续时间设置为 2 秒。操作过程如下。

单击“动画”选项组右下角的按钮，选择“更多进入效果→温和型→上浮”选项，并将“持续时间”设置为 02.00，注意保存文件，如图 6-6 所示。

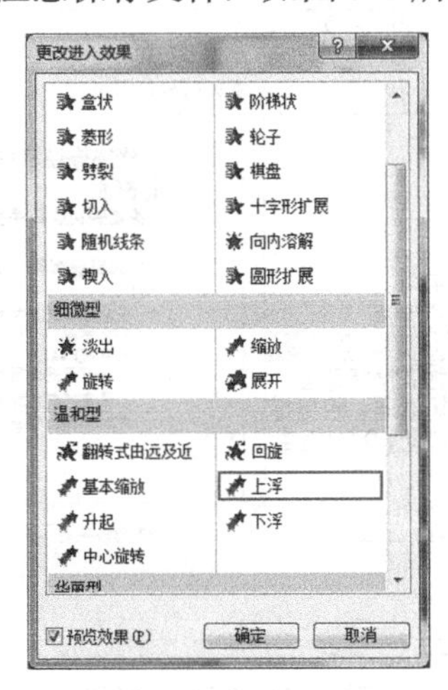

图 6-6　设置上浮效果

第（5）小题，参考样张，将第2张幻灯片的内容部分转换为SmartArt，布局设置为垂直项目符号列表，并为各项文字添加指向相应幻灯片的超链接。操作过程如下。

选中第2张幻灯片的内容部分，选择“开始→段落→转换为SmartArt→其他SmartArt图形→列表→垂直项目符号列表”选项，如图6-7所示。

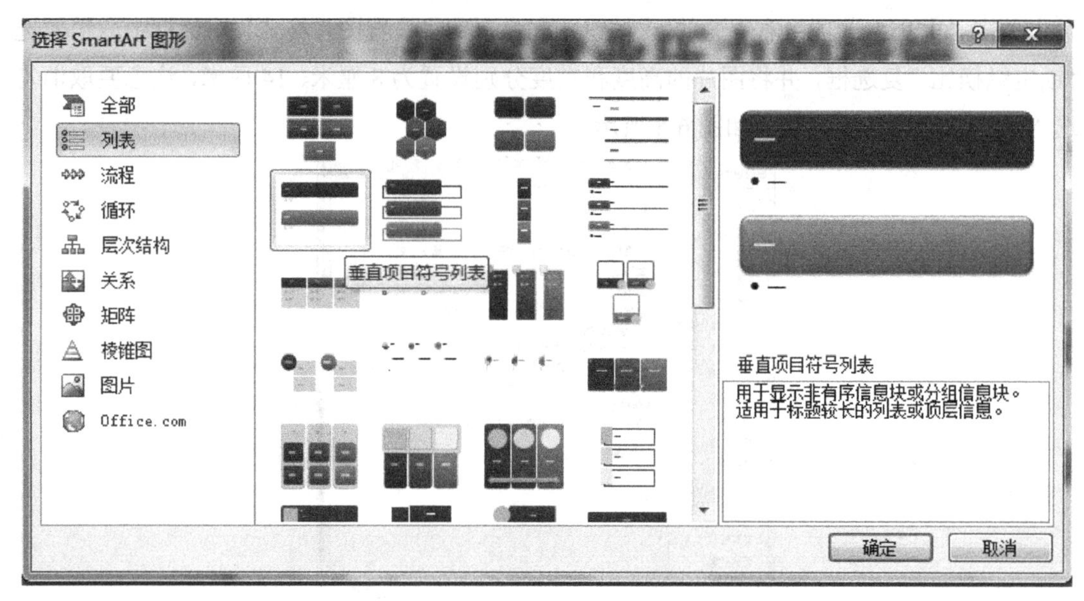

图6-7　选择SmartArt图形

选中文字“加快推进经济增长，全面扩大就业需求”，并在选中的区域内右击，在弹出的菜单中选择“超链接”命令，在“插入超链接”对话框中选择“本文档中的位置→幻灯片标题→加快推进经济增长，全面扩大就业需求”选项，如图6-8所示。

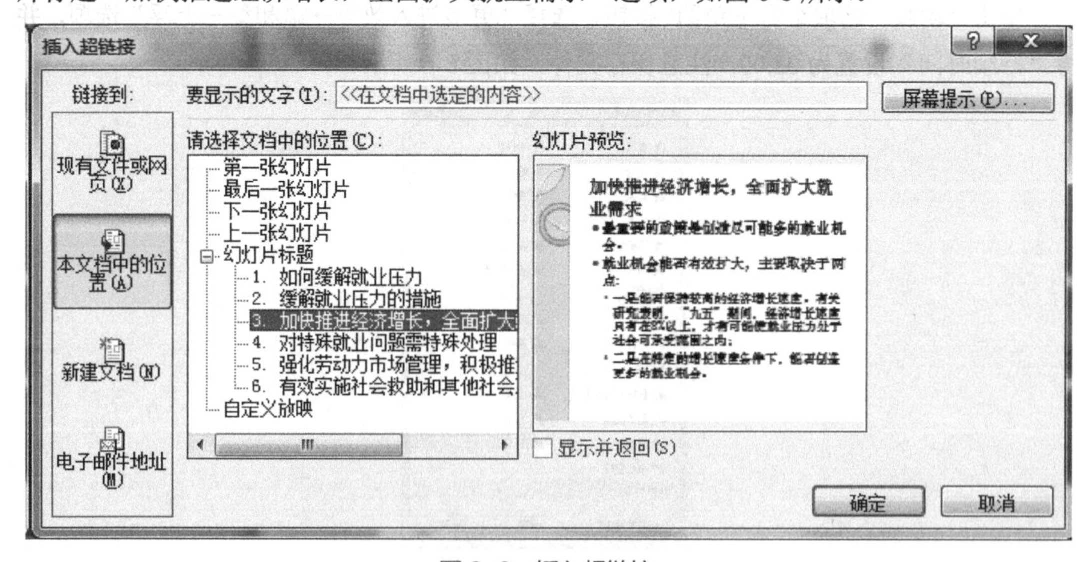

图6-8　插入超链接

其余 3 个超链接也是类似的操作。

第（6）小题，将所有幻灯片的切换效果设置为垂直百叶窗，伴有疾驰声音，并将自动换片时间设置为 5 秒，持续时间设置为 2 秒。操作过程如下。

在“切换”选项卡中选择“百叶窗”效果，将“效果选项”设置为“垂直”，“声音”设置为“疾驰”，勾选“设置自动换片时间”复选框，把 00：00：00 设置为 00：05：00，“持续时间”设置为 02.00，单击“全部应用”按钮。自动换片时间是这一张幻灯片内所有的动画效果出现完毕后等待的时间。持续时间是这个动作出现以后保持在屏幕上的时间，在这个动作的持续时间结束后才会出现下一个动作效果。

第（7）小题，添加幻灯片编号，但在标题幻灯片中不显示，将页脚内容改为“如何缓解就业压力”。操作过程如下。

选择“插入→幻灯片编号”选项，在弹出的“页眉和页脚”对话框中，勾选“幻灯片编号”和“页脚”复选框，并将页脚内容改为“如何缓解就业压力”，再勾选“标题幻灯片中不显示”复选框，单击“全部应用”按钮，如图 6-9 所示。

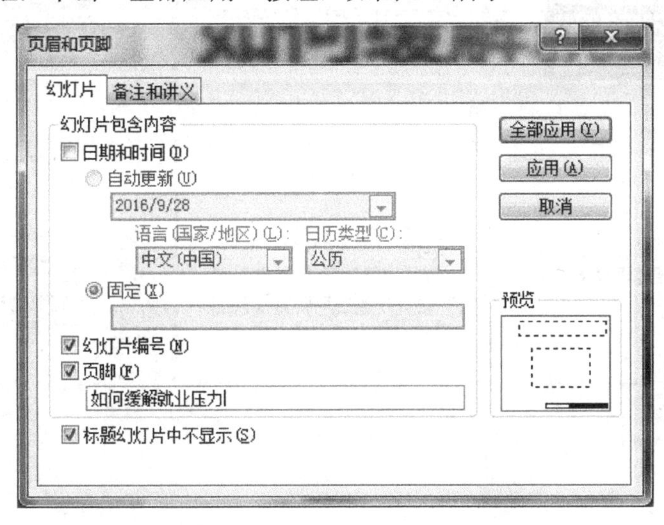

图 6-9 设置幻灯片编号和页脚

第（8）小题，单击“保存”按钮，保存“缓解就业压力.pptx”文件，注意文件所在的路径。

2. 三体

打开 T 盘中的“三体.pptx”文件，按下列要求进行操作，样张如图 6-10 所示。

（1） 将幻灯片的主题设置为“精装书”，并将主题颜色更改为“凤舞九天”。

（2） 将第 3 张幻灯片中的 SmartArt 布局设置为垂直项目符号列表，样式设置为细微效果，颜色设置为渐变范围-强调文字颜色 1。

（3） 为第 3 张幻灯片中 SmartArt 图形的三项文字创建分别指向具有相应标题的幻灯片的超链接。

（4） 为第 3 张至第 6 张幻灯片的标题添加动画“自左侧擦除”，持续时间设置为 1 秒。

（5） 为最后一张幻灯片中的图片添加默认的“柔化边缘椭圆”图片样式，并将图片的高度设置为 9 厘米，宽度设置为 12 厘米。

（6） 将最后一张幻灯片备注中的文字粘贴到此幻灯片的底部矩形中，并将形状样式设置为强烈效果-深绿，强调颜色 1。

（7） 将所有幻灯片切换效果设置为淡出，“效果选项”设置为“全黑”，伴有疾驰声音。

（8） 保存“三体.pptx”文件。

图 6-10 “三体”样张

解答：

第（1）小题，将幻灯片的主题设置为“精装书”，并将主题颜色更改为“凤舞九天”。操作过程如下。

打开“三体.pptx”文件，将幻灯片的主题设置为“精装书”的操作方法是：选择“设计→主题→精装书”选项（鼠标指针悬停在对应主题上时会显示主题名称），如图 6-11 所示。将主题颜色更改为“凤舞九天”的操作方法是：选择“设计→主题→颜色→凤舞九天”选项，如图 6-12 所示。

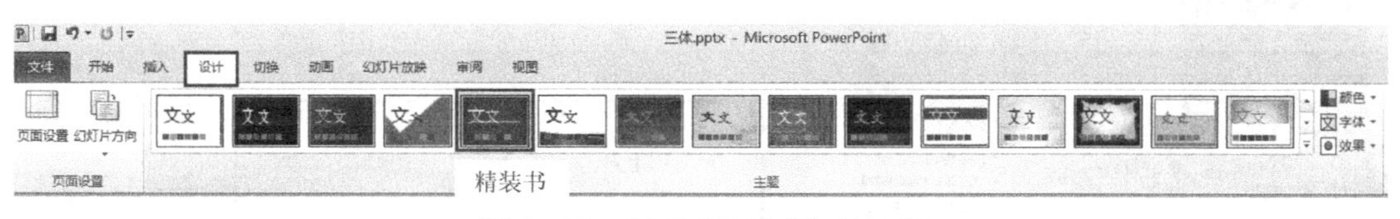

图 6-11　设置“精装书”的主题

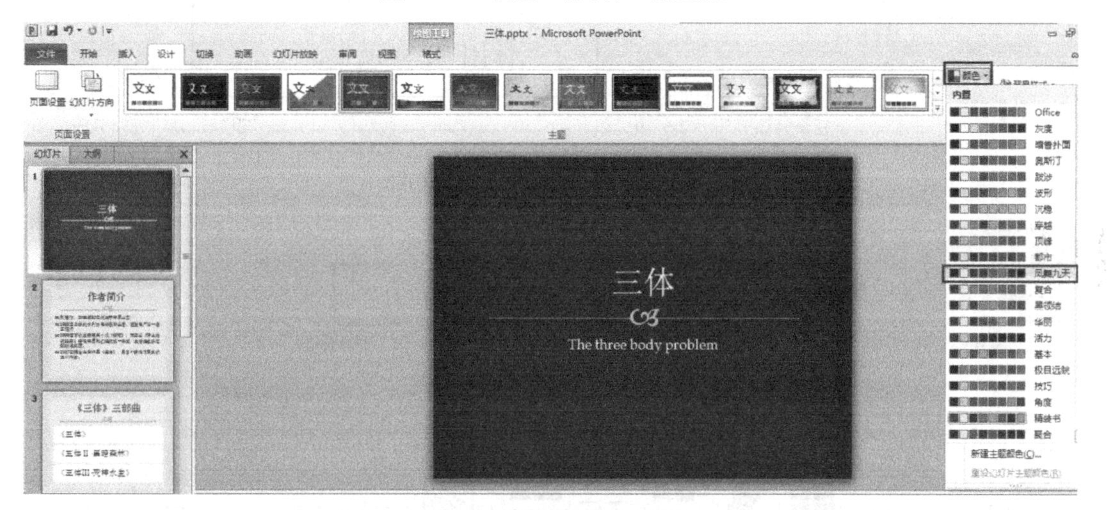

图 6-12　修改主题颜色

第（2）小题，将第 3 张幻灯片中的 SmartArt 布局设置为垂直项目符号列表，样式设置为细微效果，颜色设置为渐变范围-强调文字颜色 1。操作过程如下。

更改第 3 张幻灯片中的 SmartArt 布局的方法为：找到第 3 张幻灯片，双击 SmartArt 图形，此时会出现“SmartArt 工具-格式”选项卡，如图 6-13 所示，选择“SmartArt 工具-设计→布局→垂直项目符号列表”选项（鼠标指针悬停在对应布局上时会显示名称）。将样式设置为细微效果，颜色设置为渐变范围-强调文字颜色 1 的操作方法是：选择“SmartArt 工具-设计→SmartArt 样式→细微效果”选项（鼠标指针悬停在对应效果上时会显示效果名称），如图 6-14 所示，选择“SmartArt 工具-设计→更改颜色→强调文字颜色 1→渐变范围-强调文字颜色 1”选项，如图 6-15 所示。

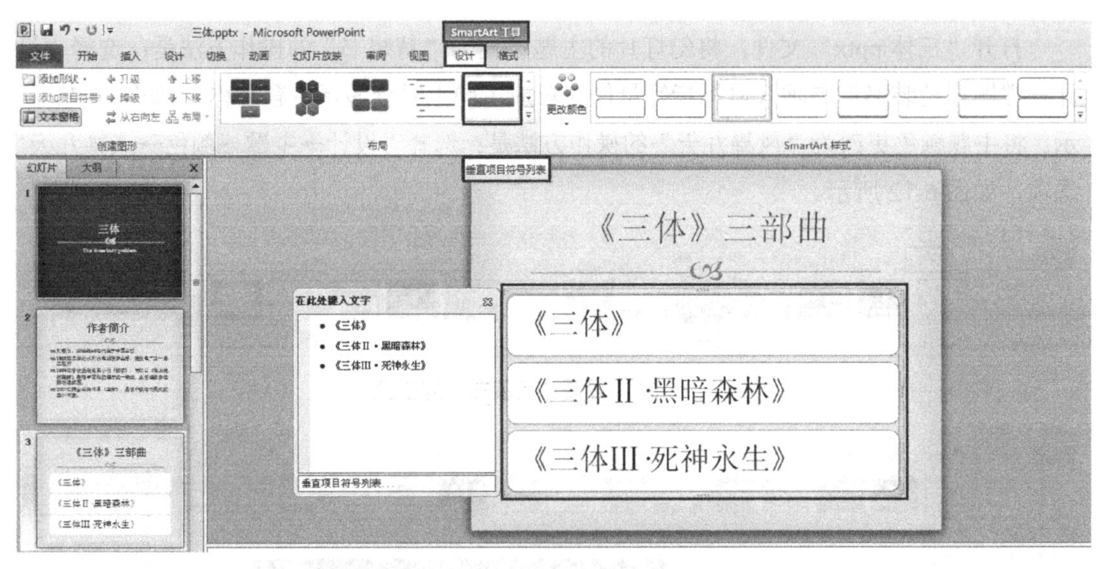

图 6-13　SmartArt 工具及布局

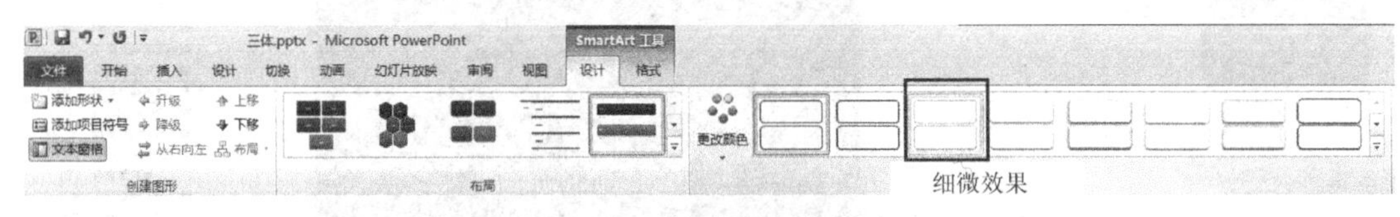

图 6-14　“细微效果”样式

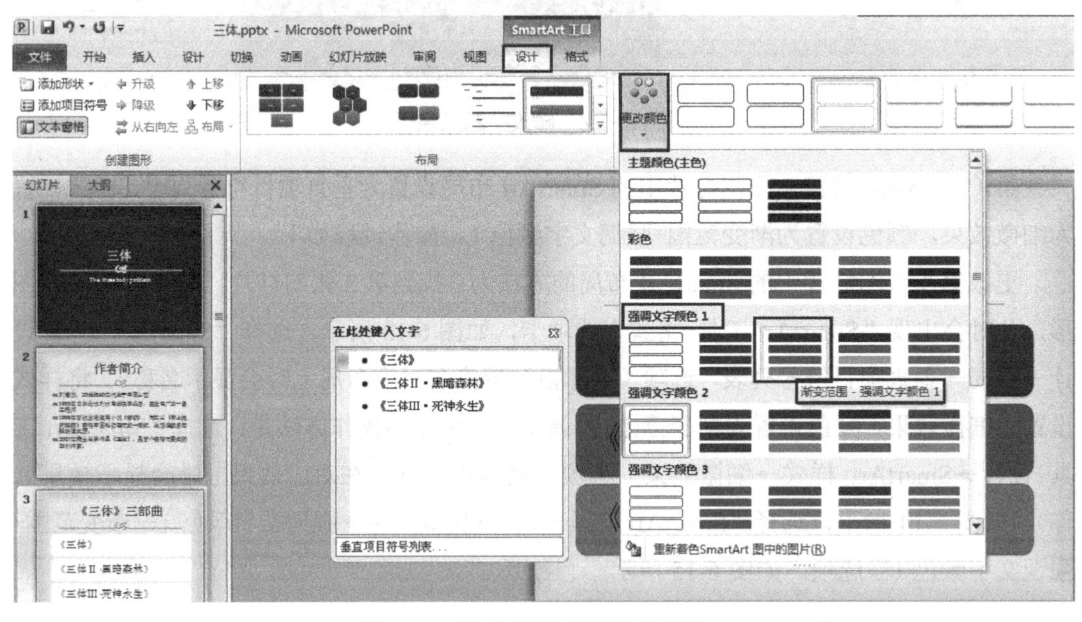

图 6-15　渐变范围-强调文字颜色 1

第（3）小题，为第 3 张幻灯片中 SmartArt 图形的三项文字创建分别指向具有相应标题的幻灯片的超链接。操作过程如下。

找到第 3 张幻灯片，未设置超链接的文字下方一般是没有下画线的。选中文字“《三体》”，选择“插入→超链接”选项，弹出如图 6-16 所示的对话框，单击“本文档中的位置”，再单击对应幻灯片标题“《三体》”，单击“确定”按钮。

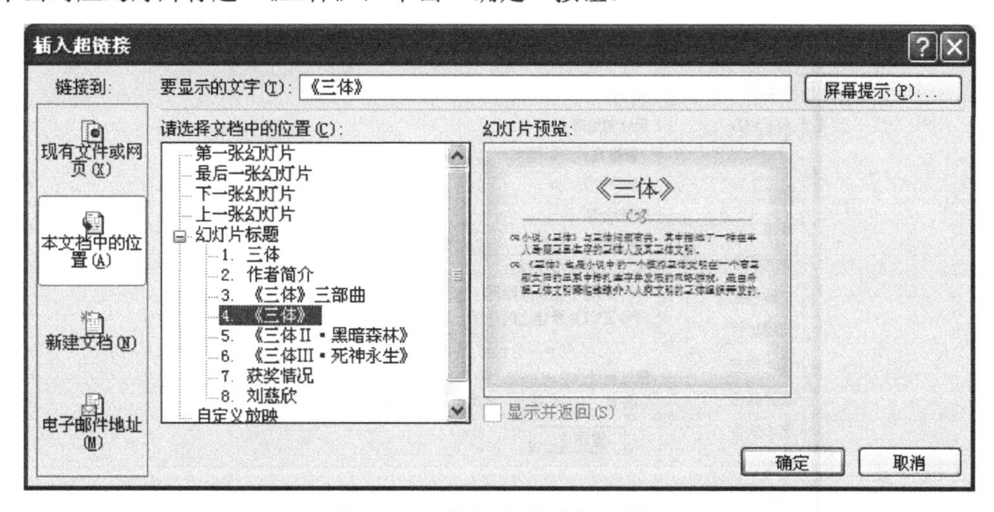

图 6-16　“插入超链接”对话框

其他文字“《三体Ⅱ·黑暗森林》”“《三体Ⅲ·死神永生》”插入超链接的操作与此操作类似。

第（4）小题，为第 3 张至第 6 张幻灯片的标题添加动画“自左侧擦除”，持续时间设置为 1 秒。操作过程如下。

选中第 3 张幻灯片的标题“三体三部曲”，在“动画”选项卡中选择“擦除”选项，单击“效果选项”按钮，选择“自左侧”选项，将“持续时间”设置为 1 秒，如图 6-17 所示。

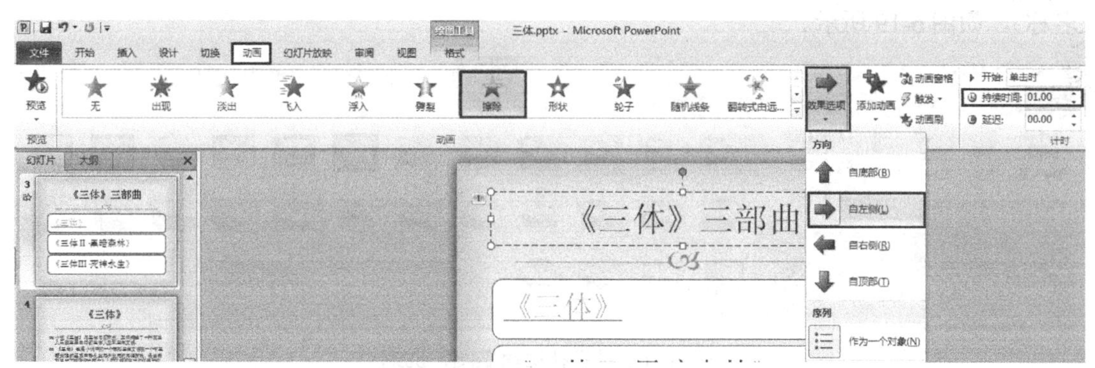

图 6-17　为标题添加动画

为第 4 张至第 6 张幻灯片标题添加动画的操作与此操作类似。

第（5）小题，为最后一张幻灯片中的图片添加默认的“柔化边缘椭圆”图片样式，并将图片的高度设置为 9 厘米，宽度设置为 12 厘米。操作过程如下。

找到最后一张幻灯片中的图片，双击图片，会出现“图片工具-格式”选项卡，单击“大小”选项组右下角的 按钮，在弹出的“设置图片格式”对话框中，取消勾选“锁定纵横比”复选框，再把高度、宽度分别设置为 9 厘米、12 厘米，单击“关闭”按钮，如图 6-18 所示。

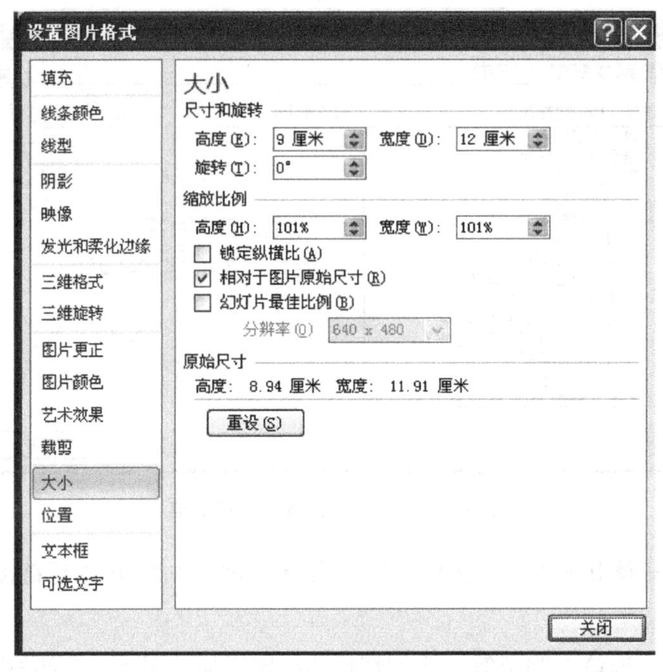

图 6-18 设置图片大小

接下来，为图片添加默认的“柔化边缘椭圆”图片样式。双击图片，选择“图片工具-格式→图片样式→柔化边缘椭圆”选项（鼠标指针悬停在图片样式上时会显示图片样式的名称），如图 6-19 所示。

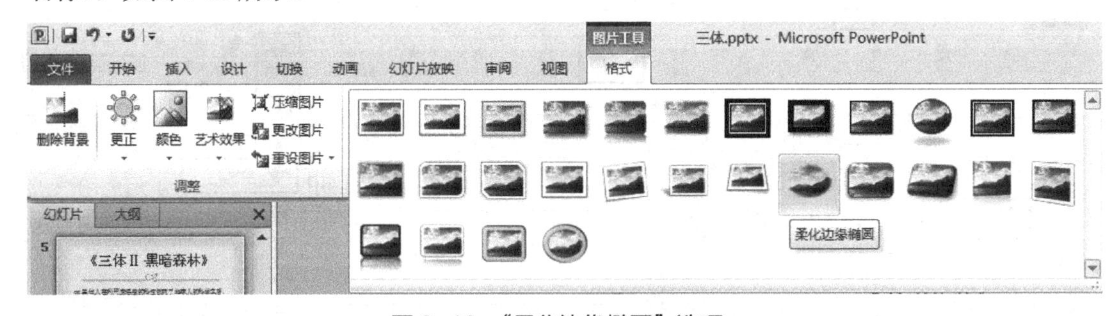

图 6-19 “柔化边缘椭圆”选项

第（6）小题，将最后一张幻灯片备注中的文字粘贴到此幻灯片的底部矩形中，并将形状样式设置为强烈效果-深绿，强调颜色 1。操作过程如下。

找到最后一张幻灯片备注中的文字，选择幻灯片下面的文字“心忧柴米油盐，不忘仰望星空”，复制到此幻灯片的底部矩形中。双击矩形形状，会出现“绘图工具-格式”选项卡，选择“绘图工具-格式→形状样式→强烈效果-深绿，强调颜色 1”选项（鼠标指针悬停在形状样式上会显示样式的名称），如图 6-20 所示。深绿色的 RGB 为 R=0、G=100、B=0，选择“形状填充→其他填充颜色→自定义”选项，如图 6-21 所示，输入 RGB 的数值后，单击“确定”按钮即可。

图 6-20　强烈效果-深绿，强调颜色 1

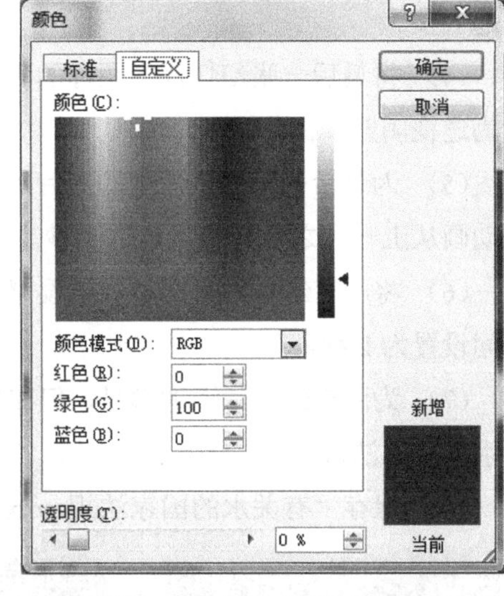

图 6-21　输入 RGB 的数值

第（7）小题，将所有幻灯片切换效果设置为淡出，“效果选项”设置为“全黑”，伴有疾驰声音。操作过程如下。

选择“切换→切换到此幻灯片→淡出”选项，在右侧的“效果选项”下拉列表中选择“全黑”选项，在“声音”下拉列表中选择“疾驰”选项，如图 6-22 所示，注意还要单击“全部应用”按钮。

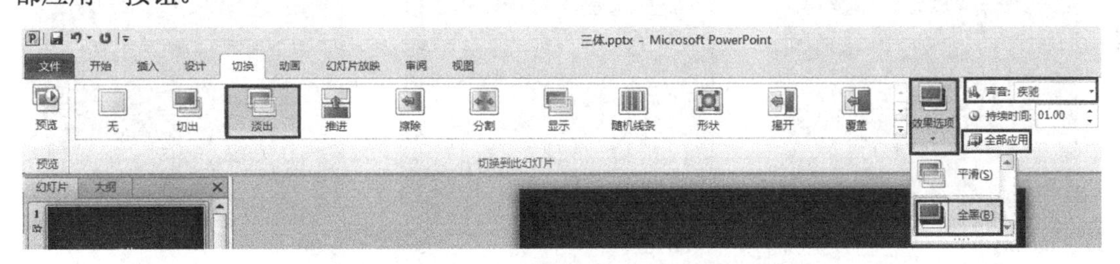

图 6-22　设置幻灯片的切换效果和效果选项

第（8）小题，单击“保存”按钮，保存“三体.pptx”文件，注意文件所在的路径，不要改变文件位置。检查文件是否与样张一致，关闭 PowerPoint。

3. 有关水的国家法规

打开 T 盘中的“有关水的国家法规.pptx”文件，按下列要求进行操作，样张如图 6-23 所示。

（1） 将所有幻灯片的主题设置为“沉稳”，主题颜色更改为“奥斯汀”。

（2） 将第 1 张幻灯片的标题“有关水的国家法规”的字体格式设置为隶书、60 号字。

（3） 在第 2 张幻灯片中，为 SmartArt 中未设置超链接的文字创建链接到相应幻灯片的超链接。

（4） 将最后一张幻灯片中图片的高度、宽度分别设置为 9 厘米、12 厘米，图片样式设置为透视阴影，白色。

（5） 为最后一张幻灯片中的图片添加动画“放大/缩小”，动画效果设置为巨大，并设置动画从上一项之后开始，延迟 3 秒。

（6） 将所有幻灯片的切换效果设置为水平随机线条，伴有打字机声音，并将自动换片时间设置为 2 秒。

（7） 为所有幻灯片添加编号，但在标题幻灯片中不显示编号，将页脚内容设置为“有关水的国家法规”。

（8） 保存“有关水的国家法规.pptx”文件。

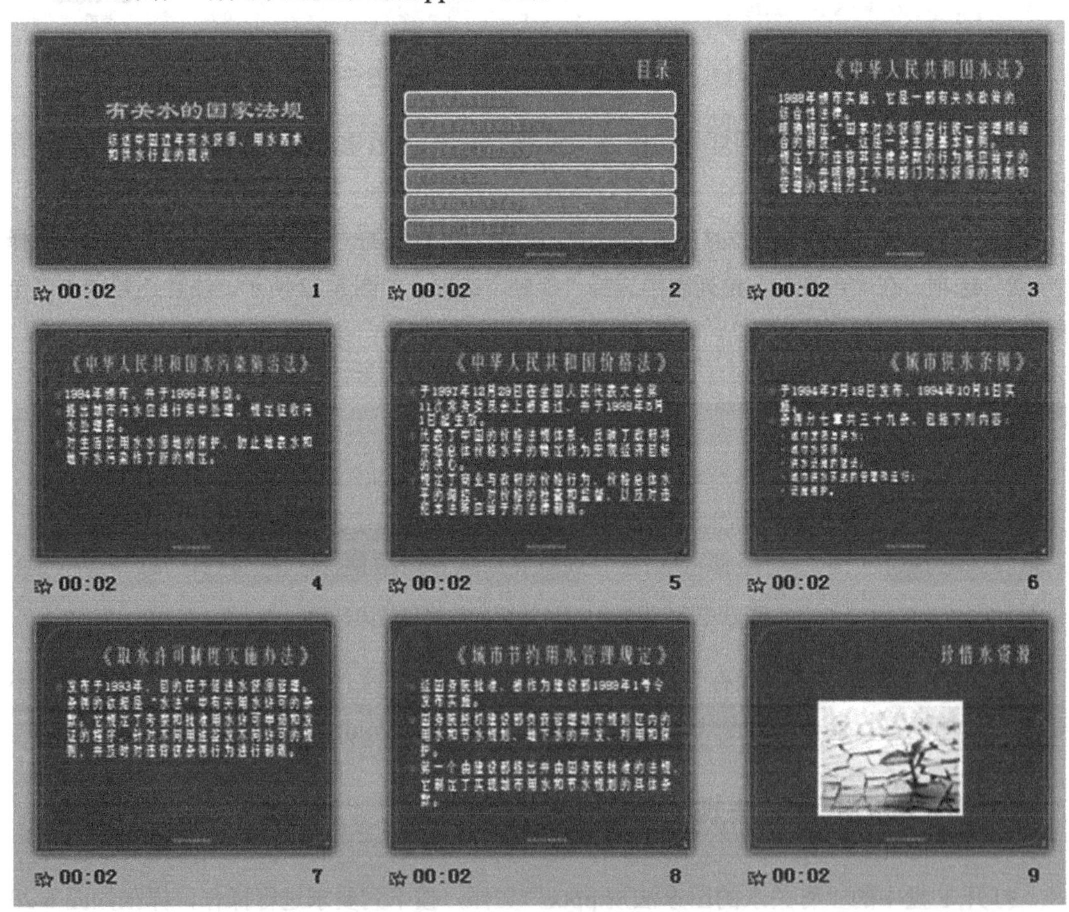

图 6-23 “有关水的国家法规”样张

解答：

第（1）小题，将所有幻灯片的主题设置为“沉稳”，主题颜色更改为“奥斯汀”。操作过程如下。

打开“有关水的国家法规.pptx”文件，选择“设计→主题→沉稳”选项（鼠标指针悬停在主题上会显示主题名称），如图 6-24 所示。选择“设计→主题→颜色→奥斯汀”选项，更改主题颜色为“奥斯汀”，如图 6-25 所示。

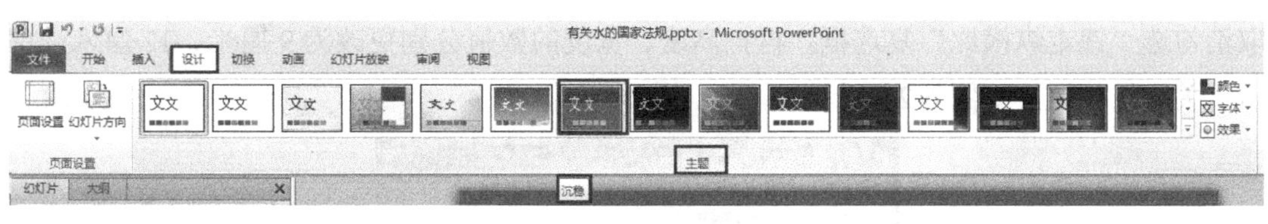

图 6-24　主题“沉稳”

图 6-25　主题颜色“奥斯汀”

第（2）小题，将第 1 张幻灯片的标题“有关水的国家法规”的字体格式设置为隶书、60 号字。操作过程如下。

选中第 1 张幻灯片的标题文字“有关水的国家法规”，在“开始”选项卡中，将标题文字的字体设置为隶书，字号为 60。

第（3）小题，在第 2 张幻灯片中，为 SmartArt 中未设置超链接的文字创建链接到相应幻灯片的超链接。操作过程如下。

找到第 2 张幻灯片，未设置超链接的文字下方一般是没有下画线的。选中文字“《中华人民共和国价格法》”，选择“插入→超链接”选项，弹出“插入超链接”对话框，如图 6-26 所示。选择“本文档中的位置”选项，再选择对应的幻灯片标题“《中华人民共和国水法》”，最后单击“确定”按钮。

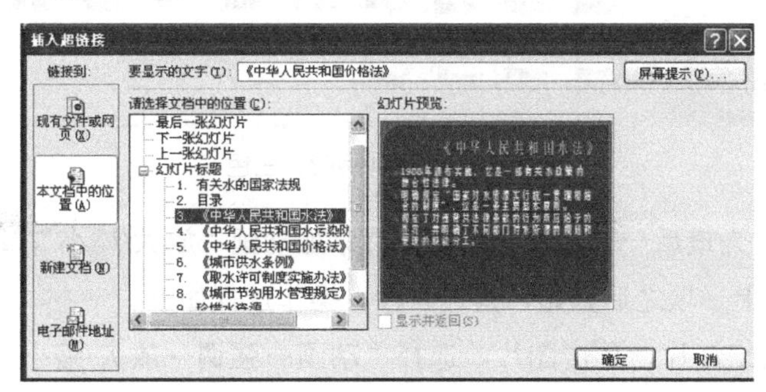

图 6-26　“插入超链接”对话框

其余文字“《城市供水条例》”“《取水许可制度实施办法》”“《城市节约用水管理规定》”插入超链接的操作与之前的操作类似。

第（4）小题，将最后一张幻灯片中的图片的高度、宽度分别设置为 9 厘米、12 厘米，图片样式设置为透视阴影，白色。操作过程如下。

找到最后一张幻灯片中的图片，双击图片，会出现“图片工具-格式”选项卡，单击“图片工具-格式”选项卡中“大小”选项组右下角的 按钮，会弹出“设置图片格式”对话框，取消勾选“锁定纵横比”复选框，再把高度、宽度的数值分别更改为 9 厘米、12 厘米，单击“关闭”按钮，如图 6-27 所示。

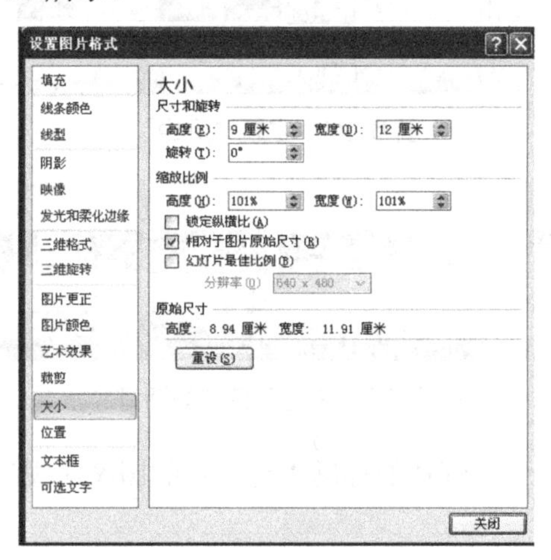

图 6-27　设置图片大小

为图片添加透视阴影，白色的图片样式的操作过程为：双击图片，选择“图片工具-格式→图片样式→透视阴影，白色”选项（鼠标指针悬停在图片样式上会显示样式名称），如图 6-28 所示。

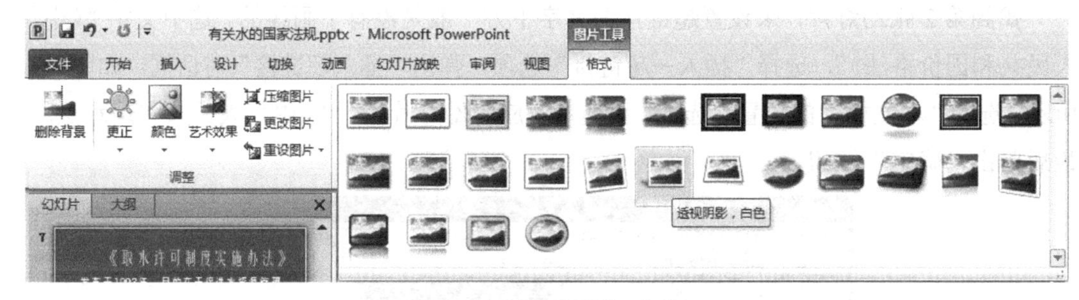

图 6-28　透视阴影，白色

第（5）小题，为最后一张幻灯片中的图片添加动画“放大/缩小”，动画效果设置为巨大，并设置动画从上一项之后开始，延迟 3 秒。操作过程如下。

找到最后一张幻灯片，单击图片，选择“动画→强调→放大/缩小”选项，如图 6-29 所示。

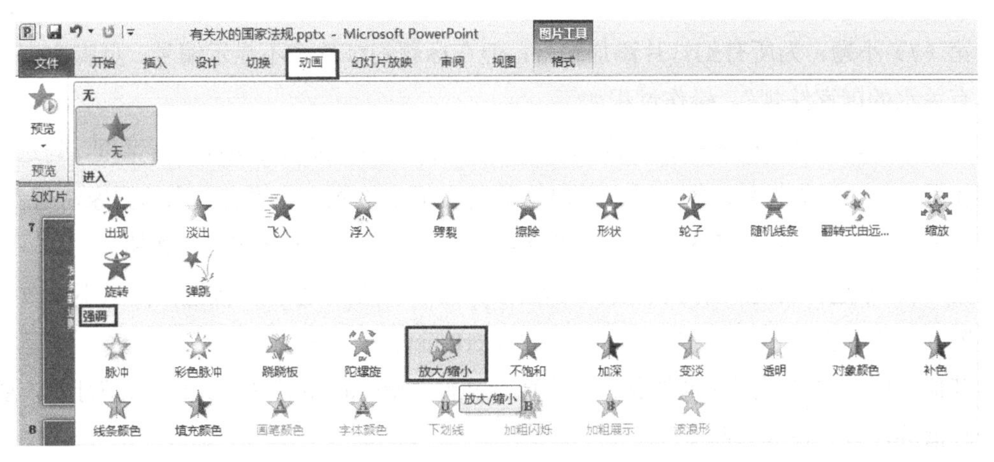

图 6-29　为图片添加动画

将动画效果设置为巨大，并设置动画从上一项之后开始，延迟 3 秒的操作过程为：单击“动画效果”按钮，选择“巨大”选项，在右侧的“开始”后选择“上一动画之后”选项，“延迟”设置为“3 秒”，如图 6-30 所示。

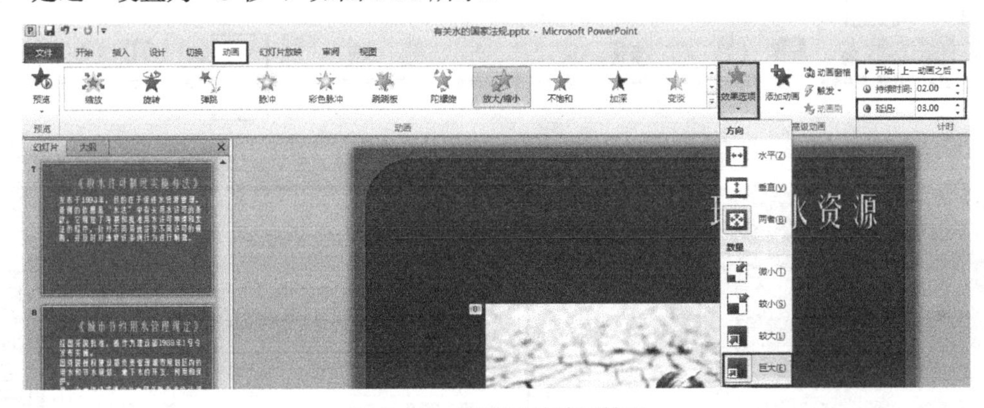

图 6-30　设置图片动画效果

第（6）小题，将所有幻灯片的切换效果设置为水平随机线条，伴有打字机声音，并将自动换片时间设置为 2 秒。操作过程如下。

在“切换”选项卡的“切换到此幻灯片”选项组中选择“随机线条”选项，在右侧的“效果选项”下拉列表中选择“水平”选项，在“声音”下拉列表中选择“打字机”选项，勾选“设置自动换片时间”复选框并将时间设置为“2 秒”，如图 6-31 所示。还要注意单击“全部应用”按钮。

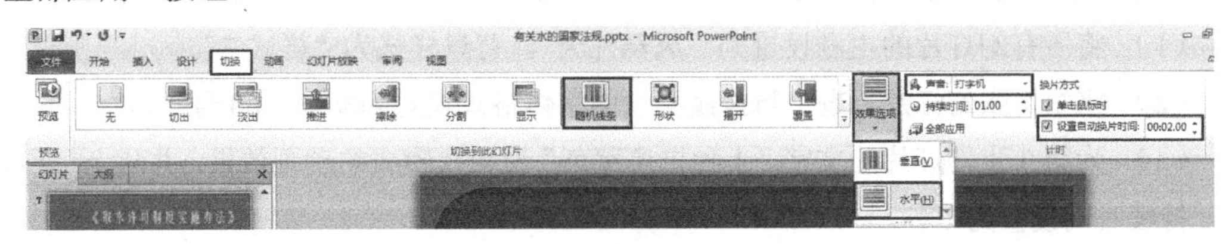

图 6-31　幻灯片的切换效果

第（7）小题，为所有幻灯片添加编号，但在标题幻灯片中不显示编号，页脚内容设置为“有关水的国家法规”。操作过程如下。

在菜单上，选择“插入→幻灯片编号”选项，会弹出“页眉与页脚”对话框，勾选“幻灯片编号”和“页脚”复选框，并在页脚下面的方框中输入文字“有关水的国家法规”，勾选“标题幻灯片中不显示”复选框，如图 6-32 所示，单击“全部应用”按钮。

第（8）小题，保存“有关水的国家法规.pptx”，单击“保存”按钮。注意不要改变文件位置。检查文件是否与样张一致，关闭 PowerPoint。

其他说明：如果遇到这样的题目，将声音文件“Music.mid”插入第 3 张幻灯片，要求单击时播放声音。操作过程如下。

在第 3 张幻灯片中，选择“插入→音频→文件中的音频”选项，找到声音文件“Music.mid”，单击“插入”按钮，双击幻灯片中出现的喇叭图标，选择“音频工具→播放→开始→单击时”选项。

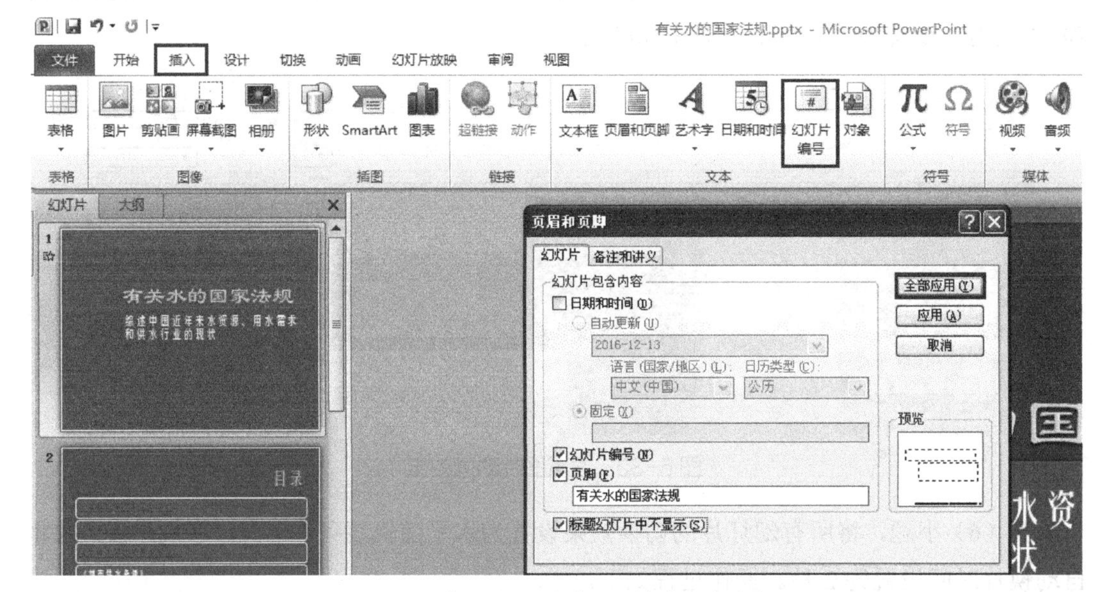

图 6-32　插入幻灯片编号和修改页脚内容

4. 抗癌蔬菜

打开 T 盘中的“抗癌蔬菜.pptx”文件，按下列要求进行操作，样张如图 6-33 所示。

（1） 将所有幻灯片的主题设置为“凤舞九天”，背景样式为“样式 7”。

（2） 将第 1 张幻灯片标题“抗癌蔬菜”的字体格式设置为幼圆、60 号字。

（3） 为第 3 张幻灯片的文字“十种抗癌蔬菜”设置挥鞭式的动画效果，并从上一项开始，持续时间设置为 1 秒。

（4） 在第 3 张幻灯片中，将 SmartArt 布局修改为基本列表，并为 SmartArt 图形中的文字（洋葱、海藻、蘑菇）创建超链接，分别指向具有相应标题的幻灯片。

（5） 将所有幻灯片的切换效果设置为自左侧的立方体，自动换片时间设置为 5 秒。

（6） 添加幻灯片编号，但在标题幻灯片中不显示编号，页脚内容为“抗癌蔬菜”，并插入自动更新日期和时间，格式为 XXXX 年 XX 月 XX 日。

（7） 在最后一张幻灯片的左下角插入“第一张”动作按钮，单击该按钮时链接到第一张幻灯片。

（8） 保存“抗癌蔬菜.pptx”文件。

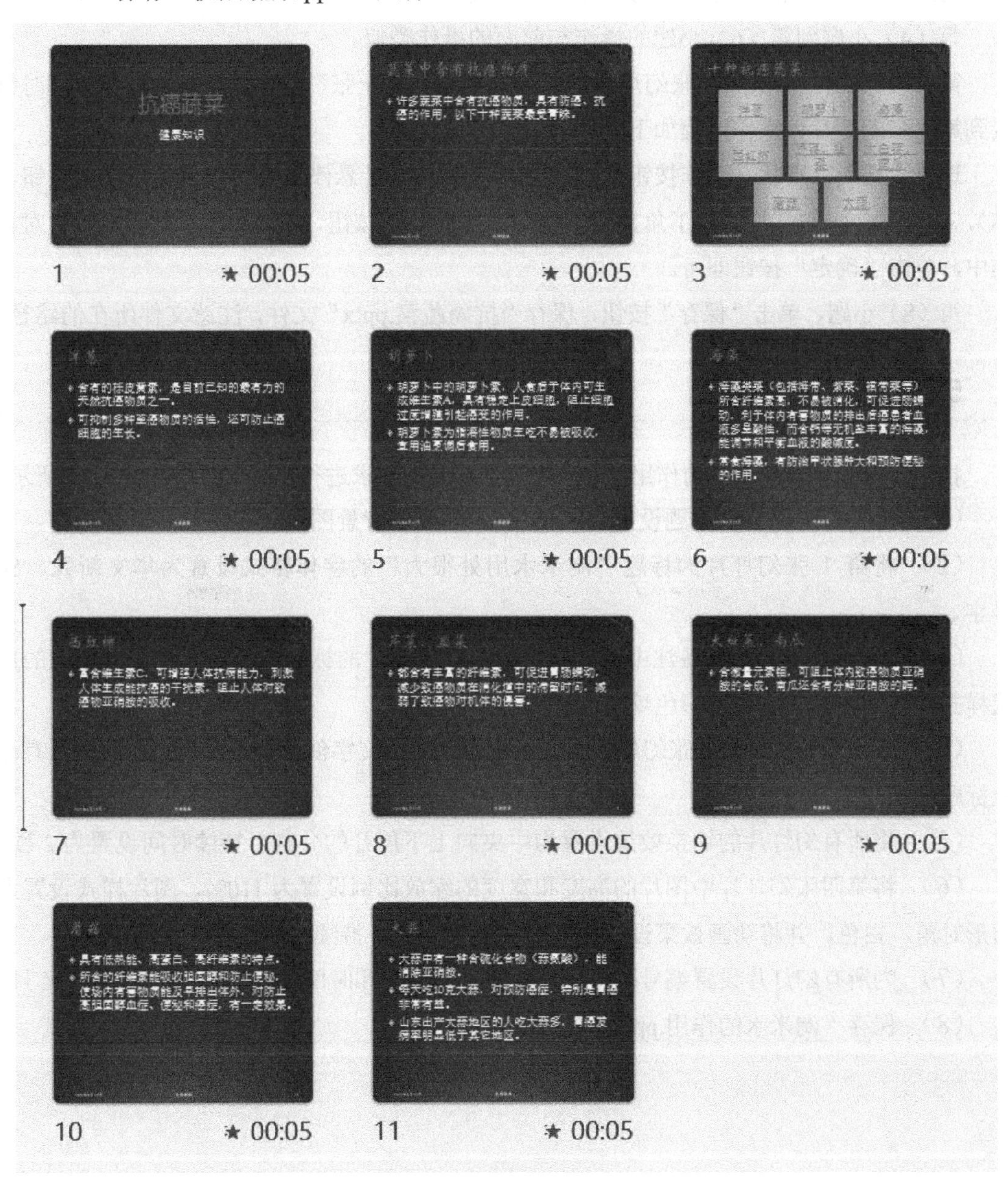

图 6-33 “抗癌蔬菜”样张

解答：

第（1）小题，设置背景样式为“样式 7”的操作过程为：选择“设计→背景→背景样式→样式 7”选项（鼠标指针悬停在背景样式上会显示样式名称）。其他操作与前面的操作类似。

第（2）小题的操作与前面的操作类似。

第（3）小题，设置动画效果从上一项开始的操作过程为：选择“动画→计时→开始→上一动画之后”选项，其他操作与前面的操作类似。

第（4）小题到第（6）小题的操作与前面的操作类似。

第（7）小题，在最后一张幻灯片的左下角插入“第一张”动作按钮，单击该按钮时链接到第一张幻灯片。操作过程如下。

选择“插入→形状→动作按钮→ ”选项（鼠标指针悬停在动作按钮上会显示按钮名称），在最后一张幻灯片的左下角拖画出一个矩形的动作按钮，在弹出的“动作设置”对话框中，单击“确定”按钮即可。

第（8）小题，单击“保存”按钮，保存“抗癌蔬菜.pptx”文件，注意文件所在的路径。

5. 淘米水的作用

打开 T 盘中的“淘米水的作用.pptx”文件，按下列要求进行操作，样张如图 6-34 所示。

（1） 将所有幻灯片的主题设置为“华丽”，并显示背景图形。

（2） 将第 1 张幻灯片的标题“淘米水用处很大”的字体格式设置为华文新魏、54 号字。

（3） 将第 3 张幻灯片备注中的文字作为此张幻灯片的标题文字，并将标题格式的形状样式设置为浅色 1 轮廓，彩色填充-紫色，强调颜色 2。

（4） 参考样张，在第 3 张幻灯片中，为内容区中的文字创建超链接，分别指向具有相应标题的幻灯片。

（5） 将所有幻灯片的切换效果设置为中央向上下展开的分割，持续时间设置为 2 秒。

（6） 将第四张幻灯片中图片的高度和宽度的缩放比例设置为 110%，图片样式设置为圆形对角，白色，并将动画效果设置为翻转式由远及近，持续时间设置为 3 秒。

（7） 为所有幻灯片设置编号，并插入自动更新日期和时间，格式为 XXXX 年 XX 月。

（8） 保存“淘米水的作用.pptx”文件。

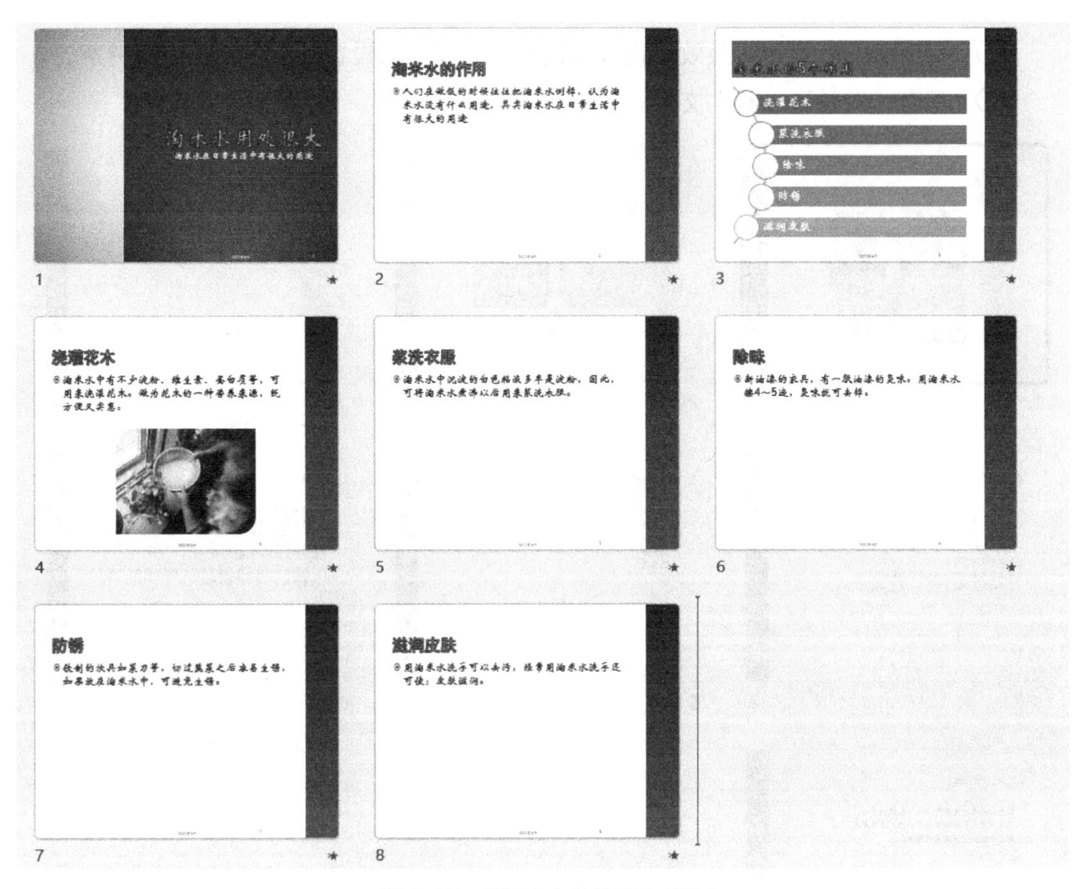

图 6-34 “淘米水的作用”样张

6. 龙卷风

打开 T 盘中的“龙卷风.pptx”文件，按下列要求进行操作，样张如图 6-35 所示。

（1） 将幻灯片的主题设置为“相邻”，主题字体设置为“跋涉”。

（2） 参考样张，将第 2 张幻灯片内容区中的文字转换成 SmartArt 图形，布局设置为基本列表，样式设置为白色轮廓，并将其中的文字链接至相应的幻灯片。

（3） 将第 1 张幻灯片的版式设置为标题和内容，标题“龙卷风”的字体格式设置为黑体、48 号字。

（4） 将第 1 张幻灯片中的图片的高度设置为 12cm，宽度设置为 12cm，图片样式设置为中等复杂框架，白色。

（5） 在最后一张幻灯片的右下角插入“第一张”动作按钮，单击按钮时链接至第一张幻灯片。

（6） 添加幻灯片编号，但在标题幻灯片中不显示编号，并插入自动更新日期和时间，格式为 XXXX 年 XX 月。

（7） 将所有幻灯片的切换效果设置为淡出，效果选项设置为全黑，伴有风铃声音。

（8） 保存“龙卷风.pptx”文件。

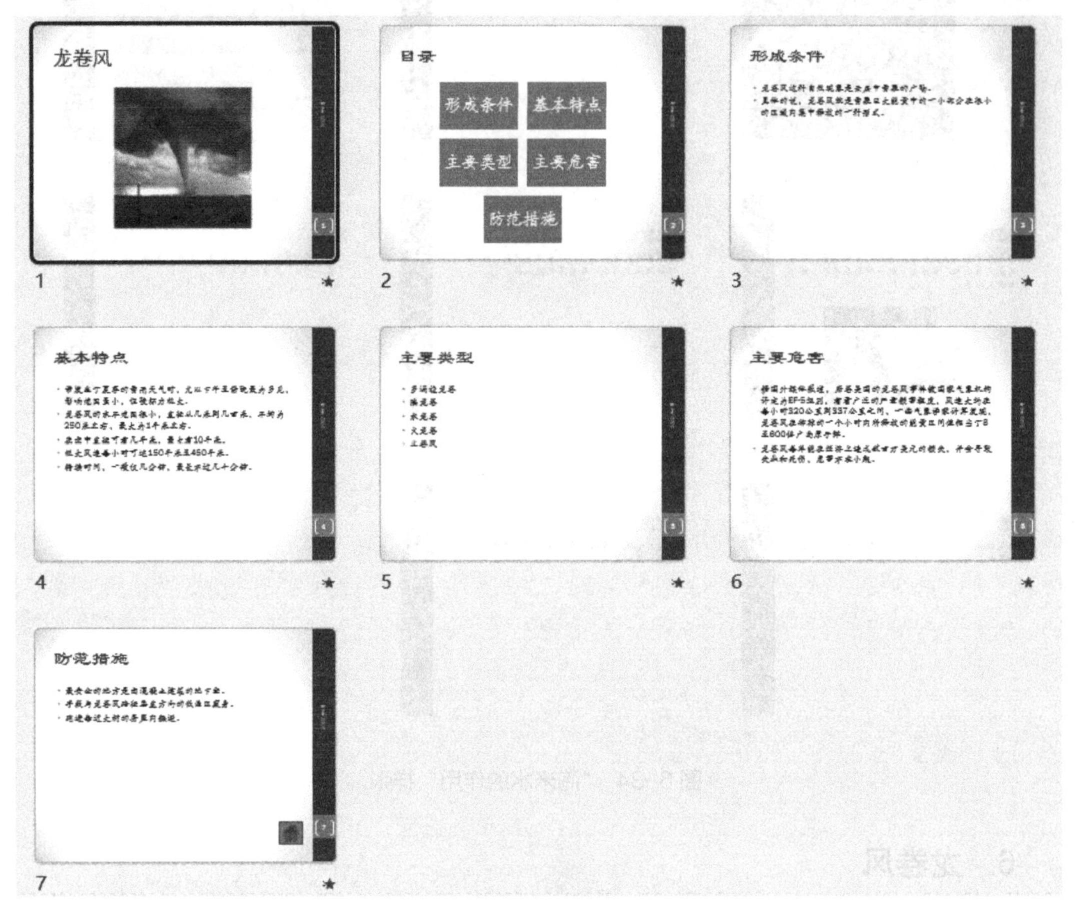

图6-35 “龙卷风”样张

7. 微波炉的使用

打开T盘中的“微波炉的使用.pptx”文件，按下列要求进行操作，样张如图6-36所示。

（1） 将所有幻灯片的主题设置为“聚合”，背景样式设置为“样式6”。

（2） 将第1张幻灯片的标题“微波炉的使用”的字体格式设置为隶书、60号字。

（3） 将第2张幻灯片中图片的高度和宽度的缩放比例设置为400%，并调整至合适的位置，图片样式为映像圆角矩形。

（4） 将第3张幻灯片SmartArt中未创建超链接的文字创建指向具有相应标题的幻灯片的超链接。

（5） 在最后一张幻灯片的左下角插入“自定义”动作按钮，在其中添加文字“返回”，单击按钮时链接到第一张幻灯片。

（6） 将幻灯片页脚内容设置为“微波炉的使用”，但在标题幻灯片中不显示。

（7） 将第 1 张至第 3 张幻灯片的切换效果设置为自左侧旋转，伴有风铃声音，自动换片时间设置为 3 秒。

（8） 保存“微波炉的使用.pptx”文件。

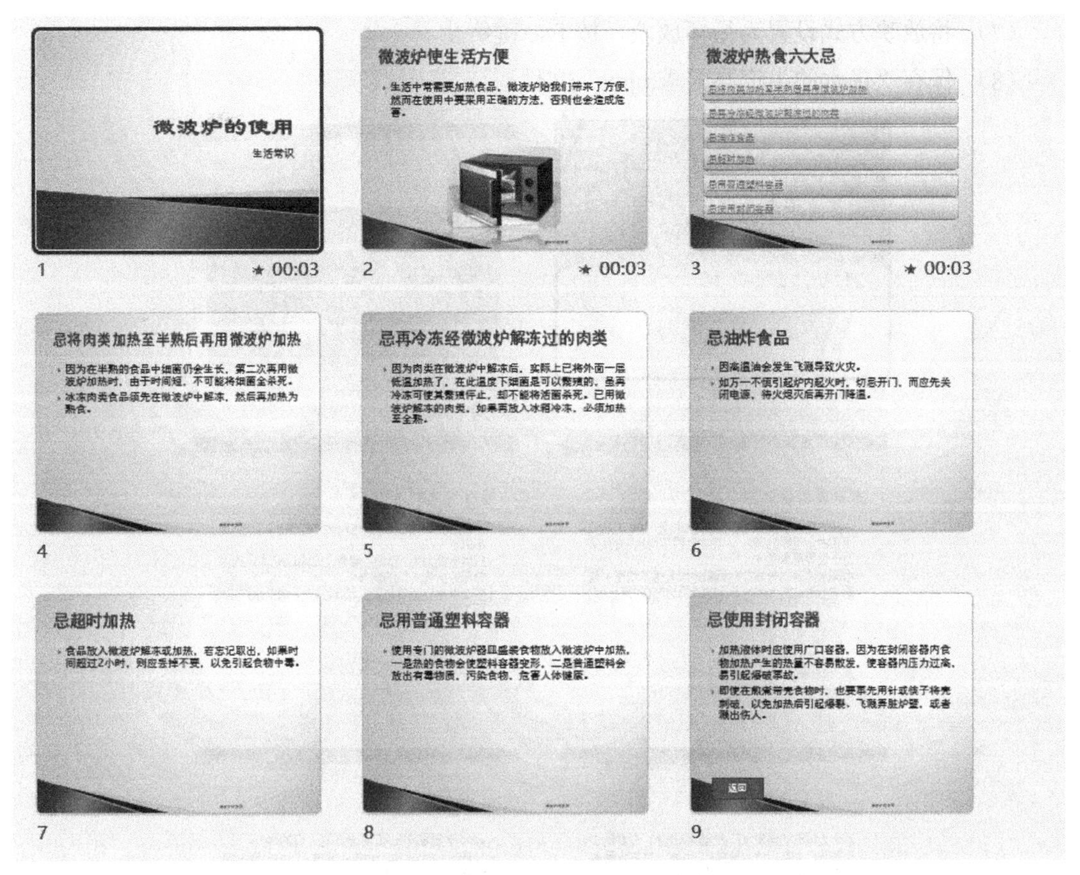

图 6-36 “微波炉的使用”样张

8. 供水的生产与需求

打开 T 盘中的“供水的生产与需求.pptx”文件，按下列要求进行操作，样张如图 6-37 所示。

（1） 将幻灯片的主题设置为“都市”，并显示背景图形。

（2） 将第 1 张幻灯片的标题“供水的生产与需求”的字体格式设置为黑体、48 号字、加粗。

（3） 为第 3 张至第 6 张幻灯片的标题添加动画“自左侧飞入”，并设置从上一项开始。

（4） 参考样张，将第二张幻灯片内容区中 SmartArt 图形的颜色设置为彩色-强调文字颜色，添加第四项“用水需求情况”，并为前三项文字创建分别指向具有相应标题的幻灯片的超链接。

（5）为第 5 张幻灯片中的图片添加默认的旋转，白色的图片样式，并置于底层，将图片的高度设置为 8cm，宽度为 6cm。

（6）将最后一张幻灯片的切换效果设置为自左侧擦除，持续时间设置为 2 秒。

（7）将放映方式设置为循环放映，按 Esc 键终止。

（8）保存“供水的生产与需求.pptx”文件。

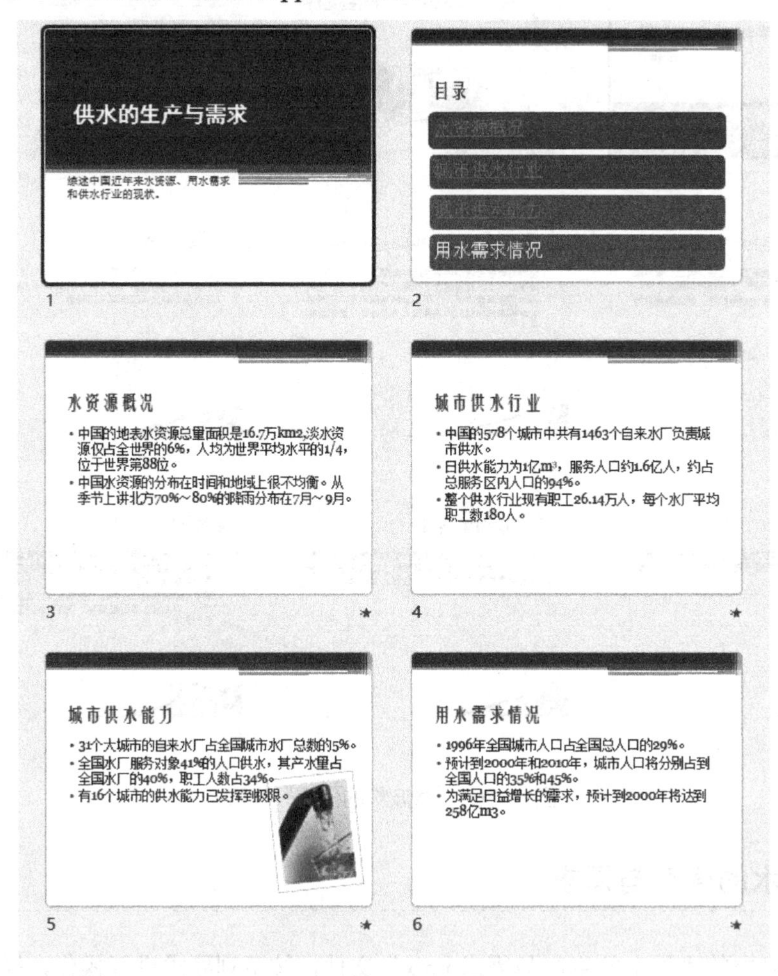

图 6-37 “供水的生产与需求”样张

解答：

本题的操作与前面的操作类似，此处不做赘述，仅介绍第（3）和第（5）小题中的注意事项。

第（3）小题，设置从上一项开始的操作过程为：单击“动画”选项卡中的“动画窗格”按钮，在界面右侧会弹出“动画窗格”窗格，单击对应标题后方的下拉按钮，选择“从上一项开始”选项，如图 6-38 所示。

图 6-38 “从上一项开始”选项

第（5）小题中，将图片置于底层的操作方法为：双击图片，会显示“图片工具-格式”选项卡，选择“排列→下移一层→置于底层”选项。

9. 木桶效应

打开考生文件夹中的“木桶效应.pptx”文件，按下列要求进行操作，样张如图 6-39 所示。

（1）将所有幻灯片的主题设置为“市镇”，字体方案更改为“沉稳”。

（2）将第 4 张幻灯片中“相互作用”下的项目符号设置为序号及样式，与前后保持一致，保持整张幻灯片的统一。

（3）隐藏第 2 张幻灯片的标题，并修改图片的名称为木桶。

（4）将第 8 张幻灯片的标题的形状样式设置为细微效果-红色，强调颜色 1，并修改形状为双波形，填充效果修改为标准橙色。

（5）将所有幻灯片的切换效果设置为闪光，单击鼠标时换页，伴有打字机声音。

（6）将幻灯片中图片的动画效果设置为菱形形状动画，延迟时间设置为 1 秒，持续时间设置为 3 秒。

（7）添加幻灯片编号，但在标题幻灯片中不显示编号，页脚内容设置为“木桶效应”，插入自动更新日期和时间，格式为 XXXX 年 XX 月 XX 日。

（8）保存“木桶效应.pptx”文件。

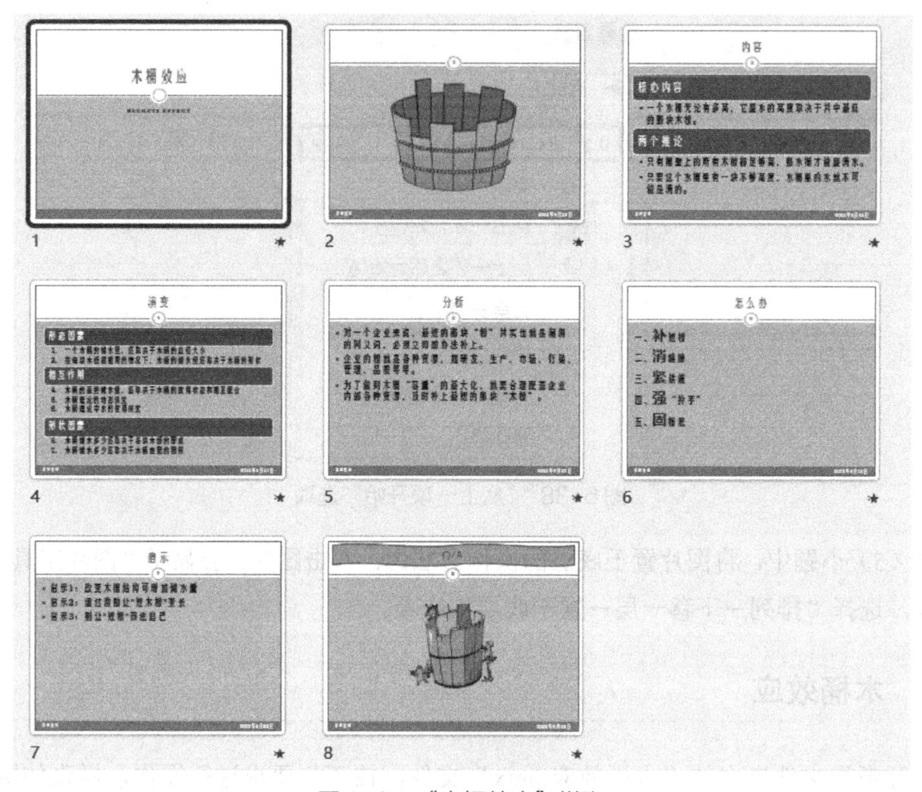

图 6-39 “木桶效应”样张

解答：

本题的操作与前面的操作类似，此处不做赘述，仅介绍第（2）、第（3）和第（4）小题中的注意事项。

第（2）小题，将第 4 张幻灯片中“相互作用”下的项目符号设置为序号及样式，与前后保持一致，保持整张幻灯片的统一。操作过程如下。

将光标置于第 4 张幻灯片中，选中“相互作用”下的文本框内的所有文字，选择“开始→编号→项目符号和编号”选项，如图 6-40 所示。在弹出的“项目符号和编号”对话框的“编号”选项卡中选择“1.__2.__3.__”编号样式，并将“起始编号”设置为 3，单击“确定”按钮。

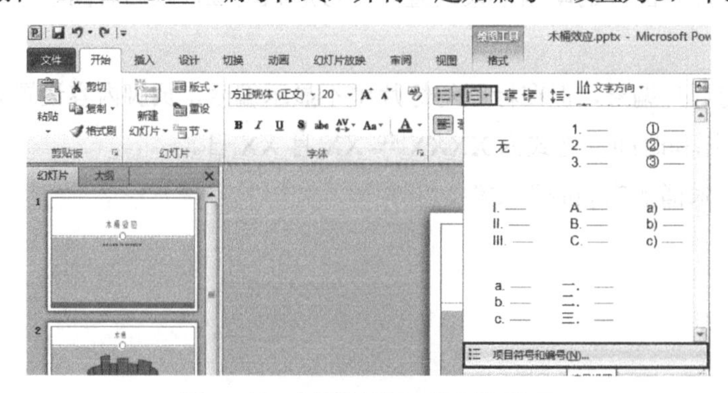

图 6-40 “项目符号和编号”选项

第（3）小题，隐藏第 2 张幻灯片的标题，并修改图片的名称为木桶。操作过程如下。

将光标置于第 2 张幻灯片中，双击标题“木桶”，在“绘图工具-格式”选项卡中，单击“选择窗格”按钮，如图 6-41 所示。

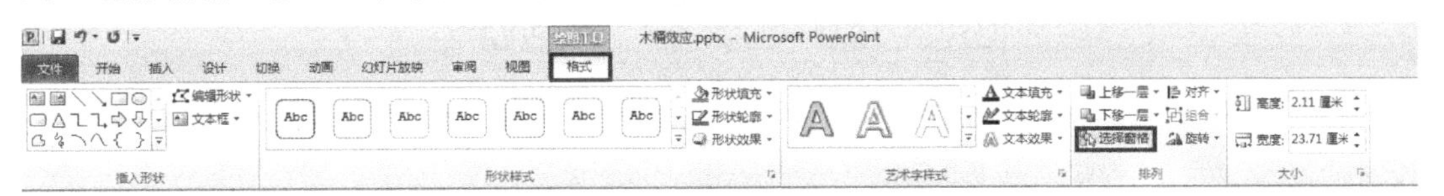

图 6-41 “选择窗格”按钮

在右侧的“选择和可见性”窗格中，单击“标题 1”后面的按钮，即可隐藏第 2 张幻灯片的标题。

修改图片的名称为木桶的操作过程为：在右侧的“选择和可见性”窗格中双击 picture1 并修改为“木桶”。以后修改图片的名称，都使用这种方法。

如果题目要求是隐藏图片，则操作方法是：在幻灯片中插入图片，双击图片，在“图片工具-格式”选项卡中，单击“选择窗格”按钮，在右侧的“选择和可见性”窗格中，单击“图片”后面的按钮，即可隐藏该图片。

第（4）小题，修改形状为双波形的操作过程为：在完成设置“细微效果-红色，强调颜色 1”后，双击第 8 张幻灯片的标题，在“绘图工具-格式”选项卡中单击“编辑形状”右侧的下拉按钮，如图 6-42 所示，在子菜单中选择“更改形状”选项，再选择右侧的“星与旗帜”中的最后一个选项，鼠标指针停留在上面时，会显示“双波形”，如图 6-43 所示。

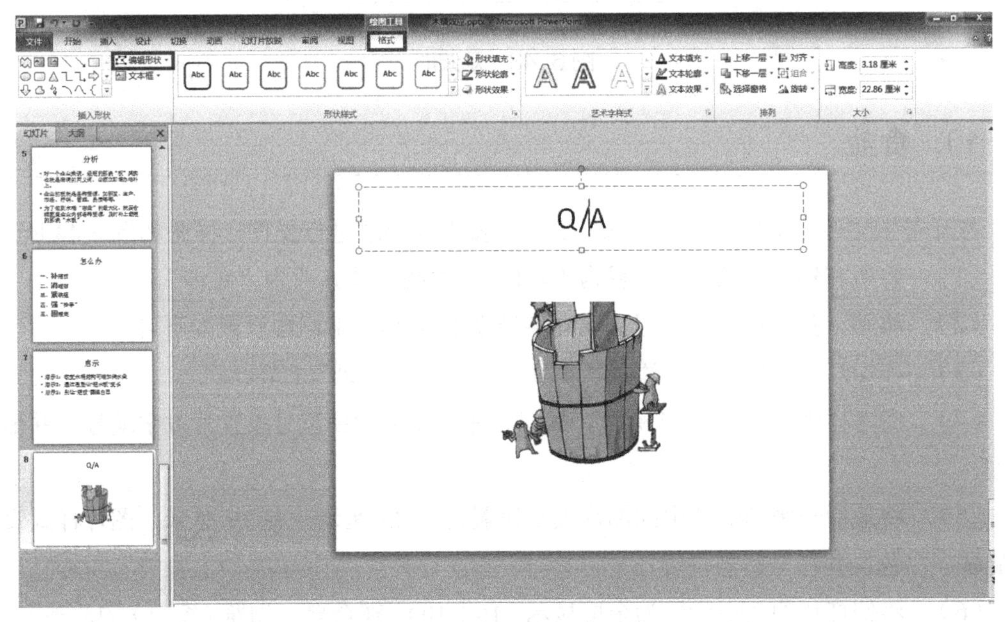

图 6-42 “编辑形状”按钮

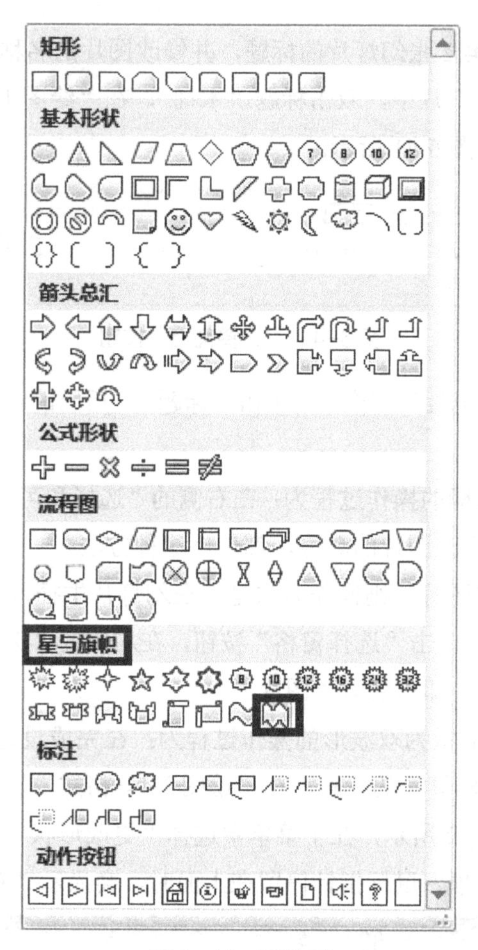

图 6-43　双波形

10. 食盐

打开考生文件夹中的“食盐.pptx”文件，按下列要求进行操作，样张如图 6-44 所示。

（1） 将所有幻灯片的主题设置为“华丽”，主题字体修改为“跋涉”。

（2） 将第 1 张幻灯片的标题文字的字号设置为 66，副标题设置为不可见。

（3） 在幻灯片的适当位置添加“简介”“种类”“结语”3 节。

（4） 参考样张，将第 2 张和第 3 张幻灯片的文本项目符号设置为数字编号，并形成连续。

（5） 将最后一张幻灯片中的图片大小设置为宽 23 厘米，高 19 厘米，图片样式设置为旋转，白色，并移至适当位置。

（6） 将幻灯片的大小设置为全屏显示（16∶10），观众自行浏览（窗口）的放映类型。

（7） 将所有幻灯片的切换效果设置为自左侧揭开，持续时间设置为 2 秒，伴有风铃声。

（8） 保存“食盐.pptx”文件。

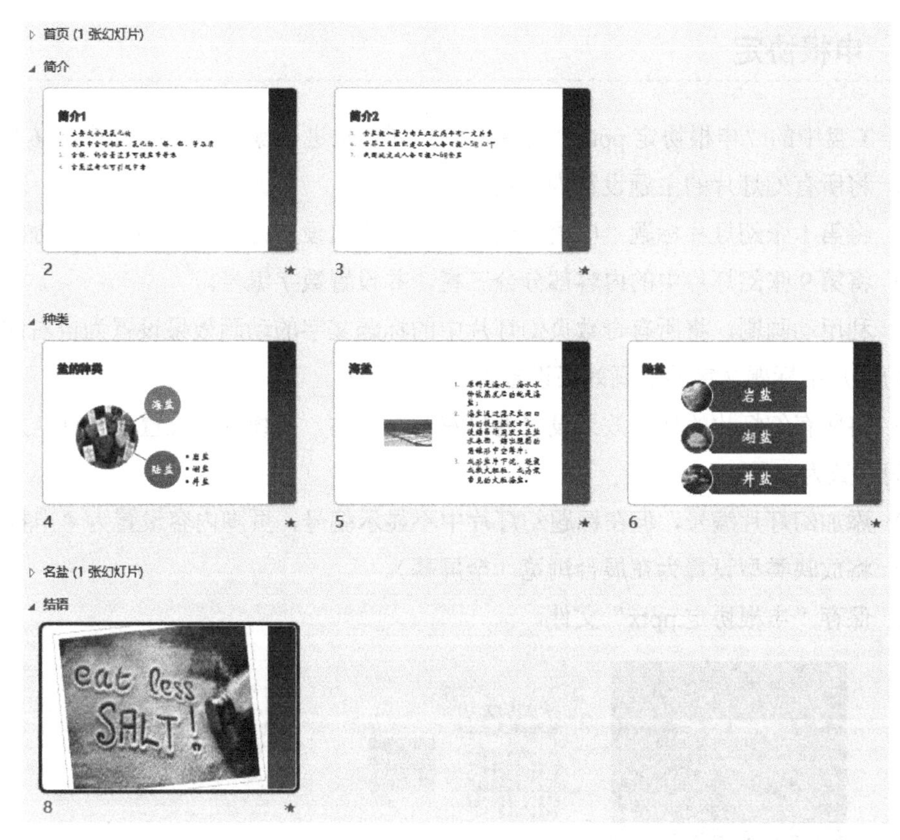

图6-44 “食盐”样张

解答：

本题的操作与前面的操作类似，此处不做赘述，仅介绍第（3）小题中的注意事项。

第（3）小题，在幻灯片的适当位置添加“简介”“种类”“结语”3 节，操作过程为：选择“开始→幻灯片→节→新增节”选项，如图 6-45 所示，右击“无标题节”选项，在弹出的菜单中选择“重命名节”命令，可以重命名节。

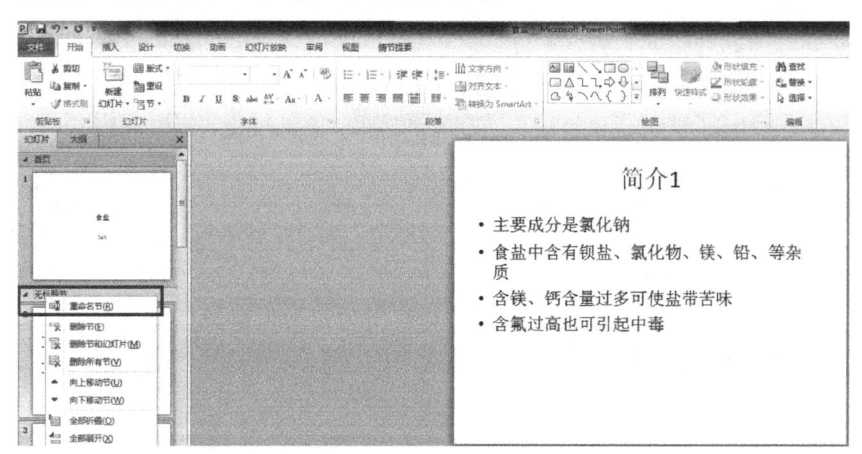

图6-45 重命名节

11. 申根协定

打开T盘中的“申根协定.pptx”文件，按下列要求进行操作，样张如图6-46所示。

（1）将所有幻灯片的主题设置为“精装书”。

（2）将第1张幻灯片标题“申根协定”的字体格式设置为隶书、80号字、加粗。

（3）将第9张幻灯片中的内容部分分三栏，并设置数字编号。

（4）利用动画刷，将所有奇数页幻灯片中的标题文字的动画效果设置为自右侧飞入，偶数页幻灯片中标题文字的动画效果设置为自左侧飞入。

（5）将所有幻灯片的切换效果设置为自左侧立方体，持续时间设置为3秒，并将自动换片时间设置为5秒。

（6）添加幻灯片编号，但在标题幻灯片中不显示编号，页脚内容设置为“申根协定”。

（7）将放映类型设置为在展台浏览（全屏幕）。

（8）保存“申根协定.pptx”文件。

图6-46 “申根协定”样张

解答：

本题的操作与前面的操作类似，此处不做赘述，仅介绍第（4）小题中的注意事项。

第（4）小题，利用动画刷，将所有奇数页幻灯片中的标题文字的动画效果设置为自右侧飞入，偶数页幻灯片中的标题文字的动画效果设置为自左侧飞入。具体操作如下。

双击第 1 张幻灯片，选中标题，单击“动画”选项卡中的“飞入”选项，在“效果选项”下拉列表中选择“自右侧”选项。选中刚才的标题，双击“动画刷”按钮 动画刷 ，这时鼠标指针的右侧会多出一个刷子图标，单击第 3 张幻灯片，双击标题，即可看到动画效果，再去刷其他奇数页幻灯片中的标题，刷完后单击“动画刷”按钮停止。偶数页幻灯片中的标题文字的动画效果设置为自左侧飞入，也是类似的操作。先做第 2 张幻灯片的标题的动画，再用“动画刷”工具去刷其他偶数页幻灯片中的标题，刷完后单击“动画刷”按钮停止。

12. 中国四大书院

打开考生文件夹中的“中国四大书院.pptx”文件，按下列要求进行操作，样张如图 6-47 所示。

（1）将所有幻灯片的主题设置为“网格”。

（2）将第 1 张幻灯片的版式更改为标题幻灯片，并隐藏副标题。

（3）参考样张，为第 3 张至第 6 张幻灯片添加相应的标题文字。

（4）参考第 2 张幻灯片中“岳麓书院”文字所在图形设置的超链接，为其他文字所在图形添加相应的超链接，链接到相应标题的幻灯片，并更改图形形状为缺角矩形。

（5）利用动画刷，将所有奇数页幻灯片中的标题文字的动画效果设置为自左侧飞入，偶数页幻灯片中的标题文字的动画效果设置为自右侧飞入。

（6）将所有幻灯片的切换效果设置为自左侧擦除，持续时间设置为 2 秒，自动换片时间设置为 3 秒。

（7）将放映类型设置为观众自行浏览（窗口）。

（8）保存“中国四大书院.pptx”文件。

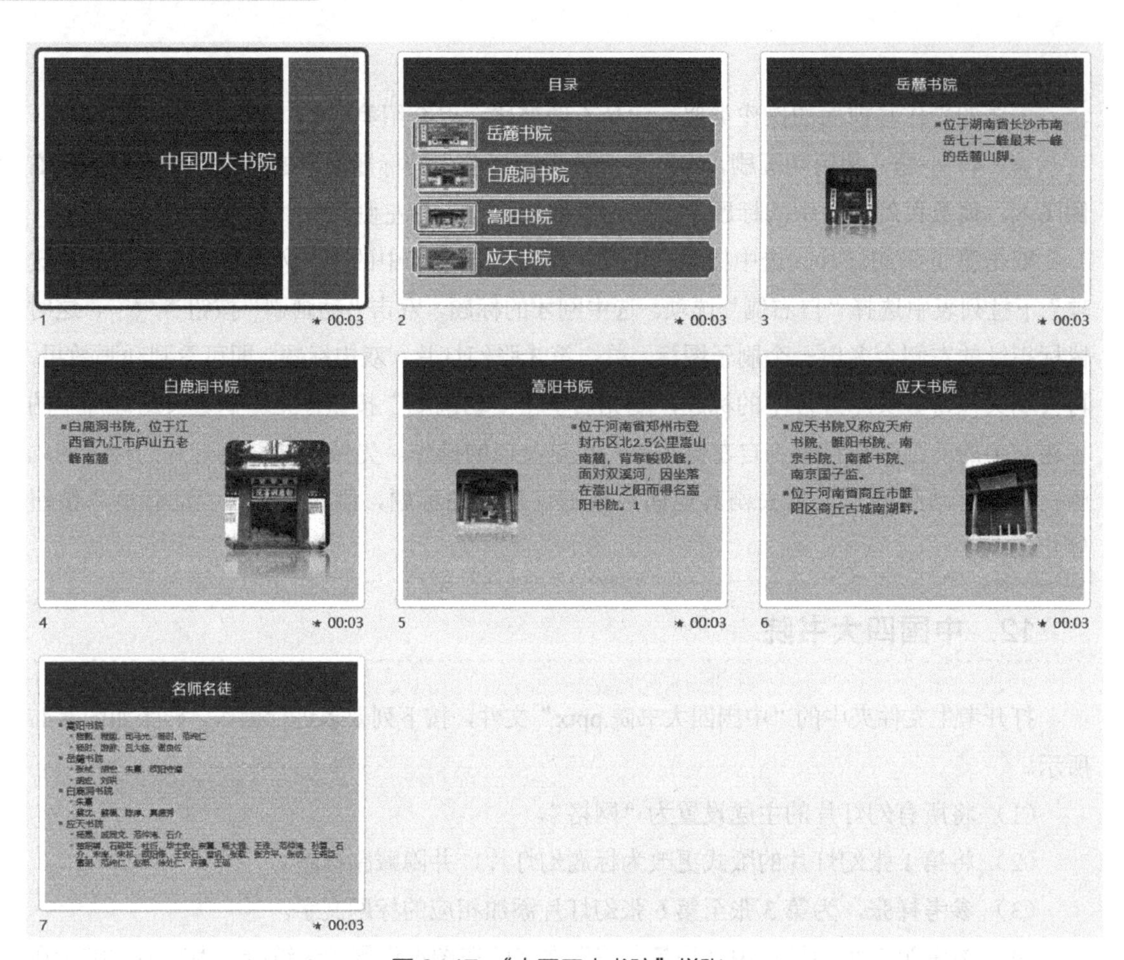

图 6-47 “中国四大书院”样张

七、Word 能力提升

1. 打开导航

在“视图”选项卡中勾选“导航窗格”复选框，如图 7-1 所示。导航功能可以方便地导航到目标位置，在排版长篇论文或编辑长篇文档时经常用到。

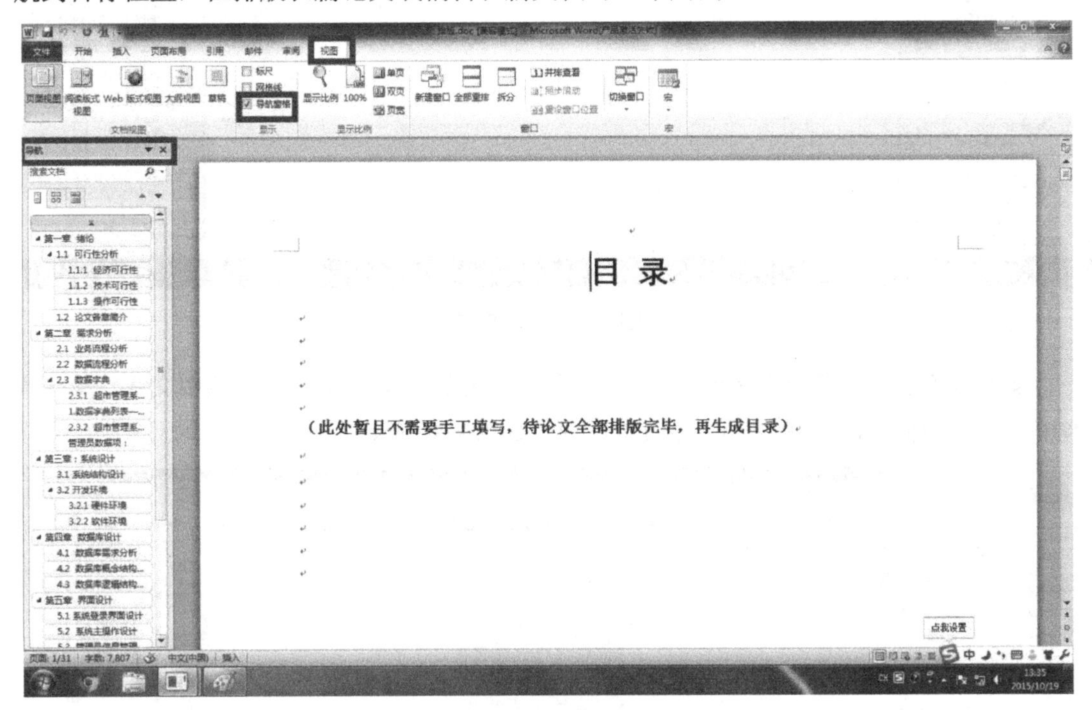

图 7-1　勾选“导航窗格”复选框

2. 快速排版

如果没有导航，可以单击“开始”选项卡中“样式”选项组右下角的按钮，在视图的右侧会显示所有可用的样式，如图 7-2 所示。

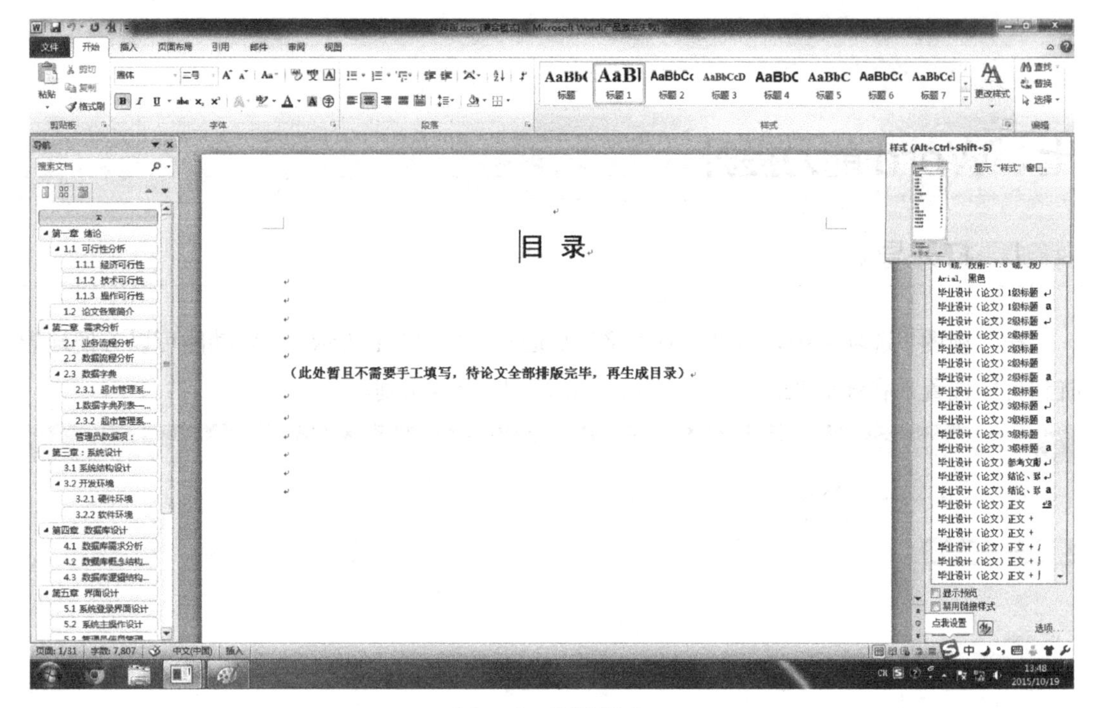

图 7-2　显示样式

如果现在要把“第一章绪论”的样式设置为“标题 1”，那么方法是选中文字“第一章绪论”，并选择“开始→样式→标题 1”选项，如图 7-3 所示。

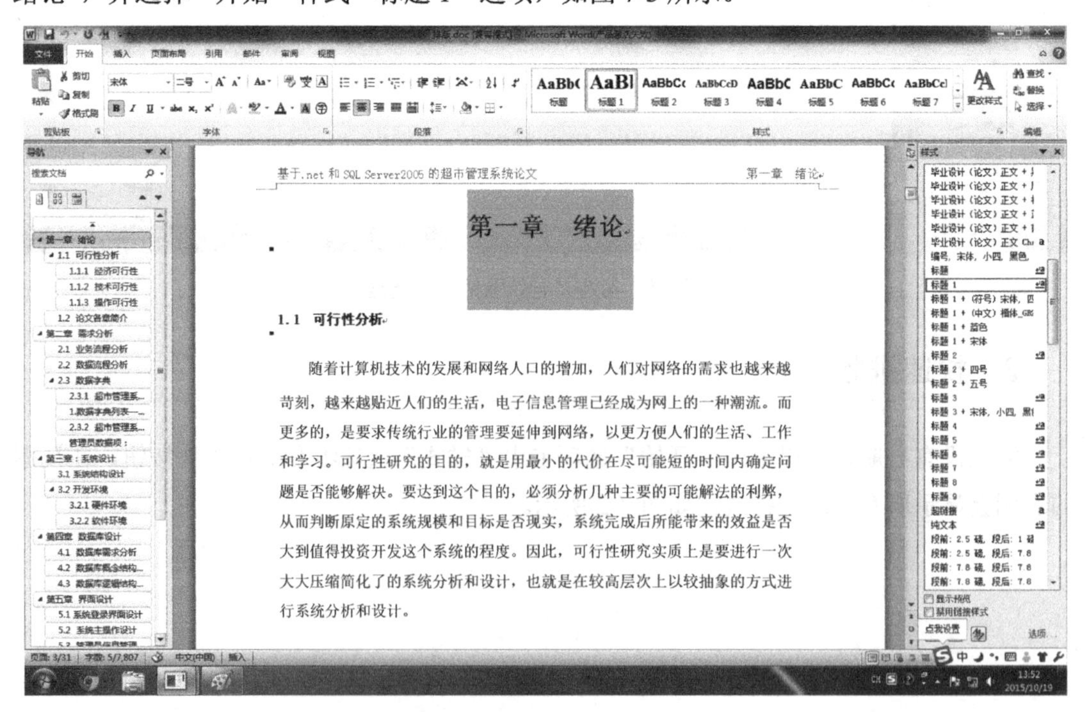

图 7-3　应用“标题 1”样式

如果对标题 1 的样式不满意，可以自定义样式。在右侧的“样式”窗格中单击“标题 1”右侧的下拉按钮，选择“修改样式”选项，打开“修改样式”对话框，如图 7-4 所示。

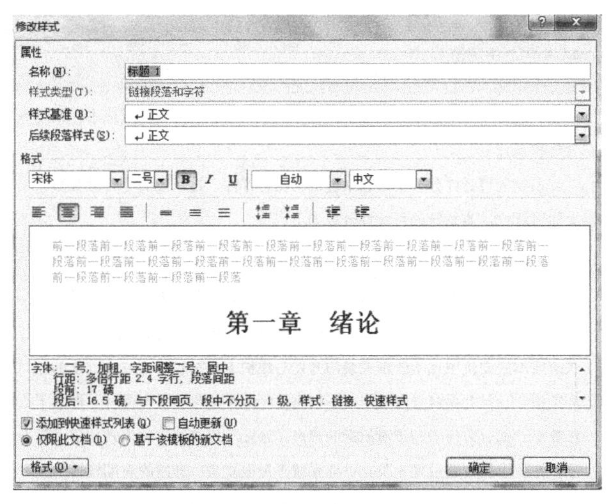

图 7-4 “修改样式”对话框

注意，可以单击图 7-4 中左下角“格式”后面的下拉按钮，对字体、段落和边框等进行详细修改。

标题 1 设置完成后，可以设置二级标题，选中文字“可行性分析”，并选择“开始→样式→标题 2”选项，如图 7-5 所示。

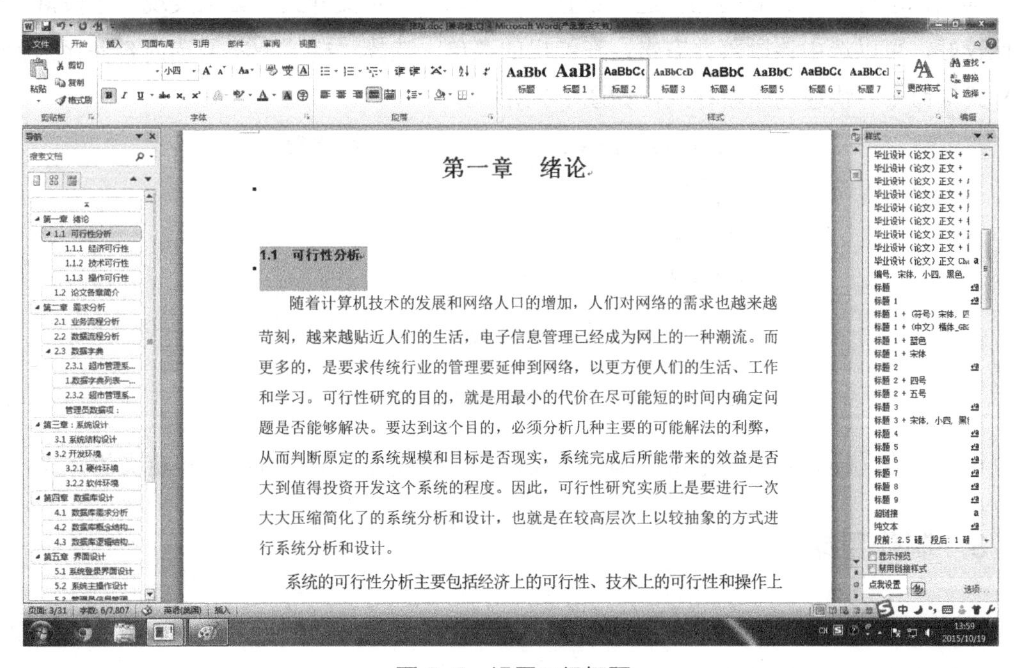

图 7-5 设置二级标题

标题 2 设置完成后，可以设置三级标题，选中文字“1.1.1 经济可行性”，并选择“开始→样式→标题 3”选项，如图 7-6 所示。

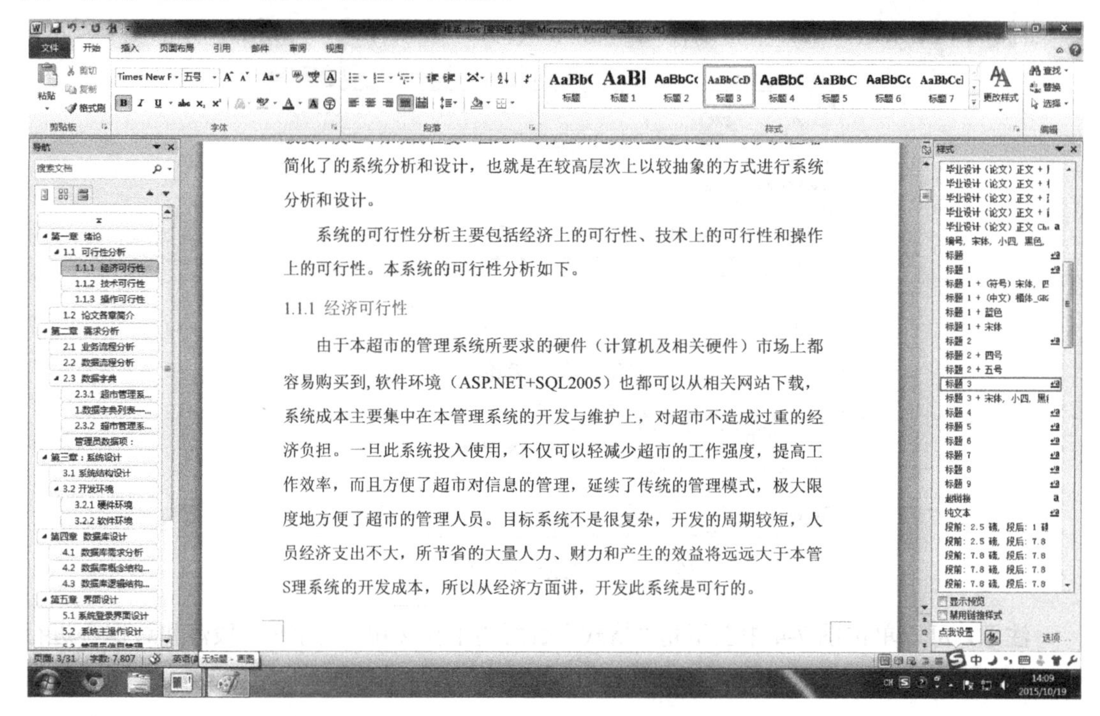

图 7-6　应用标题 3 样式

其他标题可以用类似的操作进行设置，也可以设置正文样式。如果发现一个段落的样式比较好，可以选中该段落并右击，在弹出的菜单中选择“样式→将所选内容保存为新快速样式”命令，快速创建新样式，如图 7-7 所示。

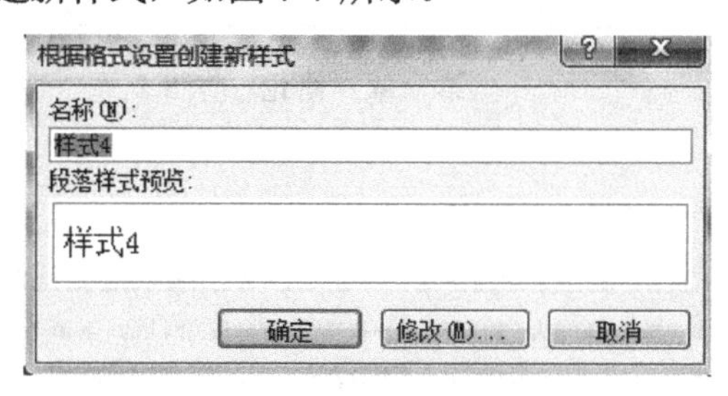

图 7-7　快速创建新样式

可以自定义样式名称，单击“确定”按钮，在样式列表中找到刚刚自定义的样式。

3. 制作目录

如果标题和正文都设置了对应的样式，就可以在文档之前插入目录，以便快速地定位到目标的位置，文档的标题内容也比较清楚。

在制作目录之前，可以在各章节之间插入分节符。分节符与分页符不同，分节符可以使上一节的设置不影响下一节的设置，如图 7-8 所示。

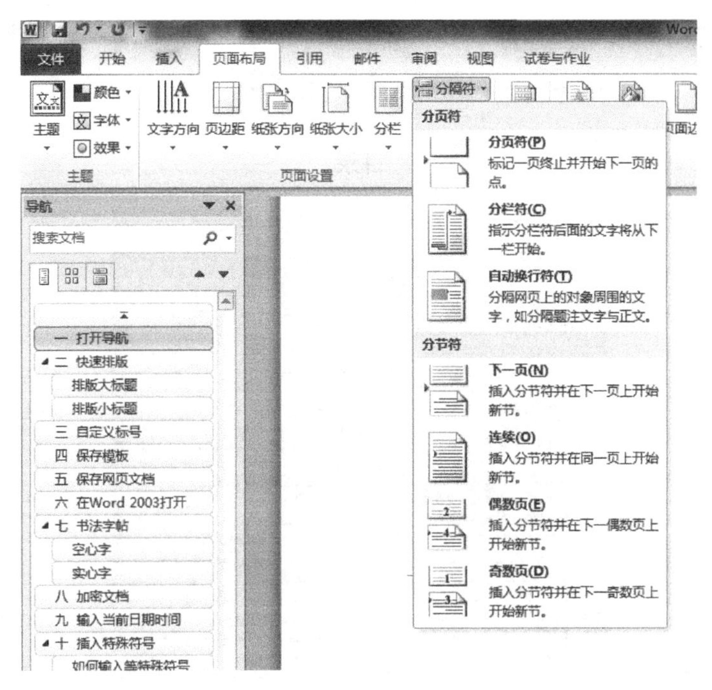

图 7-8　插入分节符

将光标定位于需要插入目录的位置，选择“引用→目录→插入目录”选项，会弹出“目录”对话框，如图 7-9 所示。

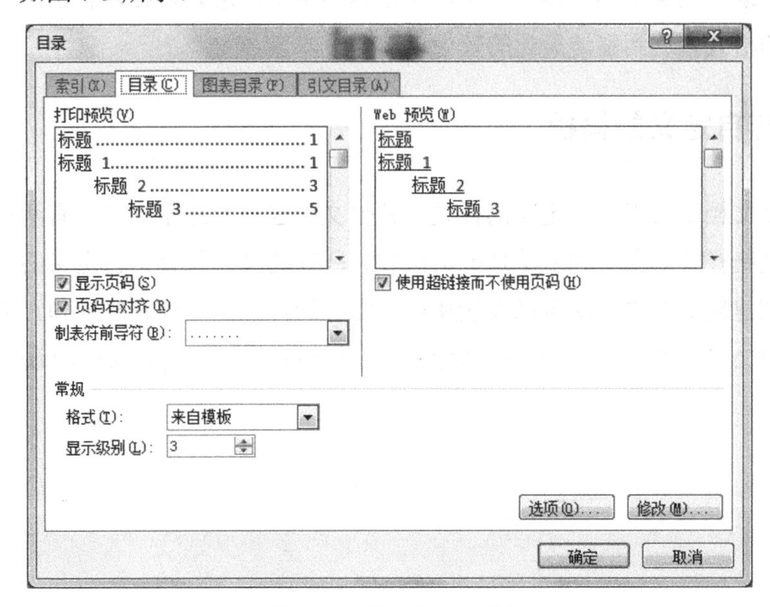

图 7-9　“目录”对话框

在图 7-9 所示的对话框中，可以设置目录的格式，勾选对应的复选框，单击“确定”按钮即可，如图 7-10 所示。

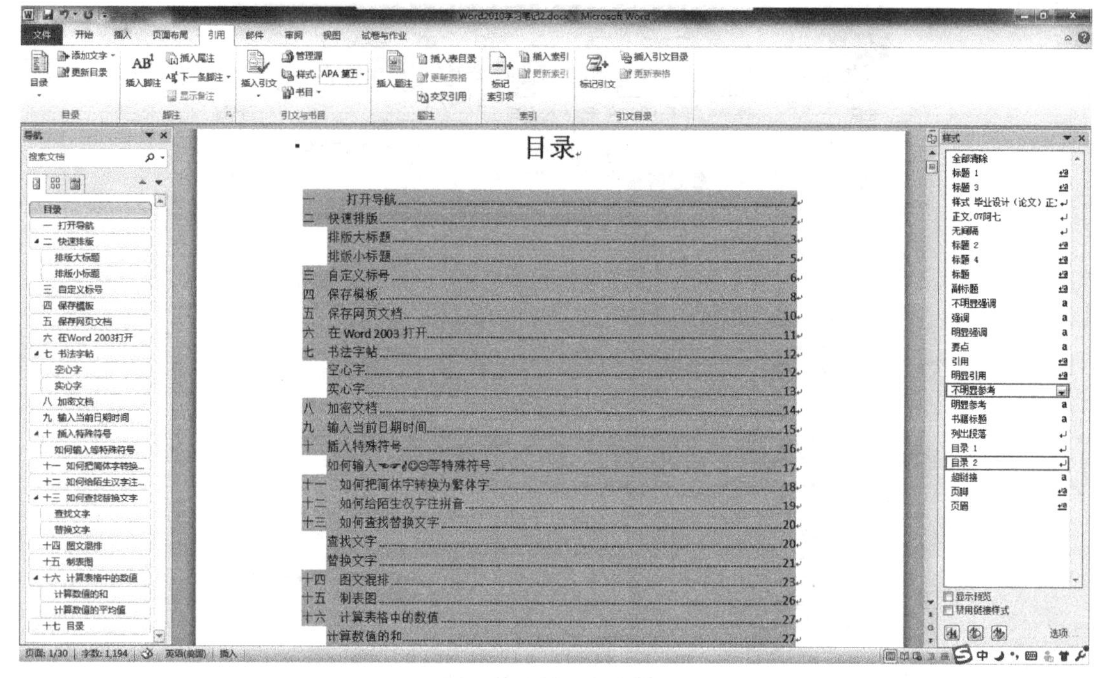

图 7-10 插入目录完成

需要说明的是，目录可以随着标题的更新而更新，可以手动更新域，也可以更新整个目录。设置目录中的文字的字体，也不影响标题的字体。总之，在内容正确的基础上，可以调整目录的格式以达到整体美观的效果。

4. 保存自定义的模板

如果一个文档中有很多自定义的样式，其他文档也需要这个样式，有两种解决方法。一种方法是复制样式。另一种方法是把这些样式所在的文档保存为自定义的模板，以后基于这个模板创建新的文档，就可以直接使用自定义的样式了。标题样式和正文样式多也没有关系，非常方便。保存自定义的模板的方法是选择“文件→选项→加载项”命令，如图 7-11 所示。

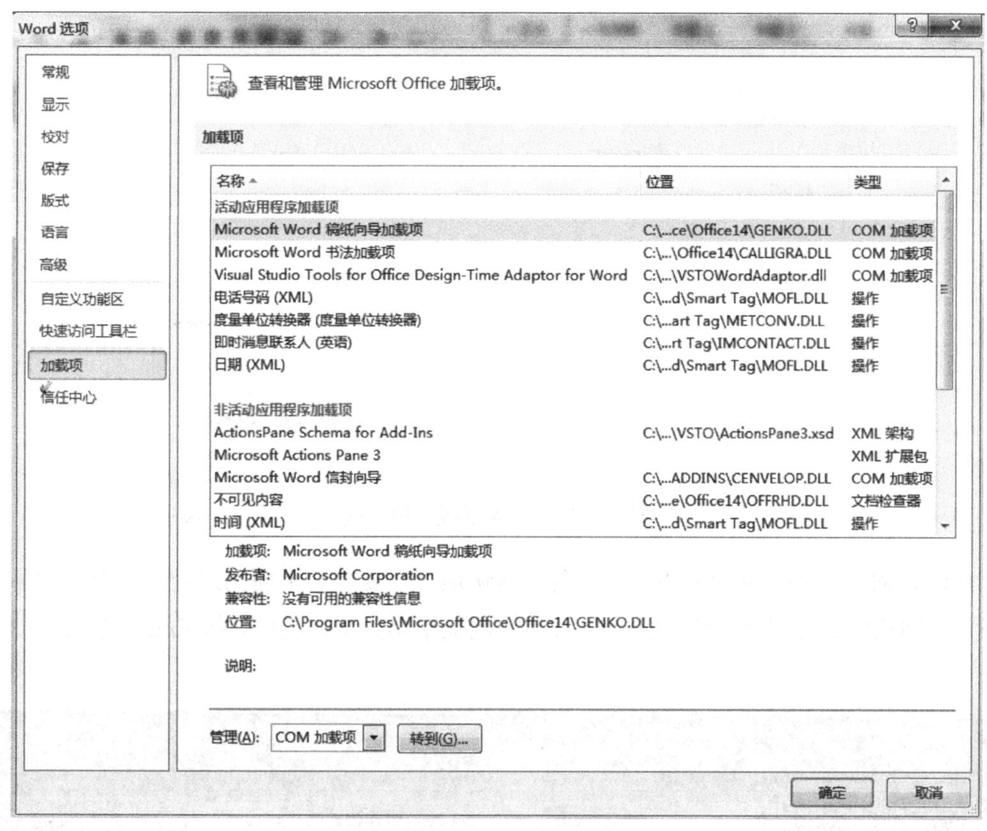

图 7-11　选择“加载项”

单击“管理”后面的下拉按钮，选择“模板”选项，如图 7-12 所示。再单击“转到”按钮，在“模板和加载项”对话框中单击“选用”按钮，如图 7-13 所示，会弹出“选用模板”对话框，如图 7-14 所示。

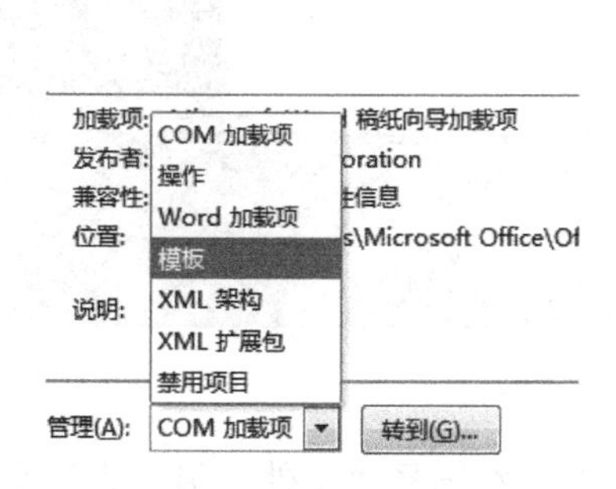

图 7-12　选择“模板”选项

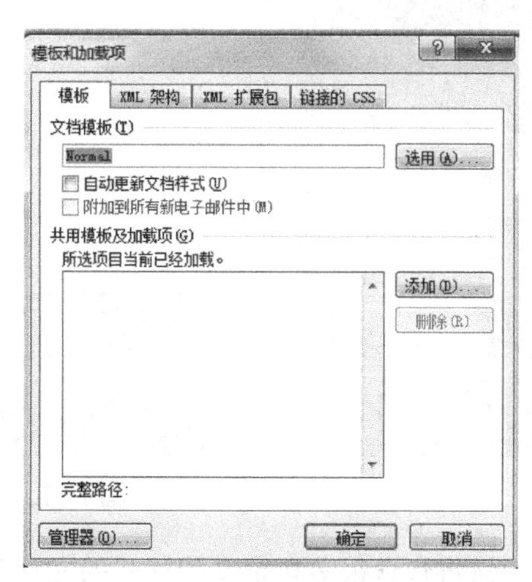

图 7-13　“模板和加载项”对话框

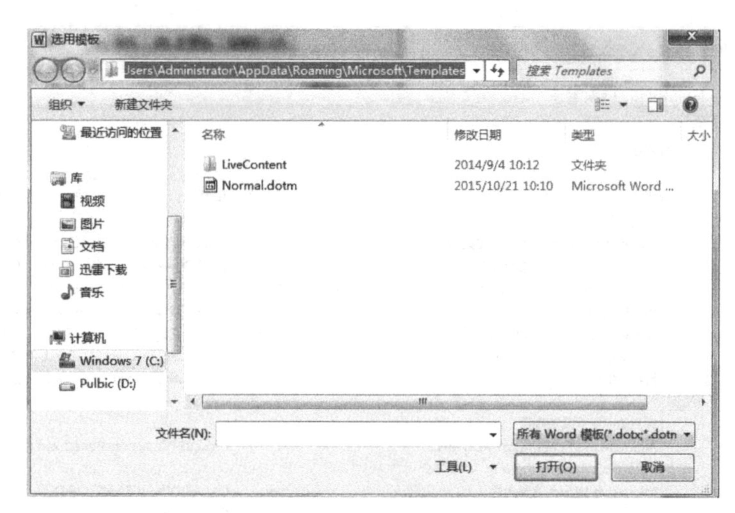

图 7-14 “选用模板”对话框

此时，对话框中就会显示 Word 模板的默认地址，复制最上面的地址，再单击“取消”按钮，返回桌面，打开计算机，将上面保存的地址粘贴到地址栏中，按 Enter 键，如图 7-15 所示。

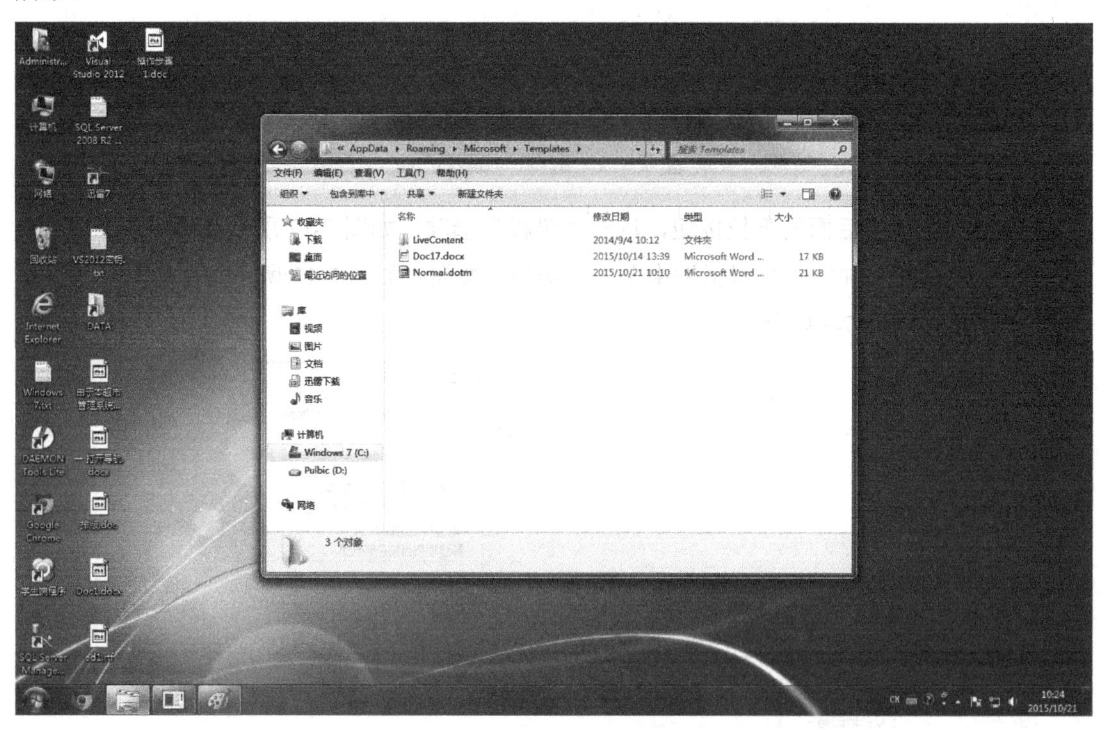

图 7-15 默认模板的路径

如何将包含很多自定义的样式的文件保存为模板呢？选择“文件→另存为”命令，在“保存类型”下拉列表中选择“Word 模板（*.dotx）”选项，如图 7-16 所示。

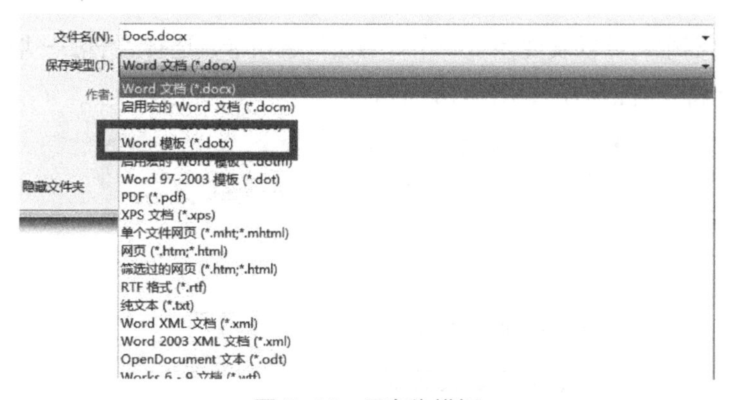

图 7-16　另存为模板

将模板保存在桌面上，再将桌面上的模板文件拖动至图 7-14 所示的文件夹中，就可以使用自定义的模板文件了。使用自定义的模板创建文件的方法可以是选择“文件→新建→我的模板”命令，在弹出的对话框中，选中自定义的模板，单击“确定”按钮即可。

5. 书法字帖

如何创建如图 7-17 所示的空心字呢？选择“文件→新建→可用模板→书法字帖→创建”命令，在“增减字符”对话框左侧的“可用字符”中选择一个字，单击“添加”按钮，然后关闭对话框即可。

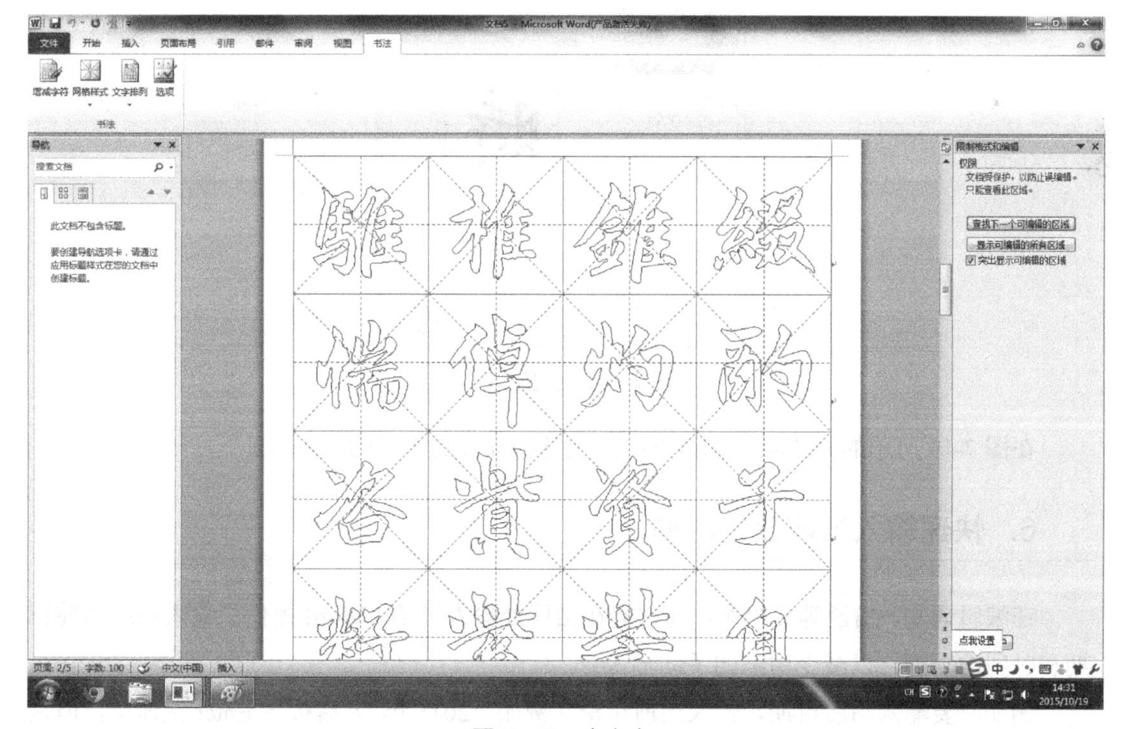

图 7-17　空心字

在新建的文档中，可以发现多了一个“书法”选项卡，选择“书法→增减字符”选项，会弹出“增减字符”对话框，如图 7-18 所示。

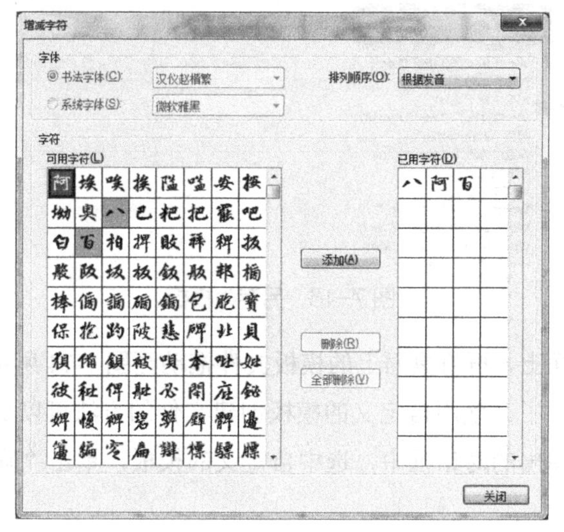

图 7-18 “增减字符”对话框

如果要创建实心字，就选择“书法→选项”选项，在弹出的“选项”对话框中取消勾选“空心字”复选框，如图 7-19 所示。

图 7-19 创建实心字

在图 7-19 所示的“选项”对话框中，还可以设置实心字的颜色等。

6. 快速输入当前日期时间

在编辑通知、信函等文档时，通常会在结尾处输入日期。Word 提供了输入系统当前日期和时间的功能，以减少用户的手动输入量。

例如，要输入当前日期，输入当前年份（例如“2011 年”）后按下 Enter 键即可，但这种方法只能输入如“2011 年 5 月 16 日星期一”这种格式的日期。如果要输入其他格式的日期和时间，可以使用“日期和时间”对话框来实现，选择“插入→时间和日期”选项，如图 7-20 所示。

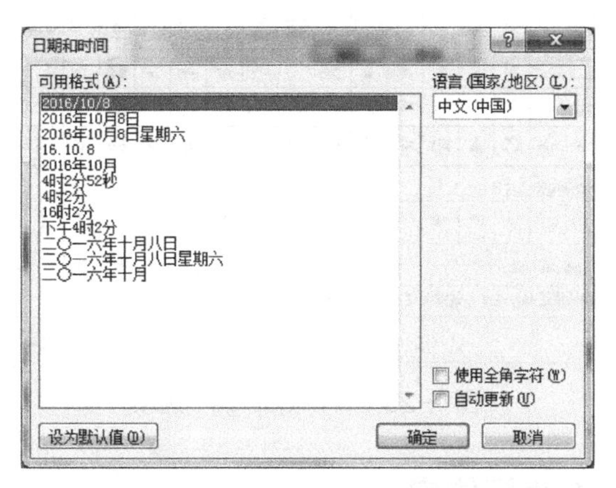

图 7-20 “日期和时间”对话框

7. 在文档中插入特殊符号

在输入文档内容的过程中，除了输入普通的文本，还可以输入一些特殊符号。有些符号能够通过键盘直接输入，如“@”和“#”，有些符号却不能，如“√”和“→”。此时，可通过插入符号的方法输入特殊符号，选择“插入→符号”选项，单击“符号”按钮下方的下拉按钮，如图 7-21 所示。

在图 7-21 中，选择“其他符号”选项，会弹出“符号”对话框，如图 7-22 所示。

图 7-21 插入特殊符号

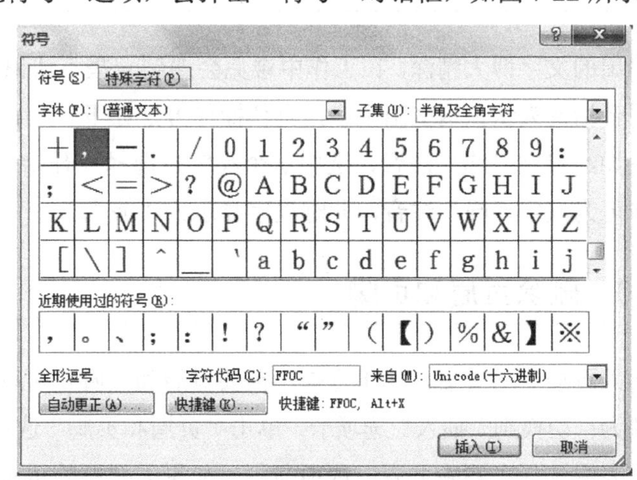

图 7-22 “符号”对话框

在图 7-22 所示的对话框中，有“符号”和“特殊字符”两个选项卡，如何输入“☜”“☞”“☝”“☺”“😐”等特殊符号呢？在“字体”下拉列表中选择“Wingdings”选项，如图 7-23 所示。

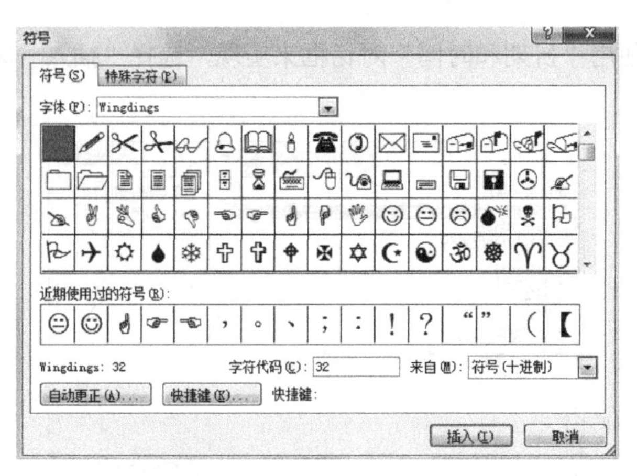

图 7-23 “Wingdings”选项

8. 把简体字转换为繁体字

我国大陆地区和台湾、香港地区使用不同的文体，大陆地区使用简体，而台湾、香港地区使用繁体，这就使文本交流出现了一些障碍。因此，需要使用 Word 提供的繁简转换功能对其进行相应的调整。

例如，在有台湾同胞来访问时，选中汉字“欢迎台湾同胞来访”，选择“审阅→简转繁”选项，即可将简体汉字转换为繁体，此时汉字变为“歡迎臺灣同胞來訪”。

9. 给陌生汉字注拼音

中国的文字博大精深，在工作中难免会遇到一些不认识的字，此时，可以利用 Word 提供的拼音指南来认识这些陌生字，具体操作方法如下。

例如给汉字“彧”注音，选中这个汉字，选择“开始→字体→拼音指南→确定”选项，即可为汉字“彧”注音，此时汉字显示为“彧(yù)”。

10. 删除页眉和页脚

插入页眉、页脚后，如果觉得不需要页眉和页脚，可以将其删除。删除页眉的具体操作方法为：切换到“插入”选项卡，单击“页眉和页脚”选项组中的“页眉”下拉按钮，在下拉列表中选择“删除页眉”选项即可。如果需要删除页脚，在“页眉和页脚”选项组中单击“页脚”按钮下方的下拉按钮，在下拉列表中选择“删除页脚”选项即可。

11. 把文字转换为表格

如果需要将选定的文字快速转换为表格，可以选择“插入→表格→文本转换成表格”选项，修改文字分隔位置，单击“确定”按钮，如图 7-24 所示。

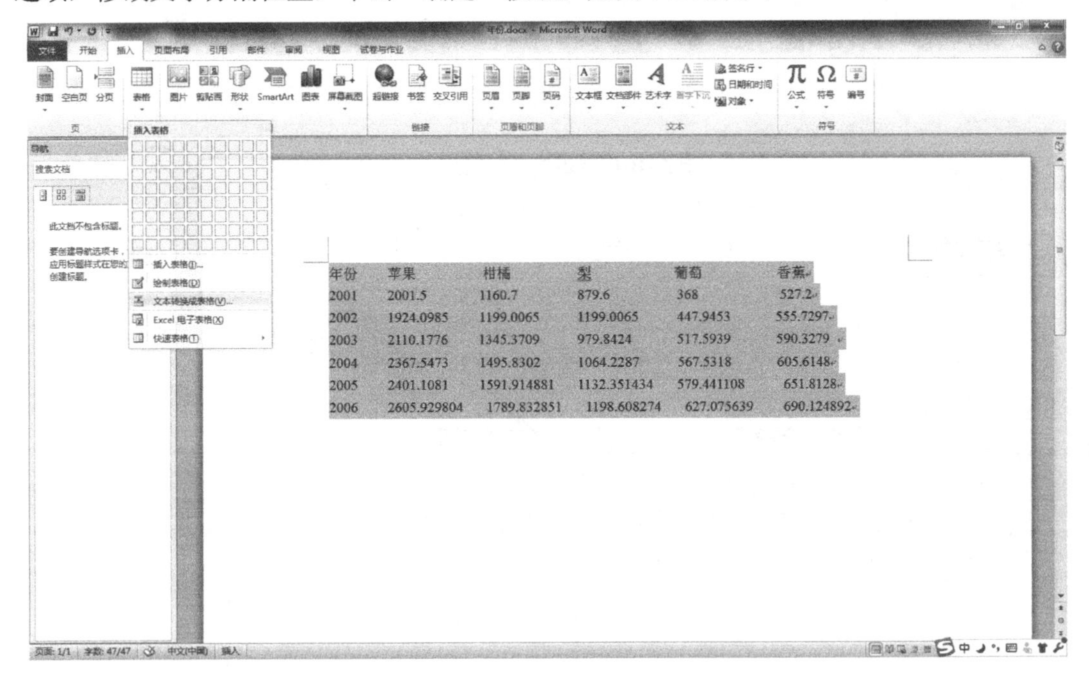

图 7-24　将文字转换为表格

转换的结果如图 7-25 所示。

年份	苹果	柑橘	梨	葡萄	香蕉	
2001	2001.5	1160.7	879.6	368	527.2	
2002	1924.0985	1199.0065	1199.0065	447.9453	555.7297	
2003	2110.1776	1345.3709	979.8424	517.5939	590.3279	
2004	2367.5473	1495.8302	1064.2287	567.5318	605.6148	
2005	2401.1081	1591.914881	1132.351434	579.441108	651.8128	
2006	2605.929804	1789.832851	1198.608274	627.075639	690.124892	

图 7-25　转换成的表格

在图 7-25 所示的表格中，如果要计算数值的和，就将光标放在求和的单元格内，选择“表格工具→布局→ f_x 公式 ”选项，单击“确定”按钮即可。公式“=SUM(LEFT)”的含义是对左侧的数值求和，如果要对列求和，方法类似，公式为“=SUM(ABOVE)”。若公式不正确，可以在“公式”对话框中的“粘贴函数”文本框中修改。如果要计算左侧的平均值，则公式为“=AVERAGE(LEFT)”。

12. 复制、粘贴格式的控制

在复制幻灯片中的图形时，直接复制会让图形看起来很杂乱，如图 7-26 所示。

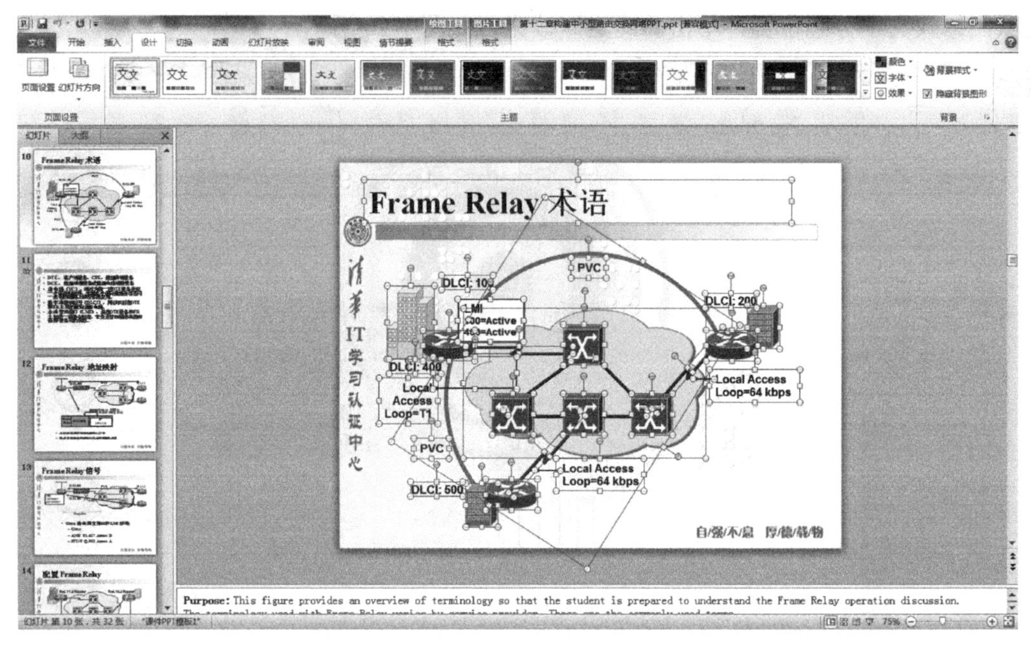

图 7-26　直接复制目标图形

将这张幻灯片中的图形直接复制并粘贴到 Word 中时，直接粘贴目标图形会使图形比较大且不符合页面的规范，效果比较差，如图 7-27 所示。

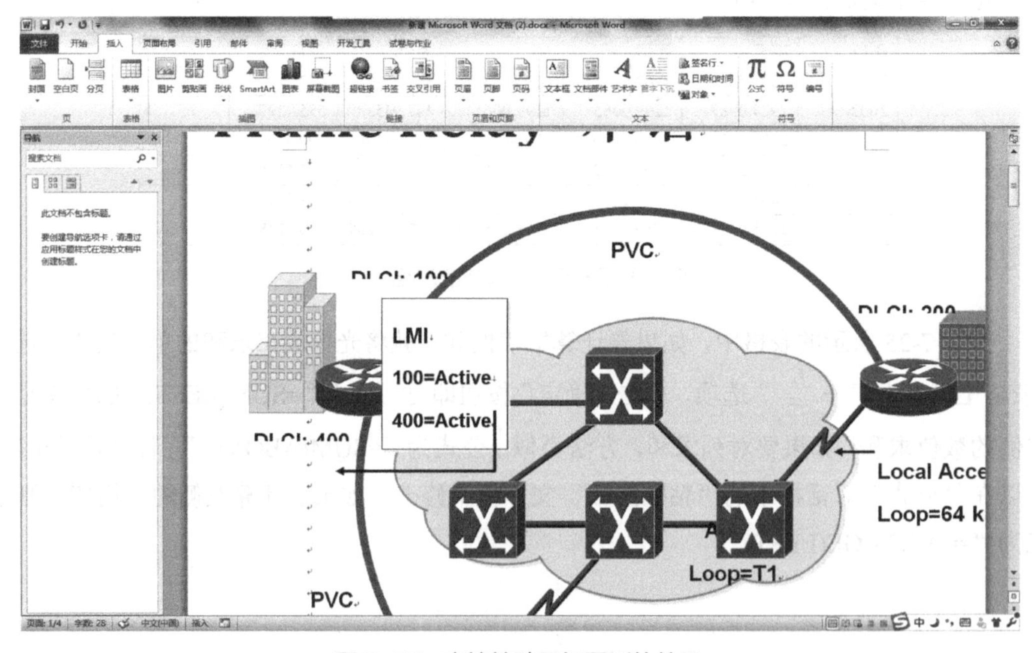

图 7-27　直接粘贴目标图形的效果

如何处理这种情况呢？可以全选图形，然后复制、粘贴到画图工具中，如图 7-28 所示。

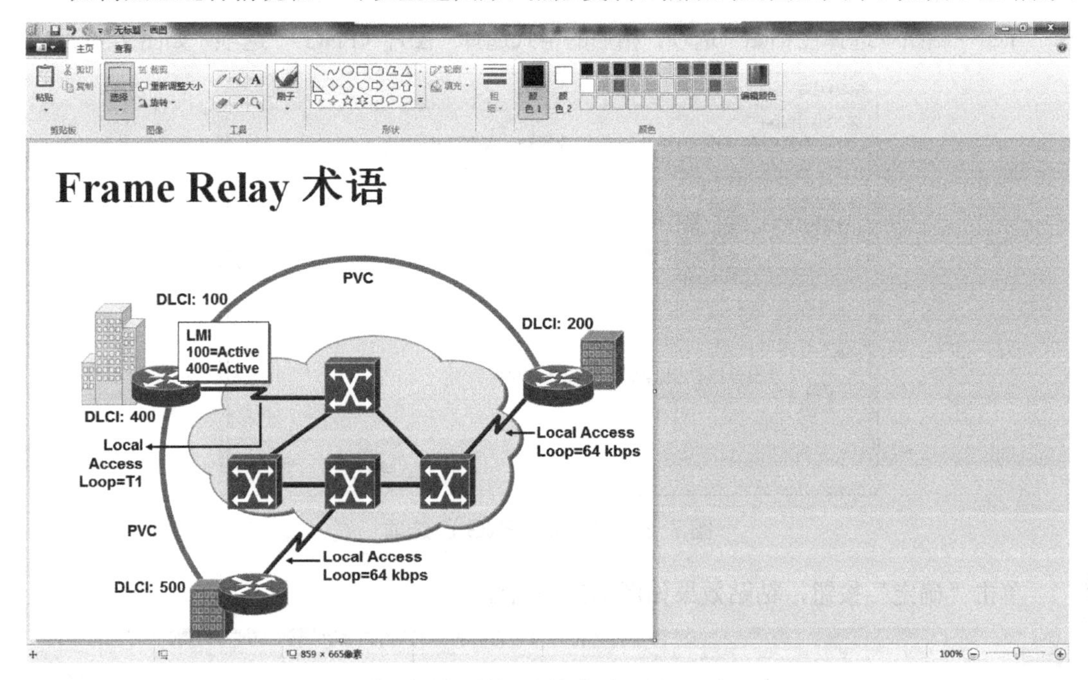

图 7-28　将图形粘贴到画图工具中

再从画图工具复制到 Word 文档中，直接转换为图片格式，如图 7-29 所示。

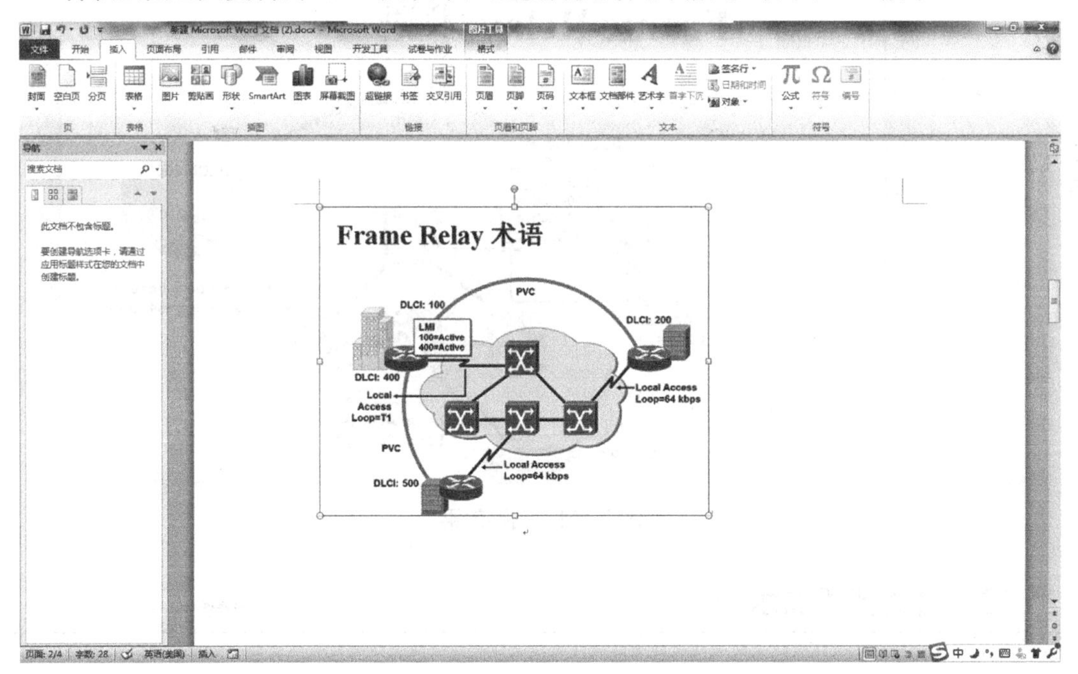

图 7-29　转换为图片格式的图形

另一种将幻灯片中的图形转为图片格式的方法是将图形全选并复制后，在 Word 中选择“开始→粘贴→选择性粘贴”选项，粘贴的格式选择“图片（PNG）”选项，如图 7-30 所示。

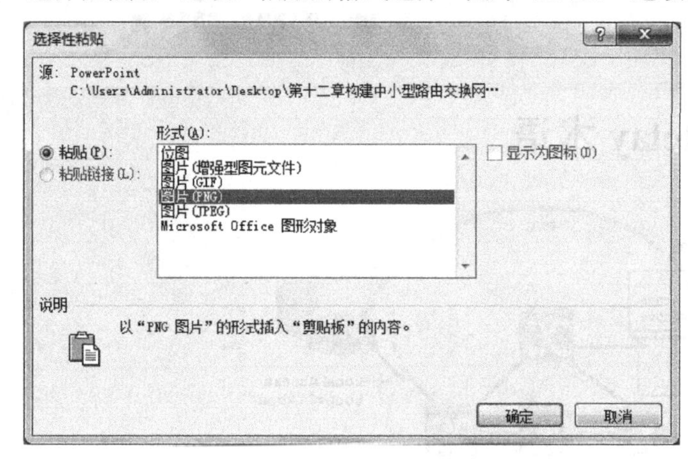

图 7-30 “图片（PNG）”选项

单击“确定”按钮，粘贴效果如图 7-31 所示。

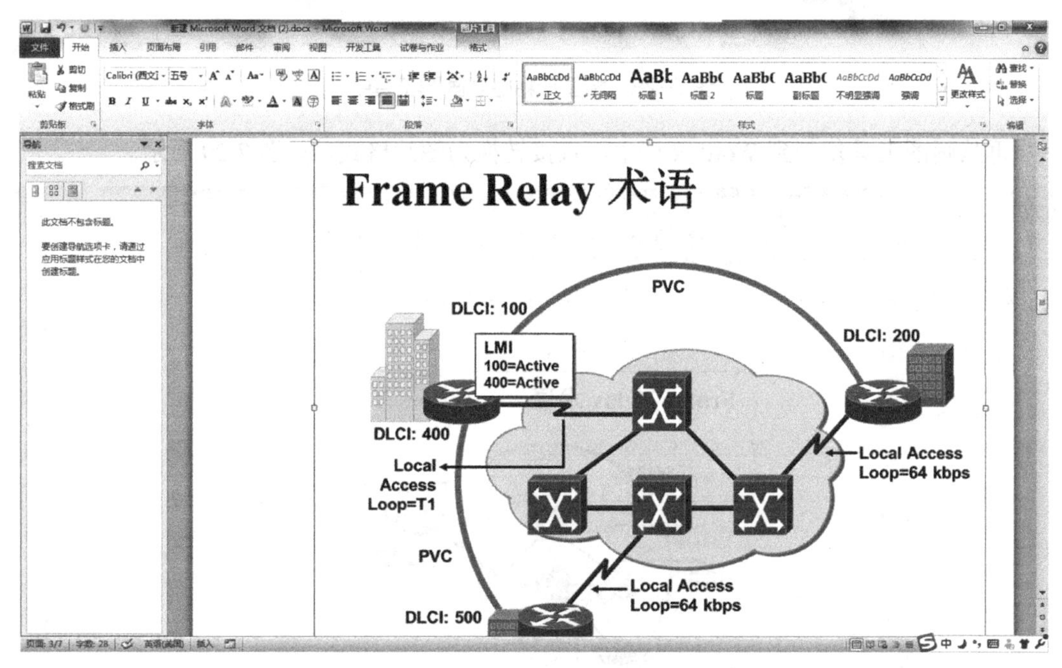

图 7-31 粘贴效果

13. 给文档添加水印

本节介绍给 Word 文档添加文字水印和图片水印的方法。如果想要添加自定义水印，可以选择“页面布局→水印”选项，如图 7-32 所示。

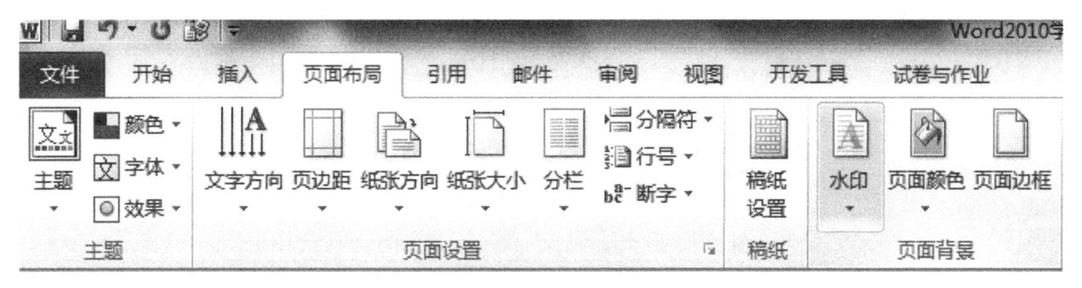

图 7-32 “水印”按钮

这时可以看到默认的文字水印样式，常用的样式有“机密”和“严禁复制”。选择下方的“自定义水印”选项，如图 7-33 所示。

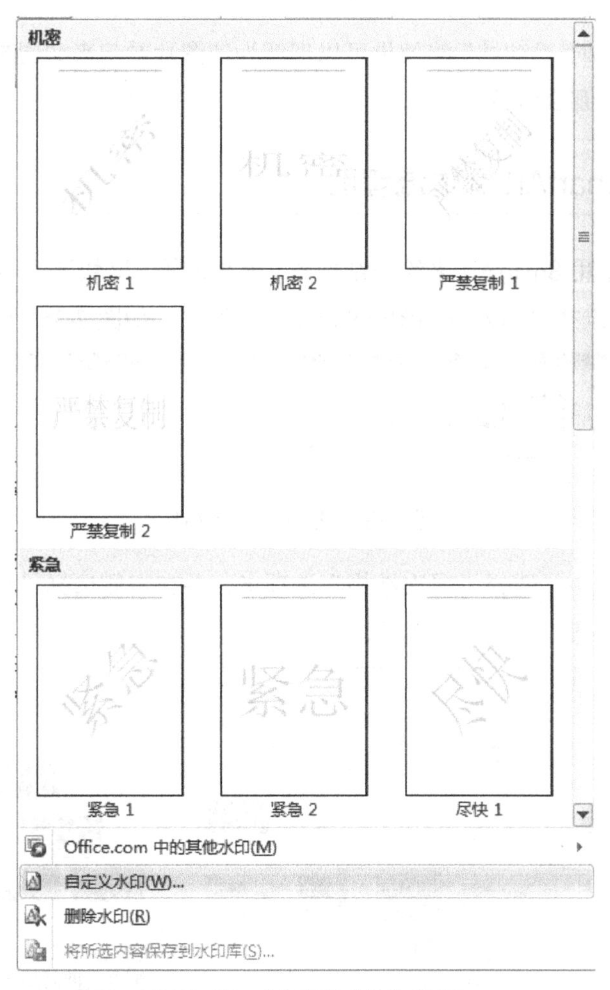

图 7-33 “自定义水印”选项

“水印”对话框如图 7-34 所示，选择“文字水印”选项，接着设置“文字”“字体”“字号”等。给 Word 添加图片水印只需将水印设置为“图片水印”，然后选择喜欢的图片背景。若想去掉水印，选择“无水印”选项即可。

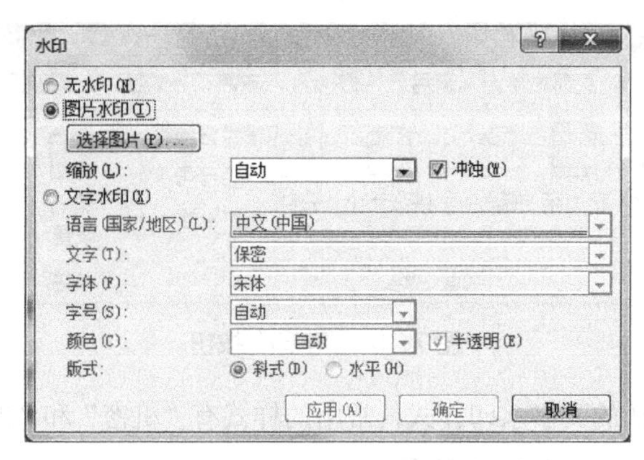

图 7-34 “水印”对话框

在设置图片水印时，“冲蚀”的效果可以理解为使图片看起来如同被蒙蔽了一层透明的纸，色彩没有原来的那么鲜艳。

14. 使用 SmartArt 制作流程图

在 Office 中，常用 SmartArt 来绘制结构图、流程图等，既快速又美观。打开 Word，在“插入”选项卡中，选择“插入→插图→SmartArt”选项，如图 7-35 所示。

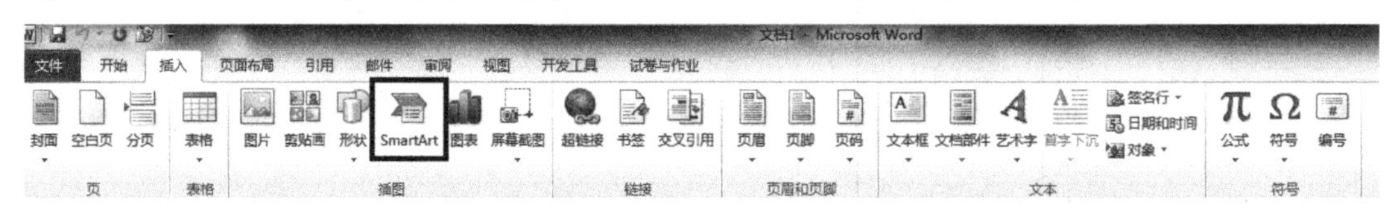

图 7-35 插入 SmartArt

在弹出的对话框中，选择“层次结构”选项卡，并在右侧选择“组织结构图”选项，然后单击“确定”按钮，如图 7-36 所示。

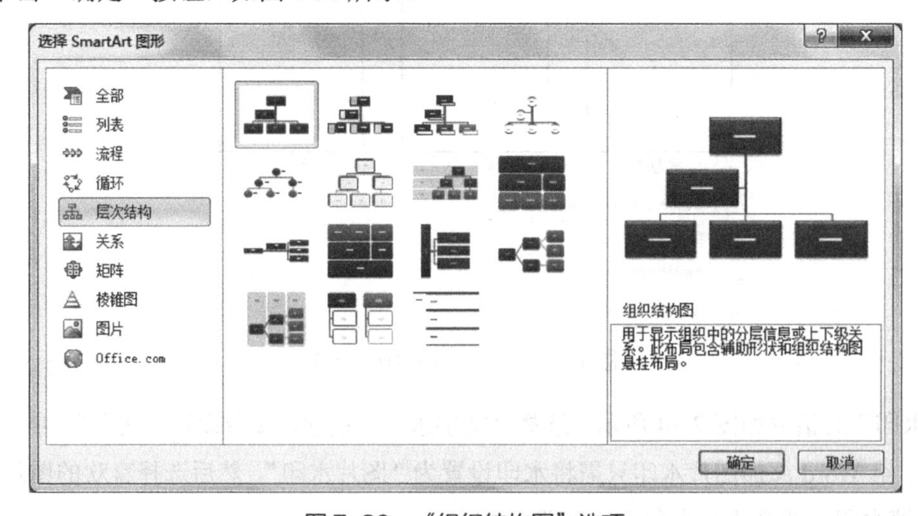

图 7-36 “组织结构图”选项

在文档左侧，单击“在此处键入文字”中的“[文本]”，或者单击右侧结构图中的文本方框，依次输入公司部门的职务名称，如图 7-37 所示。如果需要添加其他部门，可以在文本方框上右击，选择“添加形状”命令，根据部门层级选择添加的位置。

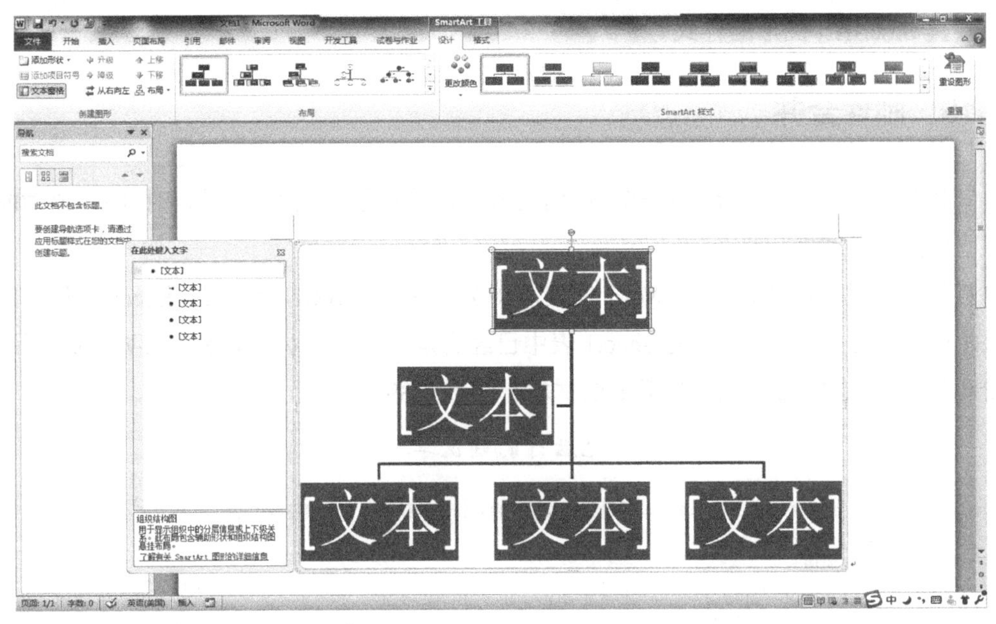

图 7-37　编辑文本

文字输入完毕，如图 7-38 所示。在插入 SmartArt 图形后，会显示“SmartArt 工具-设计”和“SmartArt 工具-格式”两个选项卡，在这两个选项卡中，可以对 SmartArt 图形的布局、样式等进行设置。

单击 SmartArt 图形，在“SmartArt 工具-设计”选项卡中选择喜欢的布局和 SmartArt 样式。

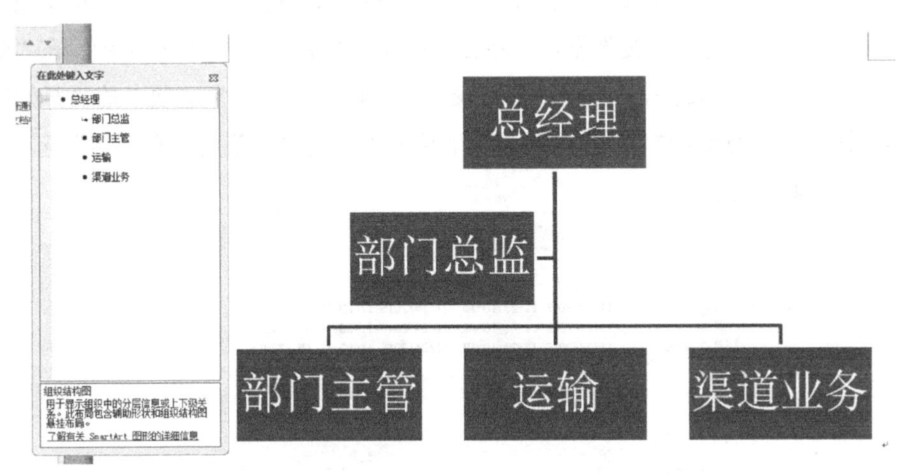

图 7-38　SmartArt 图形

选择结构图中的结构框（就是文字外围的方框），在“SmartArt 工具-格式”选项卡中，更改 SmartArt 图形的“形状”和“形状样式”以变换外框。在“SmartArt 工具-设计”选项卡中，可以在 SmartArt 图形中添加形状、调整形状的级别，以及更改 SmartArt 图形的布局、设置 SmartArt 图形的样式等。

15. 邮件合并

邮件合并功能可以将多条格式不同但内容相同的记录一次性地编辑和打印，该功能具有很强的操作性和实用性。

打开需要进行邮件合并的 Word 文档，浏览要插入的数据，数据在 Excel 文件中的表 Sheet1 中。假设 Excel 文件中的 Sheet1 表中已经有购买电脑人员的姓名、购买电脑的品牌、单价和数量，在 Word 中编辑好需要的文本，如图 7-39 所示。

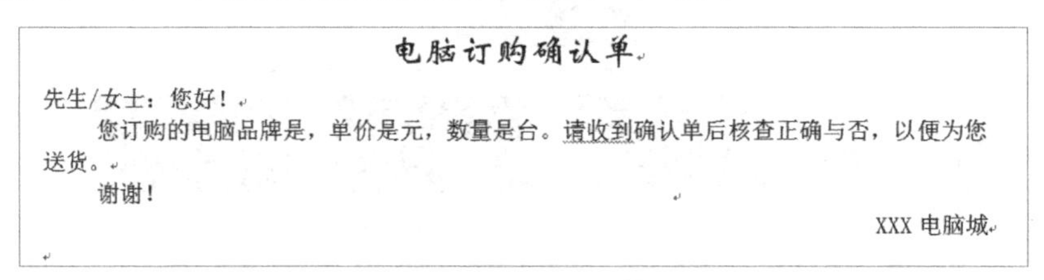
电脑订购确认单

先生/女士：您好！

您订购的电脑品牌是，单价是元，数量是台。请收到确认单后核查正确与否，以便为您送货。

谢谢！

XXX 电脑城

图 7-39 邮件中相同的内容

选择“邮件→开始邮件合并→邮件合并分步向导”选项，在文档的右侧会出现“邮件合并”窗格。默认选择文档类型为“信函”（将信函发送给一组人，可以设置信函的格式）。首先单击“下一步：开始文档”文字链接，选择开始文档，选中“使用当前文档”单选按钮，单击“下一步：选择收件人”文字链接，选择收件人，选中“使用现有列表”单选按钮。然后单击“浏览”文字链接，选择需要添加的数据源，选择表格的名称为 SHEET1$，勾选“数据首行包含列标题”复选框，并单击“确定”按钮，如图 7-40 所示。在“邮件合并收件人”对话框中，勾选需要的收件人列表。也可以在“邮件”选项卡的“开始邮件合并”选项组中，单击“选择收件人”按钮，在下拉列表中选择“使用现有列表”选项，选择收件人，如图 7-41 所示。

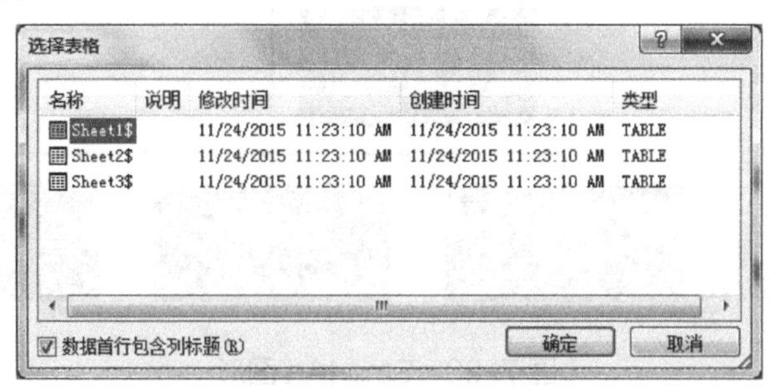

图 7-40 选择列表

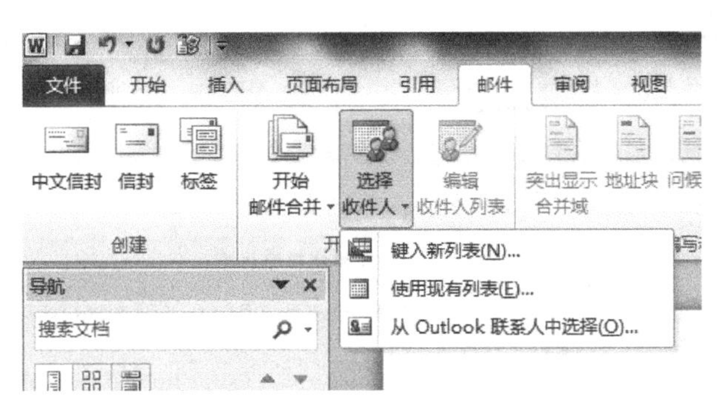

图 7-41　选择收件人

回到“邮件合并”窗格，单击“下一步：撰写信函”文字链接，选择“其他项目”选项，会弹出“插入合并域”对话框，根据需要合并的邮件内容，选择域的内容，如图 7-42 所示。

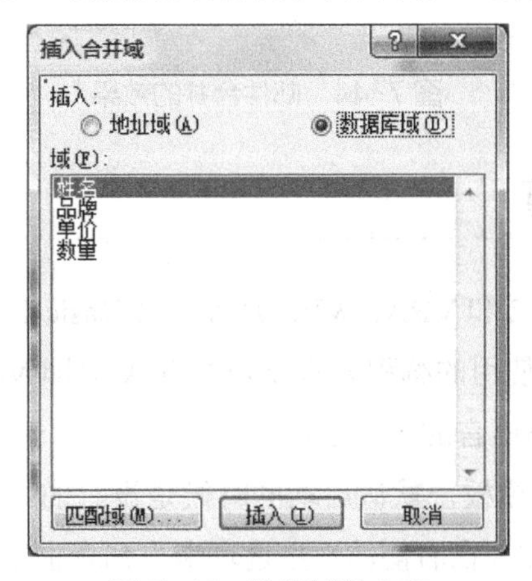

图 7-42　选择域的内容

在 Word 文档中的文字“先生/女士”前插入姓名域，“品牌是”后添加品牌域，“单价是”后添加单价域，“数量是”后添加数量域。注意插入合并域的位置，如图 7-43 所示。

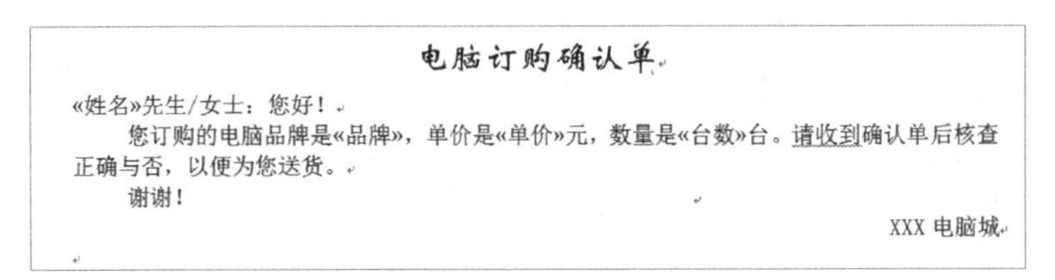

电脑订购确认单

«姓名»先生/女士：您好！

您订购的电脑品牌是«品牌»，单价是«单价»元，数量是«台数»台。请收到确认单后核查正确与否，以便为您送货。

谢谢！

XXX 电脑城

图 7-43　插入合并域后的文档

完成后，单击“关闭”按钮。单击“下一步：预览信函”文字链接，就可以看到第一条记录。单击“下一步：完成合并”文字链接，完成邮件合并。此时已经可以使用邮件合并功能生成信函，选择“编辑单个信函”选项，选中“全部”单选按钮，就可以看到记录的全部内容。邮件合并完成后，如果需要修改，就可以选择上一步选项修改，其他操作和上述相同。邮件合并的效果如图 7-44 所示。

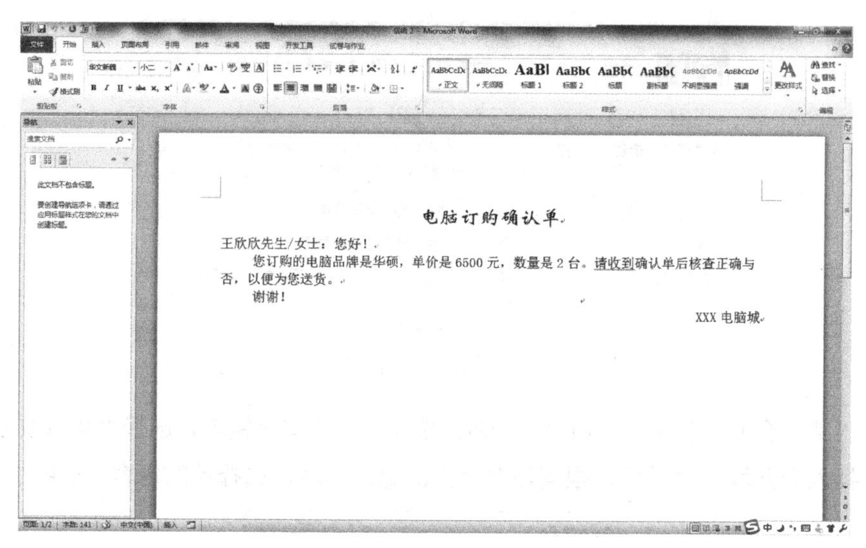

图 7-44　邮件合并的效果

16. VBA 加法计算

首先了解一下 VB、VBE 和 VBA，VBE 是 Visual Basic Editing 的缩写，即“VB 编辑器”。在 VBE 编程环境中所使用的编程语言就是“VBA”，即 Visual Basic for Applications 的缩写，VBA 语言是 VB 编程语言的一个子集。

其次要找到控件和设计模板，默认启动的时候是没有的。选择“文件→选项→自定义功能区→ ⊞ ☑ 开发工具 ”选项（在右侧的“主选项卡”列表框中勾选“开发工具”复选框），单击“确定”按钮，如图 7-45 所示。

图 7-45　勾选“开发工具”复选框

此时，Word 中会出现“开发工具”选项卡，如图 7-46 所示。

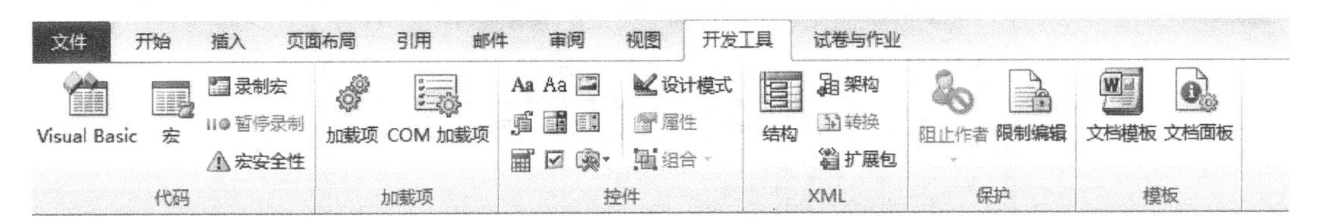

图 7-46 “开发工具”选项卡

在“开发工具”选项卡中可以找到“控件”选项组和“设计模式”按钮。

接着要把新建的文件保存为“启用宏的 Word 文档（*.docm）”，若保存为后缀是.doc 或.docx 的文档，将无法运行 VBA，如图 7-47 所示。

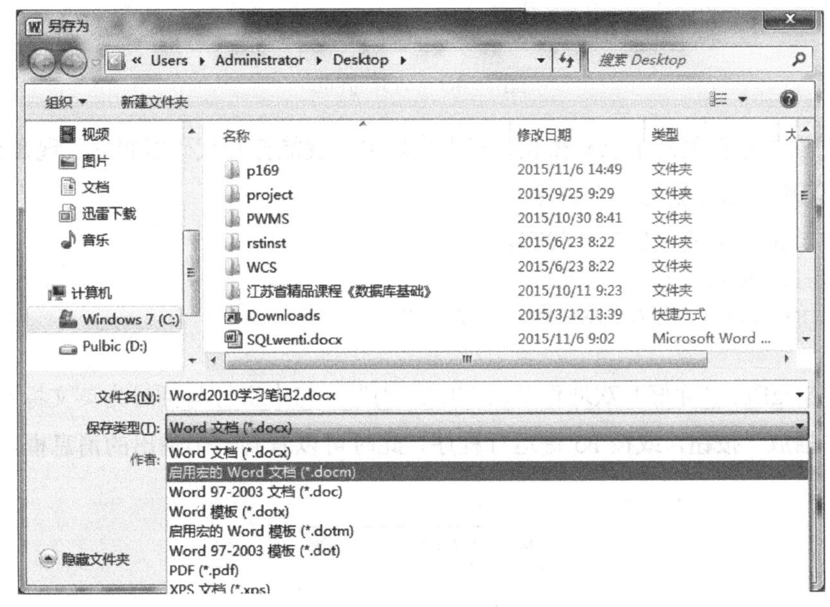

图 7-47 保存类型

最后通过两个实例，了解和验证 VBA 用法。

【实例 1】制作一个弹出的消息框，显示“你好！欢迎你学习 VBA！”。

选择“开发工具→Visual Basic→插入→模块”选项，出现 VBE 界面，如图 7-48 所示。先熟悉一下 VBE 编辑器，VBE 界面有菜单栏和工具栏。注意“设计模式”按钮类似于开关键，单击一次开启设计模式，再单击一次就退出设计模式。界面左侧中间部分是工程资源管理器所在的工程资源管理区，每一篇 Word 文档中编写的程序，Word 都把它看作一个“工程”，工程资源管理器是对这些工程进行管理的地方。界面的左下方是对象属性设置区，可以对自己要用到的对象的属性进行设置。界面右侧大面积的空白区域是代码编辑区，编写的所有代码都在这里。如果看不到这个空白区域，可以选择“插入→模块”选项。

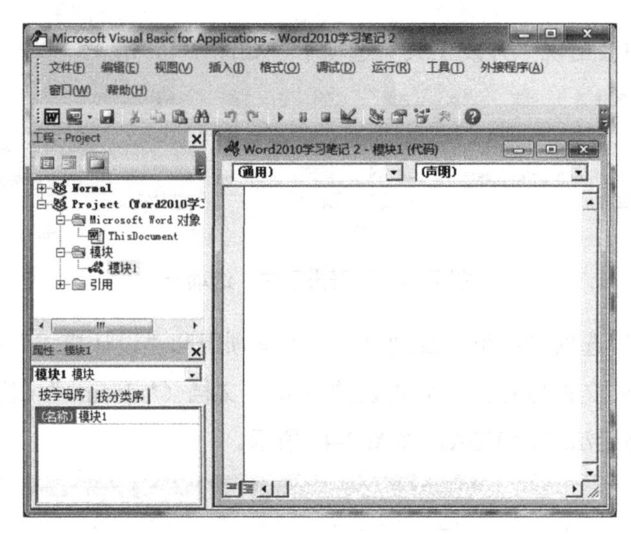

图 7-48 VBE 界面

如果工程资源管理器中已有模块，双击模块名，就能打开代码编辑区。现在在 VBE 环境下，利用 VBA 语言编写一个程序。

在代码编辑区中输入如下的代码：

```
Sub FirstProject()
    MsgBox  ("你好！欢迎你学习 VBA！")
End Sub
```

代码“MsgBox ("你好！欢迎你学习 VBA！")”一句中引号与括号为英文标点。单击工具栏上的“播放”按钮，或按 F5 键运行程序，此时可以看到一个弹出的消息框，如图 7-49 所示。

图 7-49 弹出的消息框

【实例 2】制作一个简单的加法器，计算整数相加，显示相加的结果。

选择“开发工具→控件→旧式工具→文本框（ActiveX 控件）”选项，如图 7-50 所示。此时处于设计模式中。

在 Word 中会出现一个文本框（ActiveX 控件）TextBox1，用于填写第一个加数。同样的方法，选择“开发工具→控件→旧式工具→标签（ActiveX 控件）”选项，右击 Label1，选择“属性”命令，把“Caption”属性值更改为“+”，再用类似的方法添加另一个文本框（ActiveX 控件）TextBox2，用于填写第二个加数。添加一个命令按钮（ActiveX 控件），作为加法器中的等号，选择“开发工具→控件→旧式工具→命令按钮（ActiveX 控件）”选项，右击 CommandButton1，选择“属性”命令，把“Caption”属性值由 CommandButton1 更改为“=”，加法的结果也用一个文本框（ActiveX 控件）TextBox3 表示。控件的样式如图 7-51 所示。

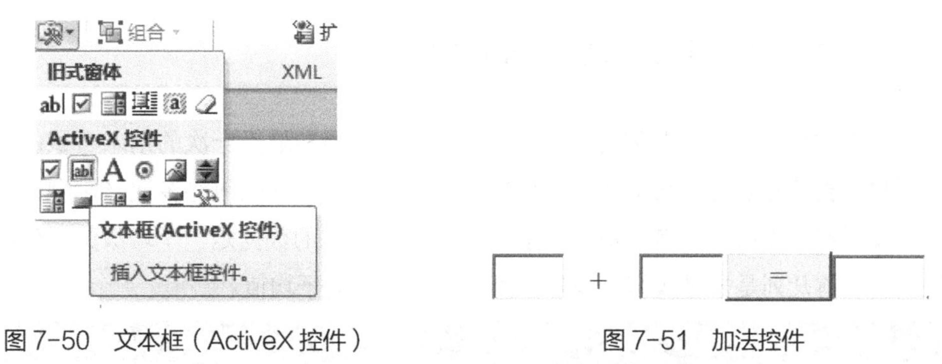

图 7-50　文本框（ActiveX 控件）　　　　图 7-51　加法控件

在图 7-51 中，双击等号命令按钮控件，就会跳转到 VBE 窗口，在代码窗口输入以下代码：

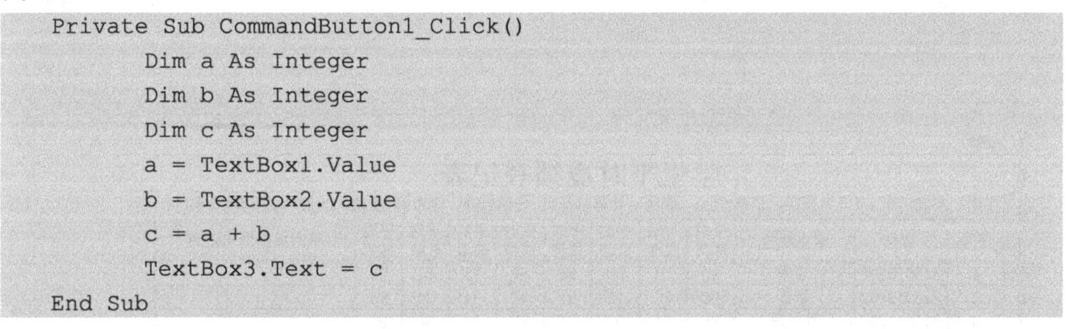

```
Private Sub CommandButton1_Click()
        Dim a As Integer
        Dim b As Integer
        Dim c As Integer
        a = TextBox1.Value
        b = TextBox2.Value
        c = a + b
        TextBox3.Text = c
End Sub
```

在设计模式下是不能运行加法器的，退出设计模式后，可以填写加数，测试加法器。分别在文本框中输入整数，单击等号后加法的结果会显示在最后一个文本框中，如图 7-52 所示。

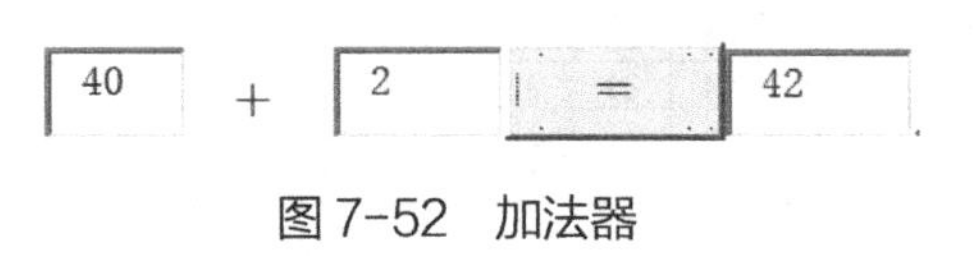

图 7-52　加法器

Office 办公软件在日常工作和生活中发挥着不可替代的作用，同时也是实现现代办公自动化的一个重要因素。为了更好地适应工作岗位，增强学生或员工的计算机使用能力，提高办公技能，提升工作效率，掌握 Office 办公软件的简单运用技巧，例如常用的快捷键组合，Word 基本功能和高级排版的使用，Excel 常用的稍为复杂的函数进行数据分析，PowerPoint 精彩动画的汇报等，在工作和学习中都是十分重要的。整理和掌握在使用 Office 办公软件的过程中遇到的问题以及简单的解决方法，可以做到事半功倍。

八、Excel 能力提升

1. AVERAGE 函数和自动填充的应用

在教学过程中，每学期都会有多次的平时测试成绩和最后一次的期末考试成绩，在学期结束时，教师需要上交或上传学生成绩表。如何快速、准确地将多次平时测试成绩和期末考试成绩整理成所需的格式是非常重要的。图 8-1 中的数据是一个班级的学生的平时成绩登记表，前几列是平时成绩，最后一列是平时成绩的平均值。

学院

学生平时成绩登记表

学期：2020-2021（一）班级：信息2022　课目：计算机基础　任课教师：陈老师　日期：2021年9月-2022年1月

序号	学号	学生姓名	平时成绩	平时成绩	平时成绩	平时成绩	平时成绩	平时成绩	平时成绩	平时成绩	平时成绩期末汇总
1	316010101	刘源	90	89	86	88	90	95	84	90	
2	316010102	张佳	95	94	95	91	95	94	94	95	
3	316010103	孙可颖	95	94	95	91	95	94	94	95	
4	316010104	王仁佳	90	89	84	86	98	95	84	90	
5	316010105	周梦佳	80	79	74	76	80	98	74	76	
6	316010106	王雨馨	95	94	95	91	95	94	98	95	
7	316010107	李梦琪	85	85	80	82	80	85	80	82	
8	316010108	孙可	85	84	79	81	85	84	79	81	
9	316010109	董盼	90	89	84	86	90	89	84	86	
10	316010110	庄宇	85	84	79	81	88	87	82	84	
11	316010111	吴江燕	95	94	89	91	95	94	89	91	
12	316010112	李诗雨	85	84	79	81	85	84	79	81	
13	316010113	代雅琦	80	80	75	77	80	80	75	77	
14	316010114	梁佳妮	95	94	89	91	95	94	89	91	
15	316010115	张晓芝	80	79	74	76	80	79	74	76	
16	316010116	张庆	85	84	79	81	85	84	79	81	
17	316010117	朱达	80	79	74	76	80	79	74	76	
18	316010118	陈飞龙	90	89	84	86	90	89	84	86	
19	316010119	刘震	85	84	79	81	85	84	79	81	
20	316010120	陈文工	80	79	74	76	80	79	74	76	

图 8-1　学生平时成绩登记表

步骤 1：打开素材文件“平时成绩登记表.xlsx”，在 L5 单元格内，输入“=AVERAGE (D5:K5)”，这个公式表示求 D5 单元格到 K5 单元格里所有成绩的平均值，输入完成后按 Enter 键，L5 单元格内会显示 89。

步骤 2：单击 L5 单元格，并将鼠标指针移动到单元格的右下角，此时鼠标指针变成如图 8-2 所示的细十字形。

步骤 3：在鼠标指针变为细十字形后双击，会自动计算下面所有学生的平均成绩，这种方法叫“自动填充”，在 Excel 中非常常用。

步骤 4：学生的平均成绩计算出来后一般有小数，现在要保留整数。选中所有要改变小数位数的单元格，单击图中的“减少小数位数”按钮，再单击“居中”按钮，如图 8-3 所示。

平时成绩	平时成绩	平时成绩期末汇总
84	90	89
94	95	
94	95	
84	90	
74	76	

图 8-2 鼠标指针呈细十字形

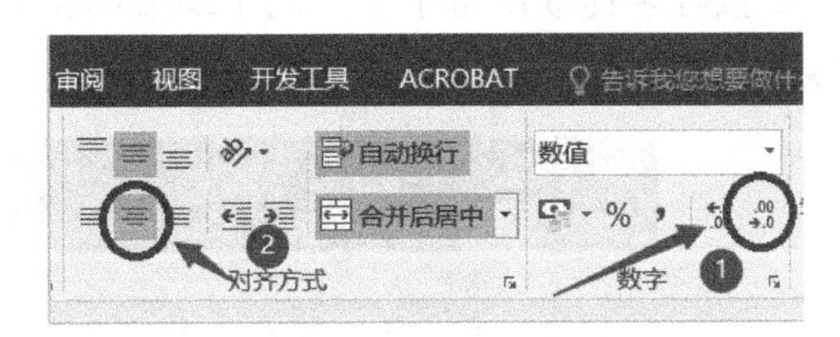

图 8-3 设置小数位

所有学生成绩的计算结果如图 8-4 所示。

学院

学生平时成绩登记表

学期：2020-2021（一）班级：信息2022 课目：计算机基础 任课教师：陈老师 日期：2021年9月-2022年1月

序号	学号	学生姓名	平时成绩	平时成绩	平时成绩	平时成绩	平时成绩	平时成绩	平时成绩	平时成绩	平时成绩期末汇总
1	316010101	刘源	90	89	86	88	90	95	84	90	89
2	316010102	张佳	95	94	95	91	95	94	94	95	94
3	316010103	孙可颖	95	94	95	91	95	94	94	95	94
4	316010104	王仁佳	90	89	84	86	98	95	84	90	90
5	316010105	周梦佳	80	79	74	76	80	98	74	76	80
6	316010106	王雨馨	95	94	95	91	95	94	98	95	95
7	316010107	李梦琪	85	85	80	82	80	85	80	82	82
8	316010108	孙可	85	84	79	81	85	84	79	81	82
9	316010109	董盼	90	89	84	86	90	89	84	86	87
10	316010110	庄宇	85	84	79	81	88	87	82	84	84
11	316010111	吴江燕	95	94	89	91	95	94	89	91	92
12	316010112	李诗雨	85	84	79	81	85	84	79	81	82
13	316010113	代雅琦	80	80	75	77	80	80	75	77	78
14	316010114	梁佳妮	95	94	89	91	95	94	89	91	92
15	316010115	张晓芝	80	79	74	76	80	79	74	76	77
16	316010116	张庆	85	84	79	81	85	84	79	81	82

图 8-4 所有学生成绩的计算结果

2. Vlookup 函数的应用

在另一文件“南理工成绩表.xlsx”中，要使用上一节计算出的平均成绩。但是文件中学生姓名的顺序与前一个文件中的顺序并不相同，所以不能直接复制、粘贴全部成绩，这时可以使用 Vlookup 函数。

如何从一个文件的数据中提取出需要的成绩？公式与函数是 Excel 的核心，其中，Vlookup 函数是一个非常实用的函数。Vlookup 函数是一个纵向查找函数，它是按“列”查找的，最终返回该列所需查询的列序所对应的值。下面使用 Vlookup 函数从平时成绩登记表中，按姓名提取出每个学生的平均成绩作为“南理工成绩表.xlsx”文件中的平时成绩，如图 8-5 所示。

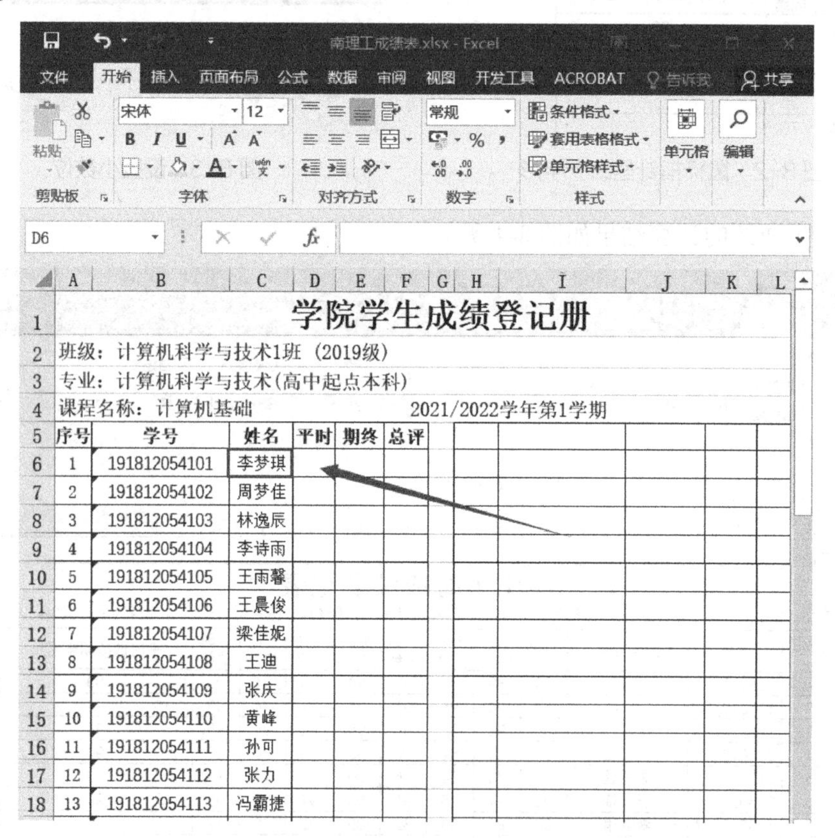

图 8-5　需要使用平时成绩登记表中数据的位置

步骤 1：在图 8-5 中，单击 D6 单元格，输入“=vlookup(”后，会出现如图 8-6 所示的提示。

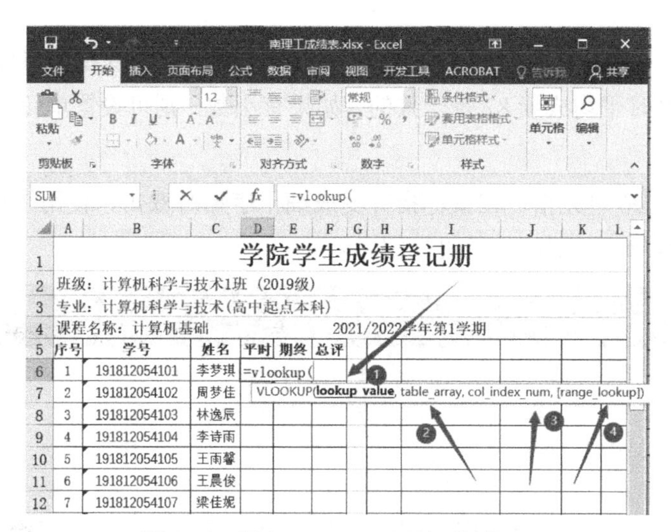

图 8-6　输入 Vlookup 函数后的提示

步骤 2：在 D6 单元格中输入公式后，请按以下顺序进行操作。

在图 8-6 中，第一个参数 lookup_value，表示要查询的值。单击 lookup_value，再单击“李梦琪”，输入逗号。

第二个参数 table_array，表示要查找的范围。选中学生平时成绩登记表中的表格区域 C5:L47，这一区域是本例要查找的范围，姓名要在第 1 列，然后输入逗号。

第三个参数 col_index_num，表示要查找的值所在的列是选中范围的第几列，从第 1 列开始计数，本例是第 10 列，所以输入 10，然后输入逗号。

第四个参数[rarge_lookup]可以输入 TRUE 或 FALSE，本次输入 FALSE，表示精确匹配。

最终，D6 单元格中的公式为：

“=VLOOKUP(C6,'[学生平时成绩登记表（素材）.xlsx]Sheet1'!$C$5:$L$47,10,FALSE)”

此函数用来从学生平时成绩登记表表格区域 C5:L47 内的所有列中提取满足学院学生成绩登记册中 C6 单元格内容的成绩，所需成绩在这一区域中的第 10 列，最后一个参数 FALSE 表示查找时精确匹配搜索结果。

函数的结果如图 8-7 所示。

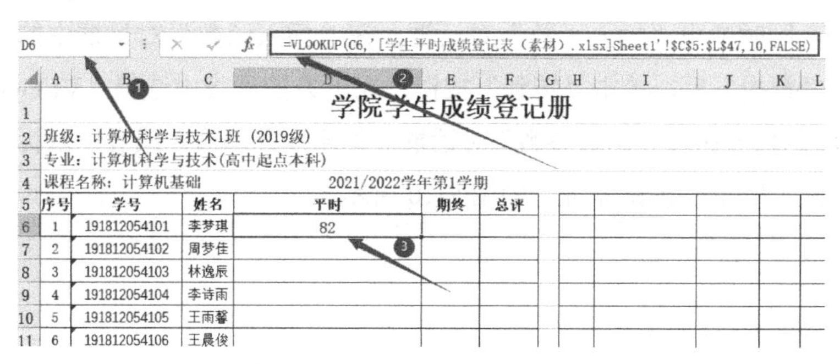

图 8-7　Vlookup 函数的结果

在图 8-7 中可以看到，该名学生的平时平均成绩为 82，可以查询到与学生平时成绩登记表中该学生的平时平均成绩 82 是一致的。如果有小数，则可设置单元格格式，减少小数位得到 82。

步骤 3：单击 D6 单元格，在鼠标指针变成细十字形时双击，使用“自动填充”功能，自动填充该列其余学生的成绩，结果如图 8-8 所示。

	A	B	C	D	E	F
1	学院学生成绩登记册					
2	班级：计算机科学与技术1班（2019级）					
3	专业：计算机科学与技术(高中起点本科)					
4	课程名称：计算机基础			2021/2022学年第1学期		
5	序号	学号	姓名	平时	期终	总评
6	1	191812054101	李梦琪	82		
7	2	191812054102	周梦佳	80		
8	3	191812054103	林逸辰	95		
9	4	191812054104	李诗雨	82		
10	5	191812054105	王雨馨	95		
11	6	191812054106	王晨俊	84		
12	7	191812054107	梁佳妮	92		
13	8	191812054108	王迪	86		
14	9	191812054109	张庆	82		
15	10	191812054110	黄峰	92		
16	11	191812054111	孙可	82		
17	12	191812054112	张力	82		
18	13	191812054113	冯霸捷	90		
19	14	191812054114	代雅琦	78		
20	15	191812054115	王科	95		
21	16	191812054116	李林	77		

图 8-8 所有学生的平时成绩填充结果

输入带有函数的公式，还可以采用函数调用法，单击编辑栏上的 f_x 按钮，这时编辑栏中会出现“=”，同时弹出“插入函数”对话框，在“插入函数”对话框中的“搜索函数”文本框中输入“查找”后，单击“转到”按钮，在下方的列表中选择“VLOOKUP”函数，如图 8-9 所示，这时会弹出“函数参数”对话框，在各参数中输入或者用鼠标指针选择相应区域，最后单击“确定”按钮即可，如图 8-10 所示。

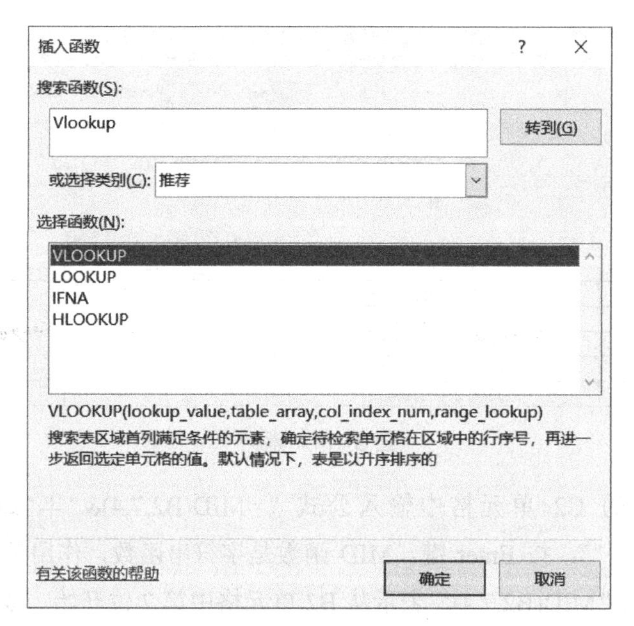

图 8-9　VLOOKUP 函数

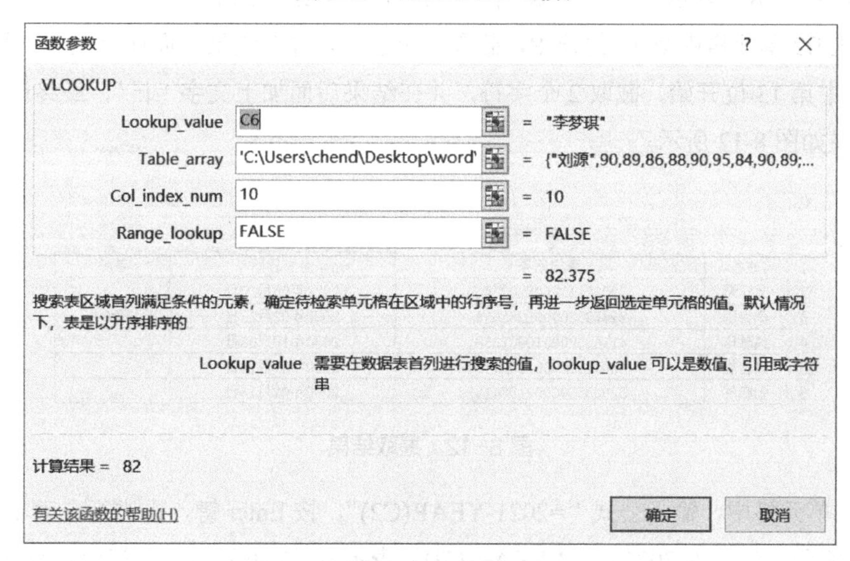

图 8-10　在各参数中选择相应区域

3. 从身份证号码中提取出生年月和年龄

在身份证号码 320521197405202345 中，第 7 位到 14 位表示出生年月，1974 年 5 月 20 日出生，到 2021 年 5 月 20 日，正好 47 岁。注意在 Excel 中录入身份证号码时，要在前面加上英文符号“'”，否则输入的数据会被显示成数字，如“3.20521E+17”。素材如图 8-11 所示，请在 C2 单元格中，输出出生日期。

文件 开始 插入 页面布局 公式 数据 审阅 视图 开发工具 ACROBAT 告诉我您想要

C2

	A	B	C	D
1	姓名	身份证号	出生日期	年龄
2	吴江燕	320521197405202345		
3	李诗雨	320723200002285614		
4	代雅琦	411525200010087233		
5	梁佳妮	320923200001192118		
6	张晓芝	320586200002188413		

图 8-11 素材

在图 8-11 中的 C2 单元格中输入公式“=MID(B2,7,4)&"年"&MID(B2,11,2)&"月"&MID(B2,13,2)&"日"”，按 Enter 键。MID 函数是字符串函数，作用是从一个字符串中截取指定数量的字符。“MID(B2,7,4)”表示从 B2 单元格中第 7 位开始，截取出 4 个字符，也就是出生日期。“&”表示连字符，“&"年"”表示在前面结果的后面加上文字“年”。依此类推，后面从 B2 单元格中第 11 位开始，截取 2 个字符，并在结果后面加上文字“月”。再从 B2 单元格中第 13 位开始，截取 2 个字符，并在结果后面加上文字“日”，最终进行自动填充后的结果如图 8-12 所示。

C2 =MID(B2,7,4)&"年"&MID(B2,11,2)&"月"&MID(B2,13,2)&"日"

	A	B	C	D
1	姓名	身份证号	出生日期	年龄
2	吴江燕	320521197405202345	1974年05月20日	
3	李诗雨	320723200002285614	2000年02月28日	
4	代雅琦	411525200010087233	2000年10月08日	
5	梁佳妮	320923200001192118	2000年01月19日	
6	张晓芝	320586200002188413	2000年02月18日	

图 8-12 提取结果

在 D2 单元格中，输入公式“=2021-YEAR(C2)”，按 Enter 键，再进行自动填充，结果如图 8-13 所示。当前为 2021 年，“YEAR(C2)”表示取 C2 单元格中的年份，也就是 1974，再用 2021 减去 1974 得到 47，即 47 岁。

D2 =2021-YEAR(C2)

	A	B	C	D
1	姓名	身份证号	出生日期	年龄
2	吴江燕	320521197405202345	1974年05月20日	47
3	李诗雨	320723200002285614	2000年02月28日	21
4	代雅琦	411525200010087233	2000年10月08日	21
5	梁佳妮	320923200001192118	2000年01月19日	21
6	张晓芝	320586200002188413	2000年02月18日	21
7				

图 8-13 输入年龄计算公式结果

4. Excel VBA 推荐

关于 Excel VBA 的内容，有很多教材书籍和网站，在这里就不赘述了。

经常使用 Excel 的人士可以熟练掌握 Excel 的公式，但 Excel VBA 遵循着不一样的思维方式，更接近于 Excel 自身的运行规律，而不是数据层面。

在 Excel 中按 Alt+F11 组合键，可以调出集成开发环境。在工程管理窗口中会列出所有打开的工作簿，每一个工作簿对应一个 VBAProject。每个 VBAProject 下除了列出所有工作表独有的代码，还有一个 ThisWorkbook 项目文件，代表这个工作簿范围内的代码。除此之外，VBAProject 还可能有窗体、用户自己开发的类模块等。

VBScript 适合快速书写类似批处理的脚本，其语法与 Visual Basic 一致。Windows 依然内置了 VBScript 解释器，以及能够直接解释文本代码的 Windows 脚本宿主。微软的 Office 系列产品同样提供了 VBScript 解释器，并提供了使用语言操控 Office 本身的功能。

VBScript 和 Excel VBA 的系统性非常强，要学习 VBScript 和 Excel VBA，一本系统性强并具有丰富案例的书籍是必不可少的，还要有 MSDN，作为查询手册来用。

5. 人民币数字自动大写

在财务报表或者报销时，计算的结果通常是数字，如 450.23 元，后面还要填上大写的人民币数字。

在 B2 单元格中输入公式“=SUBSTITUTE(SUBSTITUTE(TEXT(INT(A2),"[DBNum2][$-804]G/通用格式元"&IF(INT(A2)=A2,"整",""))&TEXT(MID(A2,FIND(".",A2&".0")+1,1),"[DBNum2][$-804]G/通用格式角")&TEXT(MID(A2,FIND(".",A2&".0")+2,1),"[DBNum2][$-804]G/通用格式分"),"零角","零"),"零分","")”，按 Enter 键，再进行自动填充，人民币大写金额如图 8-14 所示。

B2 =SUBSTITUTE(SUBSTITUTE(TE

	A	B
1	小写金额	大写金额
2	15	壹拾伍元整
3	18955	壹万捌仟玖佰伍拾伍元整
4	450.23	肆佰伍拾元贰角叁分
5	19876.5432	壹万玖仟捌佰柒拾陆元伍角肆分
6		

图 8-14　人民币大写金额（1）

如果感觉公式太长，且只需要精确到“元”，没有“角”“分”的小数，可以使用公式“=TEXT(ROUNDDOWN(A2,0),"[dbnum2]")&"元整"”，如图 8-15 所示。

C2 =TEXT(ROUNDDOWN(A2,0),"[dbnum2]")&"元整"

	A	B	C
1	小写金额	大写金额（分）	大写金额(元）
2	15	壹拾伍元整	壹拾伍元整
3	18955	壹万捌仟玖佰伍拾伍元整	壹万捌仟玖佰伍拾伍元整
4	450.23	肆佰伍拾元贰角叁分	肆佰伍拾元整
5	19876.5432	壹万玖仟捌佰柒拾陆元伍角肆分	壹万玖仟捌佰柒拾陆元整

图 8-15　人民币大写金额（2）

九、基础知识单项选择题

1．________不是操作系统的功能。

A．程序词法分析　B．存储管理　C．设备管理　D．进程管理

2．________都属于应用软件。

A．图像处理软件、数据库管理系统、编译程序

B．图像处理软件、财务管理软件、编译程序

C．图像处理软件、财务管理软件、办公自动化软件

D．杀毒软件、数据库管理系统、网络通信软件

3．________是一种图像处理软件。

A．Flash　B．Photoshop　C．3DMax　D．Media Player

4．________用来存放计算机中正在执行的用户程序和数据，可以随机读写。

A．CPU　B．RAM　C．ROM　D．硬盘

5．________决定了 PC 的档次

A．显示器　B．CPU 的类型　C．存储器容量　D．操作系统

6．_____是目前最流行的一种鼠标器，它的精度高，不需要专用衬垫，在一般平面上皆可操作。

A．机械式鼠标　B．光电式鼠标　C．电容式鼠标　D．混合式鼠标

7．1GB 的准确含义是________。

A．1000K 字节　B．1000M 字节　C．1024K 字节　D．1024M 字节

8．1KB 的存储容量最多可以存储________个字符。

A．500　B．512　C．1000　D．1024

9．3 个比特的编码可以表示________种不同的状态。

A．3　B．12　C．9　D．8

10．4 个比特的编码可以表示________种不同的状态。

A．12　B．16　C．8　D．4

11．6 个比特的编码可以表示________种不同的状态。

A．64　B．16　C．6　D．32

12．Access 数据库文件的扩展名是________。

A．DBF　B．ACCDB　C．INX　D．TAB

13．Access 表中的“主键”________。

A．能唯一确定表中的一个元组　B．必须是数值型

C. 必须要定义　　D. 只能是一个字段名

14. Access 是________型数据库管理系统。

A. 关系　　B. 层次　　C. 网状　　D. 面向对象

15. Access 是一种________。

A. 文字处理软件　　B. 图像处理软件

C. 数据库管理系统　　D. 操作系统

16. Access 数据库查询不可直接对______进行。

A. 单个 Access 表　　B. 多个 Access 表

C. 多个 Access 表及其查询　　D. 多个 Access 表以及 Excel 工作表

17. Access 数据库可通过________导入数据，生成新表。

A. 电子邮件　　B. 图像文件　　C. Word 文件　　D. Excel 数据文件

18. Access 提供的数据库应用开发功能对象中，不包括________。

A. 查询对象　　B. 统计图对象　　C. 报表对象　　D. 表对象

19. 在 Access 中，自动编号型字段的长度最长为________字节。

A. 1　　B. 2　　C. 3　　D. 4

20. 在 Access 中，________不是其提供的对象。

A. 表　　B. 图　　C. 查询　　D. 窗体

21. 在 Access 中，货币型字段的长度大小为________字节。

A. 2　　B. 4　　C. 8　　D. 16

22. 在 Access 中，日期型字段占________字节。

A. 4　　B. 6　　C. 8　　D. 10

23. 在 Access 中，同时打开数据库文件的数量最多是________。

A. 1　　B. 2　　C. 3　　D. 4

24. 在 Access 中，文本型字段的长度最长为________个字符。

A. 128　　B. 255　　C. 512　　D. 1024

25. 在 Access 中，表的基本单位是________。

A. 字段　　B. 字符　　C. 数字　　D. 表

26. 在 Access 中，“宏”是一种________。

A. 数据安全机制　　B. 实现某种操作的特殊代码

C. 数据视图　　D. 报表生成工具

27. B/S 结构指的是________。

A. 计算/服务结构　　B. 客户/服务器结构

C. 浏览器/服务器结构　　D. 窗口/资源结构

28．C/S 结构指的是________。

A．计算/服务结构　　B．客户/服务器结构

C．消费/资源结构　　D．浏览器/服务器结构

29．Cache 是指________。

A．移动硬盘

B．光存储器

C．高速存储器

D．介于 CPU 与内存之间的一种高速存取数据的存储器

30．CD-ROM 光盘的特性是________。

A．只能读取，不能写入

B．只能写入一次，但可以反复多次读取

C．只能写入，不能读取

D．既能多次读取，又能多次写入

31．CIMS 是计算机的一种应用，它是指________。

A．计算机设计制造系统　　B．计算机辅助设计系统

C．计算机辅助制造系统　　D．计算机集成制造系统

32．CPU 从存储器中取出执行的指令和所处理的数据其表示形式是________。

A．十进制　　B．二进制　　C．十六进制　　D．八进制

33．CPU 的含义是指________。

A．中央处理器　　B．控制器　　C．运算器　　D．云计算

34．CPU 最重要的性能指标是________。

A．字长　　B．存储容量　　C．主频　　D．兼容性

35．DVD 采用的视频编码标准是________。

A．MPEG-1　　B．MPEG-2　　C．MPEG-4　　D．MPEG-7

36．E-R 模型是反映数据库应用系统的________。

A．概念模型　　B．物理模型　　C．逻辑模型　　D．抽象模型

37．Flash 生成的动画文件扩展名默认为________。

A．.GIF　　B．.SWF　　C．.JPG　　D．.FLC

38．Flash 是一种______软件

A．多媒体创作　　B．网页制作

C．动画制作　　D．矢量绘图

39．FTP 是________。

A．邮件服务协议　　B．文件传输协议

C．网络互连协议　　D．文件共享协议

40．GKB 汉字在计算机内部使用双字节表示，下列说法中，_________是正确的。

A．2 个字节的最高位必须为“1”

B．第 1 个字节的最高位为“1”，第 2 个字节的最高位为“0”

C．第 1 个字节的最高位为“1”，第 2 个字节的最高位任意

D．第 1 个字节的最高位为“0”，第 2 个字节的最高位为“1”

41．Huffman 编码是________。

A．混合编码　　B．无损压缩编码

C．参数编码　　D．有损压缩编码

42．IEEE 802 是_________。

A．一种软件的名称

B．一种网络的名称

C．IEEE 为制定局域网标准而成立的一个委员会

D．IEEE 为制定 Internet 标准而成立的一个委员会

43．Internet 采用的通信协议是_________协议。

A．SMTP　　B．TCP/IP　　C．OSI　　D．IPX/SPX

44．IPv4 地址占用________字节

A．5　　B．4　　C．2　　D．3

45．IP 地址占用_________字节。

A．2　　B．3　　C．4　　D．5

46．JPEG 标准是指_________。

A．静止图像压缩标准　　B．运动图像压缩标准

C．动画制作标准　　D．声音文件格式标准

47．MAC 地址就是_________。

A．网卡物理地址　　B．网卡虚拟地址

C．网卡逻辑地址　　D．网络的 IP 地址

48．MODEM 的作用是使计算机数据能在_________上传输。

A．数字信道　　B．模拟信道　　C．有线信道　　D．无线信道

49．MPEG 卡又称_________。

A．视频采集卡　　B．TV 卡　　C．电影卡　　D．视频卡

50．OSI/RM 协议将网络分为_________层。

A．4　　B．5　　C．6 D．7

51．PC 配有多种类型的 I/O 接口，下面关于串行接口 I/O 的描述中，正确的是____。

A．串行接口连接的一定是慢速设备

B．串行接口一次只传输 1 个二进制数据

C．一个串行接口只能连接一个外设

D．PC 机通常只有一种串行接口

52．PC 使用的 4 种存储器中，存取速度最快的是________。

A．Cache　　B．DRAM　　C．硬盘　　D．光盘

53．PC 中常用的 I/O 接口可分为________。

A．并行口和串行口　　B．输入口与输出口

C．数据口与地址口　　D．视频口与音频口

54．PC 中的 SATA 接口主要用于________。

A．打印机与主机的连接　　B．显示器与主机的连接

C．图形卡与主机的连接　　D．硬盘与主机的连接

55．PC 键盘上的 Shift 键称为________。

A．回车换行键　　B．退格键　　C．换档键　　D．空格键

56．Photoshop 是________。

A．一种图像格式　　B．一种图像处理软件

C．一种动画制作软件　　D．一种图像压缩标准

57．Photoshop 是一种________软件。

A．多媒体创作　　B．网页制作　　C．图像编辑　　D．矢量绘图

58．RAM 的含义是________。

A．内存　　B．随机存取存储器

C．存储器　　D．只读存储器

59．SCSI 接口是________之间的接口。

A．外设与外设　　B．CPU 与存储器

C．主机与外设　　D．存储器与外设

60．TCP/IP 上的每台主机都需要一个子网屏蔽号，也称________。

A．掩码　　B．伪码　　C．隐码　　D．补码

61．TCP/IP 协议包括________、互联层、传输层和应用层。

A．物理层　　B．网络接口层　　C．会话层　　D．表示层

62．TCP/IP 协议包括网络接口层、________、传输层和应用层。

A．物理层　　B．互联层　　C．表示层　　D．会话层

63．TCP/IP 协议包括网络接口层、互联层、________和应用层。

A．数据链路层　　B．表示层　　C．传输层　　D．会话层

64．TCP/IP 协议包括网络接口层、互联层、传输层和________。

A．物理层　　B．表示层　　C．会话层　　D．应用层

65．TCP/IP 协议将网络分为________层。

A．4　　B．5　　C．6　　D．7

66．TCP/IP 协议中的 IP 相当于 OSI 中的________。

A．应用层　　B．网络层　　C．物理层　　D．传输层

67．UML 的含义是________。

A．机器语言　　B．汇编语言　　C．高级语言　　D．统一建模语言

68．U 盘采用________技术。

A．RAM　　B．ROM　　C．磁存储　　D．闪存

69．VCD 采用的视频编码标准是________。

A．MPEG-1　　B．MPEG-2　　C．MPEG-4　　D．MPEG-7

70．Visual Basic 中的循环语句包括________。

A．Do While 语句和 For 语句

B．For 语句和 Loop 语句

C．For 语句和 Repeat 语句

D．While 语句、For 语句和 Repeat 语句

71．Visual Basic 中实现分支结构的语句有________。

A．For 语句和 Loop 语句

B．Do While 语句和 For 语句

C．If 语句和 Select Case 语句

D．While 语句、For 语句和 Repeat 语句

72．在 Windows 操作系统中，文件组织采用________目录结构。

A．分区　　B．关系型　　C．树型　　D．网状

73．安装防火墙的主要目的是________。

A．提高网络的运行效率　　B．防止计算机数据丢失

C．对网络信息进行加密　　D．保护内网不被非法入侵

74．笔记本计算机中，用来替代鼠标器最常用设备是________。

A．扫描仪　　B．笔输入　　C．触摸板　　D．触摸屏

75．采用 GB2312 标准，1KB 的内存储容量最多可以存储________个字符。

A．512　　B．500　　C．1000　　D．1024

76．彩色图像的颜色由________三种基色组成。

A．红、黑、白　　B．红、黄、蓝　　C．红、绿、蓝　　D．红、绿、白

77．彩色显示器每一个像素的颜色由三基色红、_______和蓝合成得到，通过对三基色亮度的控制能显示出各种不同的颜色

A．黑　　B．黄　　C．绿　　D．白

78．操作系统的主要目的是________。

A．管理系统资源，提高资源利用率，方便用户使用

B．保证计算机程序正确执行

C．提供操作命令

D．操作简单

79．操作系统的作用是________。

A．实现软、硬件功能的转换　　B．管理系统资源，控制程序的执行

C．便于进行数据处理　　D．把源程序翻译成目标程序

80．操作系统将一部分硬盘空间模拟为内存，为用户提供一个容量比实际内存大得多的内存空间，这种技术称为________技术。

A．扩充内存　　B．虚拟内存　　C．并发控制　　D．存储共享

81．操作系统是一种________软件。

A．操作　　B．应用　　C．编辑　　D．系统

82．操作系统中，大多数文件的扩展名________。

A．表示文件类型　　B．表示文件属性

C．表示文件重要性　　D．可以随便命名

83．操作系统主要有五种功能：________、存储管理、文件管理、设备管理和作业管理。

A．进程管理　　B．数据管理　　C．目录管理　　D．资源管理

84．IP 地址占 4 字节，共有 5 类 A(0～126)、B(128～191)、C(192～223)D、E。例如，IP 地址 130.24.35.2 属______类。

A．A 类　　B．B 类　　C．C 类　　D．D 类

85．IP 地址占 4 字节，共有 5 类 A(0～126)、B(128～191)、C(192～223)D、E。例如，IP 地址 202.129.10.10 属______类。

A．A 类　　B．B 类　　C．C 类　　D．D 类

86．常用的算法描述方式有：流程图、________、高级语言。

A．汇编语言　　B．伪代码　　C．宏指令　　D．关系模型

87．常用的算法描述方式不包括________。

A．汇编语言　　B．流程图　　C．伪代码　　D．高级语言

88．常用的图像输入设备是________。

A．键盘与和绘图仪　　B．数码相机和手写笔

C．扫描仪和绘图仪　　D．扫描仪和数码相机

89．厂商标记容量为 1TB 的硬盘，其真正容量为________。

A．1024GB　　B．1024MB　　C．1000MB　　D．1000GB

90．程序设计语言分为机器语言、__________、高级语言 3 大类。

A．数据库语言　　B．汇编语言　　C．脚本语言　　D．超文本语言

91．存储器用来储存以______形式表示的程序和数据。分为________和外存两大类，CPU 能够直接访问的是内存，外存需要经过内存间接地被 CPU 访问。

A．二进制，内存　　B．十进制，内存

C．二进制，辅助存储器　　D．八进制，硬盘

92．打印机可分为针式打印机、激光打印机和喷墨打印机，其中激光打印机的特点是________。

A．高精度、高速度　　B．可方便地打印票据

C．可低成本地打印彩色页面　　D．价格最便宜

93．打印机与主机的接口除了使用并行接口，目前常使用__________接口。

A．IEEE-488　　B．IDE　　C．RS232　　D．USB

94．当前计算机硬盘容量的计量单位是 GB，它相当于____________字节。

A．10 的 9 次方　　B．2 的 20 次方

C．2 的 30 次方　　D．10 的 6 次方

95．当前使用的个人计算机中，在 CPU 内部，比特的两种状态是采用___________表示。

A．电容的大或小　　B．电平的高或低

C．电流的有或无　　D．灯泡的亮或暗

96．当前使用的微机，其主要元器件是__________。

A．电子管　　B．晶体管

C．小规模集成电路　　D．大规模、超大规模集成电路

97．电话拨号上网的调制解调器的作用是_________。

A．防止外部病毒进入计算机

B．把计算机信号转换为二进制信号

C．实现计算机信号和音频信号的相互转换

D．实现计算机信号和视频信号的相互转换

98．电子邮件的英文名称是__________。

A．WWW　　B．Web　　C．E-mail　　D．FTP

99．电子邮件在 Internet 上传输一般通过__________协议实现。

A．POP3 和 SMTP　　B．FTP 和 SMTP

C．POP3 和 FTP　　D．OSI 和 FTP

100．调制解调器的作用是_________。

A．防止外部病毒进入计算机

B．实现计算机信号和视频信号的相互转换

C．实现计算机信号和模拟信号的相互转换

D．把计算机信号转换为二进制信号

101．多媒体计算机中所处理的视频信息是指________。

A．运动图像　　B．照片　　C．图形　　D．声音

102．多媒体技术的主要特征是信息载体的________。

A．多样性、集成性和鲁棒性　　B．多样性、集成性和交互性

C．多样性、交互性和鲁棒性　　D．交互性、集成性和鲁棒性

103．二进制数（01111110）$_2$转换为十进制数是________。

A．125　　B．126　　C．127　　D．128

104．二进制数（11111110）$_2$转换为十进制数是________。

A．253　　B．254　　C．255　　D．256

105．发现计算机病毒后，比较彻底的清除方式是________。

A．用查毒软件处理　　B．删除磁盘文件

C．用杀毒软件处理　　D．格式化磁盘

106．防火墙是一种位于内部网络与外部网络之间的网络安全系统，安装防火墙的主要目的是保护内网免受________。

A．非法入侵　　B．远程登录　　C．病毒侵入　　D．访问

107．冯·诺依曼计算机是按照_______的原理进行工作的。

A．操作系统控制　　B．电子线路控制

C．集成电路控制　　D．存储程序控制

108．高级语言编写的程序必须转换成________程序才能直接执行。

A．C 语言　　B．Java 语言　　C．汇编语言　　D．机器语言

109．高级语言的程序控制结构包括顺序结构、分支结构和________。

A．循环结构　　B．输入输出　　C．数据处理　　D．选择结构

110．高级语言的基本程序控制结构是指________。

A．顺序结构、分支结构和循环结构　　B．数据输入、数据处理和数据输出

C．输入结构、输出结构　　D．数据类型、表达式、语句

111．根据地理覆盖范围，计算机网络可分为________。

A．专用网和公用网　　B．局域网、城域网和广域网

C．Internet 和 Intranet　　D．校园网和企业网

112．关系模型用________描述客观事物及其联系。

A．树　　B．图表　　C．二维表　　D．视图

113．关系数据库中的“主键”________。

A．能唯一确定表中的一个元组　　B．必须要定义

C．必须是数值型　　　　　　　　D．只能是一个字段名

114．关于 Access 数据库系统，下列说法中________是不正确的。

A．每个表都必须指定主键

B．可以将 Excel 中的数据导入 Access 数据库中

C．建立好的表结构可以进行修改

D．可以打开一个数据库文件

115．关于 Access 数据库系统，下列说法中________是正确的。

A．每个表都必须指定主键

B．可以将 Excel 中的数据导入 Access 数据库中

C．建立好的表结构不可以进行修改

D．可以同时打开多个数据库文件

116. 关于基本输入输出系统（BIOS）及 CMOS 存储器，下列说法中，错误的是________。

A．BIOS 存放在 ROM 中，是非易失性的，断电后信息也不会丢失

B．CMOS 中存放着基本输入/输出设备的驱动程序

C．BIOS 是 PC 软件最基础的部分，包含加载操作系统和 CMOS 设置等功能

D．CMOS 存储器是易失性存储器

117．光驱倍速越大，表示________。

A．数据传输越快　　　　　　　　B．纠错能力越强

C．光盘的容量越大　　　　　　　D．播放 VCD 效果越好

118．规定计算机进行基本操作的命令称为 ________。

A．软件　　　B．指令　　　C．指令系统　　　D．程序

119．国家标准信息交换用汉字编码基本字符集 GB2312（80）中给出的二维代码表，共有________。

A．94 行×94 列　　B．49 行×49 列　　C．49 行×94 列　　D．94 行×49 列

120．汉字字库是用于________。

A．汉字的传输　　　　　　　　　B．汉字的显示与打印

C．汉字的存取　　　　　　　　　D．汉字的输入

121．衡量 CPU 一次性处理二进制位数的性能指标是________。

A．字长　　　B．存储容量　　　C．兼容性　　　D．频率

122．在 TCP/IP 协议中，IPv4 定义了________种 IP 地址类型。

A．3　　　B．5　　　C．6　　　D．4

123．互联网定义了________种 IP 地址类型。

A．3　　　B．4　　　C．5　　　D．6

124．获取数字视频最主要的设备是________。

A．绘图仪　　B．光笔　　C．扫描仪　　D．数码摄像机

125．机器人是计算机在________方面取得的重要成果。

A．人工智能　　B．物联网　　C．自动控制　　D．数据通信

126．集成电路是现代信息产业的基础。目前 PC 中 CPU 芯片采用的集成电路属于________。

A．小规模集成电路　　B．中规模集成电路

C．大规模集成电路　　D．超级大规模集成电路

127．集成在 PC 系统板上，存储计算机系统配置参数的芯片是________。

A．CMOS　　B．BIOS　　C．RAM　　D．ROM

128．集光、机、电技术于一体的存储器是 ________。

A．硬盘　　B．内存　　C．U 盘　　D．光盘

129．集线器的工作机理是________。

A．将接收的帧以直通的方式发送给目的端口

B．将接收的帧以碎片丢弃的方式发送给目的端口

C．将接收的帧以存储转发的方式发送给其余端口

D．将接收的帧以广播的方式发送给其余端口

130．集线器工作在 OSI 的________。

A．物理层　　B．数据链路层　　C．网络层　　D．传输层

131．计算机病毒对计算机造成的危害主要是通过________。

A．破坏计算机的总线　　B．破坏计算机软件或硬件

C．破坏计算机的 CPU　　D．破坏计算机的存储器

132．计算机病毒具有破坏作用，它能直接破坏的对象通常不包括________。

A．程序　　B．数据　　C．操作系统　　D．键盘和鼠标

133．计算机病毒是指编制或在计算机程序中插入的破坏计算机功能或数据，影响计算机使用并且能够自我复制的一组计算机指令或________。

A．硬件　　B．软件　　C．程序代码　　D．病毒

134．计算机的工作是通过 CPU 一条一条地执行________来完成的。

A．机器指令　　B．程序语句　　C．汇编语句　　D．用户命令

135．计算机动画按运动控制方式分为________。

A．关键帧动画和算法动画

B．算法动画和基于物理的动画

C．关键帧动画和基于物理的动画

D．关键帧动画、算法动画和基于物理的动画

136．计算机辅助设计是计算机应用的一个重要方面，它的英文缩写是________。

A．CAB　　B．CAI　　C．CAM　　D．CAD

137．计算机宏病毒的特点是________。

A．改写系统 BIOS　　B．破坏计算机硬盘

C．以邮件形式发送　　D．寄生在文档或模板宏中

138．计算机在利用电话线上网时，需要使用数字信号来调制载波信号的参数才能远距离传输信息。这一过程中使用的设备是________。

A．调制解调器　　B．多路复用器　　C．编码解码器　　D．交换器

139．计算机内存储器容量的计量单位之一是 GB，它相当于_______字节。

A．2 的 10 次方　　B．2 的 20 次方

C．2 的 30 次方　　D．2 的 40 次方

140．计算机能直接执行的是________程序。

A．机器语言　　B．汇编语言　　C．高级语言　　D．智能语言

141．计算机算法是指________。

A．计算机程序　　B．计算机求解问题的方法和步骤

C．计算机软件　　D．计算的方法

142．计算机网络通信中传输的是_______。

A．数字或模拟信号　　B．模拟信号　　C．数字信号　　D．数字脉冲信号

143．计算机信息安全是指________。

A．计算机中存储的信息正确

B．计算机中的信息不被泄露、篡改和破坏

C．计算机中的信息需经过加密处理

D．计算机中的信息没有病毒

144．计算机硬件由________、存储器、输入/输出设备、总线等部分组成。

A．CPU　　B．主机　　C．控制器　　D．显示器

145．计算机硬件由 CPU、________、输入/输出设备、总线等部分组成。

A．存储器　　B．主机　　C．控制器　　D．显示器

146．计算机硬件由 CPU、存储器、________、总线等部分组成。

A．输入/输出设备　　B．主机　　C．控制器　　D．显示器

147．计算机与人下棋属于计算机在________方面的应用。

A．数值计算　　B．自动控制　　C．管理和决策　　D．人工智能

148．计算机源程序是________。

A．计算机指令　　B．计算机指令的集合

C．用机器语言编写的程序　　D．用高级语言或汇编语言编写的程序

149．计算机在运行时突然断电，则存储在磁盘上的数据________。

A．完全丢失　　B．遭到破坏　　C．部分丢失　　D．仍然完好

150．计算机中的存储器分为主存储器和________。

A．U 盘　　B．外存储器　　C．光盘　　D．缓冲存储器

151．计算机中的内存包括________。

A．CPU、RAM 和 ROM　　B．RAM 和 ROM

C．Cache 和磁盘　　D．RAM 和寄存器

152．计算机中的数据________。

A．都是能够比较大小的数值　　B．包括数字、文字、图像、声音

C．都是用英文表示的　　D．都是用 ASCII 码表示的

153．在计算机中访问速度最快的存储器是________。

A．RAM　　B．ROM　　C．Cache　　D．硬盘

154．计算机组网的目的是________。

A．数据通信　　B．数据通信和数据处理

C．数据处理　　D．数据通信和资源共享

155．计算机最早的应用是________。

A．科学计算　　B．导弹飞行控制

C．军事通信　　D．自动控制

156．简单文本也叫纯文本，在 Windows 操作系统中其文件后缀名为________。

A．.txt　　B．.doc　　C．.rtf　　D．.html

157．建立计算机网络的主要目标是________。

A．数据通信和资源共享　　B．提供 E-mail 服务

C．增强计算机的处理能力　　D．提高计算机运算速度

158．将十进制数 116 转换为二进制数是________。

A．1110111　　B．1110011　　C．1110100　　D．1101010

159．将十进制数 118 转换为二进制数是________。

A．1110110　　B．1111011　　C．1110101　　D．1101010

160．将网络划分为广域网（WAN）、城域网（MAN）和局域网（LAN）的主要依据是________。

A．接入计算机所使用的操作系统　　B．接入的计算机类型

C．网络拓扑结构　　D．网络覆盖的地域范围

161．将微机通过专线连入互联网，在微机硬件配置方面，需要有________。

A．网卡　　B．调制解调器　　C．HUB　　D．路由器

162．将异构的计算机网络进行互联通常使用的网络互联设备是______。

A．网桥　　B．集线器　　C．路由器　　D．中继器

163．交换机工作在 OSI 的________。

A．物理层　　B．数据链路层　　C．网络层　　D．传输层

164．交换机是一种________设备。

A．数据转换　　B．存储　　C．存储转发　　D．信息广播

165．局域网网络硬件主要包括服务器、客户机、________、网卡和传输介质。

A．网络协议　　B．搜索引擎　　C．拓扑结构　　D．交换机

166．利用集线器组建的局域网的拓扑结构是________结构。

A．网状　　B．环型　　C．树型　　D．总线

167．路由器又称为________。

A．网卡　　B．网关　　C．网桥　　D．集线器

168．某显示器的分辨率是 1440×900，其含义是________。

A．横向字符数×纵向字符数　　B．纵向字符数×横向字符数

C．纵向点数×横向点数　　D．横向点数×纵向点数

169．目前，个人计算机使用的电子元器件主要是______。

A．晶体管　　B．中小规模集成电路

C．大规模、超大规模集成电路　　D．光电路

170．一般情况下，微机配置的必不可少的输入设备是________。

A．键盘和显示器　　B．显示器和鼠标

C．鼠标和键盘　　D．键盘和打印机

171．目前常用的 DBMS 包括________。

A．Visual Foxpro、Access、Office　　B．Access、UNIX

C．Oracle、SQL Server　　D．Visual C++、Access、DBS

172．目前大多数数据库管理系统采用________数据模型。

A．关系　　B．层次　　C．网状　　D．面向对象

173．目前计算机有很多高级语言，例如________。

A．Java、Visual Basic、Access　　B．Java、Excel、Visual C++

C．Visual Basic、Oracle、C++　　D．C、C++、Java

174．目前局域网的拓扑结构一般是________结构。

A．总线　　B．网状　　C．树型　　D．环型

175．目前使用的微机是________计算机。

A．第四代　　B．第五代　　C．智能　　D．巨型

176．目前使用的微机是基于________原理进行工作的。

A．存储程序和程序控制　　B．人工智能

C．数字控制　　D．集成电路

177．目前微机中采用的西文字符编码是________。

A．智能 ABC　　B．Huffman　　C．ASCII　　D．EBCDIC

178．目前移动存储器主要包括 ________。

A．光盘和移动硬盘　　B．U 盘、光盘和移动硬盘

C．U 盘、光盘和硬盘　　D．U 盘和光盘

179．内存中的每一个基本单元都被赋予唯一的序号，称为________。

A．编号　　B．地址　　C．单元名称　　D．编码

180．配置操作系统的主要目的是________。

A．操作简单

B．提供操作命令

C．保证计算机程序正确执行

D．管理系统资源，提高资源利用率，方便用户使用

181．喷墨打印机的优点是可以打印近似全彩色图像，耗材之一是______，它的使用要求很高，消耗也快。

A．硒鼓　　B．打印纸　　C．墨盒　　D．打印头

182．全球最大的计算机网络是________。

A．Internet　　B．VLAN　　C．ARPANET　　D．NSFNET

183．人们根据电子器件，将计算机的发展分为四代，第一代、第二代是电子管、晶体管计算机，第三代是_______计算机，第四代大规模集成电路计算机。

A．光子　　B．集成电路　　C．巨型　　D．光电路

184．日常所说的“上网访问网站”，就是访问存放在__________上的信息。

A．数据库　　B．交换机　　C．Web 服务器　　D．路由器

185．目前，在国内的数据库系统中，普遍使用______数据模型，采用二维表描述客观事物及其联系。

A．网关　　B．关系　　C．层次　　D．树状

186．软件的含义是________。

A．算法+文档　　B．程序+文档　　C．程序　　D．算法+数据结构

187．软件生命周期包括_________、总体设计、详细设计、编码、测试和维护等几个阶段。

A．需求分析　　B．确定目标　　C．孕育　　D．诞生

188．软件生命周期包括需求分析、_________、详细设计、编码、测试和维护等几个阶段。

A．方案论证　　B．确定目标　　C．功能设计　　D．总体设计

189．软件生命周期包括需求分析、总体设计、详细设计、_________、测试和维护等几个阶段。

A．成长　　B．成熟　　C．编码　　D．开发

190．软件生命周期包括需求分析、总体设计、详细设计、编码、_________和维护等几个阶段。

A．执行　　B．改错　　C．测试　　D．开发

191．软件生命周期包括需求分析、总体设计、详细设计、编码、测试和_________等几个阶段。

A．维护　　B．成长　　C．成熟　　D．衰亡

192．若“学生”表中存储了学号、姓名、成绩的字段，则“查询所有学生的姓名和成绩”的 SQL 语句是________。

A．SELECT 姓名-成绩 FROM 学生

B．SELECT * FROM 学生

C．SELECT 姓名, 成绩 FROM 学生

D．SELECT 姓名+成绩 FROM 学生

193．若“学生”表中存储了学号、姓名、成绩等字段，则“查询所有成绩为不及格学生的姓名”的 SQL 语句是_________。

A．SELECT * FROM 学生 WHERE 成绩<60

B．SELECT 姓名 FROM 学生 WHERE 成绩<60

C．IF 成绩<60 THEN SELECT 姓名 FROM 学生

D．IF 成绩<60 SELECT 姓名 FROM 学生

194．若“学生”表中存储了学号、姓名、成绩等字段，则“查询所有学生的姓名和成绩”的 SQL 语句是_________。

A．SELECT * FROM 学生

B．SELECT 姓名 成绩 FROM 学生

C．SELECT 姓名,成绩 FROM 学生

D．SELECT 姓名、成绩 FROM 学生

195．若“学生”表中存储了学号、姓名、成绩等字段，则“删除所有姓王的学生记录”的 SQL 语句是_________。

A．DELETE FROM 学生 WHERE 姓名 LIKE“王%”

B．DELETE FROM 学生 WHERE 姓名=王

C．DELETE FROM 学生 WHERE 姓名=王%

D．DELETE * FROM 学生 WHERE 姓名 LIKE“王%”

196．若“学生”表中存储了学号、姓名、性别、成绩等字段，则“删除所有男学生记录”的 SQL 语句是________。

A．DELETE FROM 学生 WHERE 性别=男

B．DELETE FROM 学生 WHERE 性别=“男”

C．DELETE * FROM 学生 WHERE 性别=“男”

D．DELETE * FROM 学生 WHERE 性别 LIKE “男%”

197．若“学生”表中存储了学号、姓名、性别、成绩等字段，则“删除所有女学生记录”的 SQL 语句是________。

A．DELETE FROM 学生 WHERE 性别=女

B．DELETE FROM 学生 WHERE 性别=“女”

C．DELETE * FROM 学生 WHERE 性别=“女”

D．DELETE * FROM 学生 WHERE 性别=“女%”

198．若“学生”中存储了学号、姓名、成绩等字段，“将所有学生的成绩加 5 分”的 SQL 语句是________。

A．UPDATE SET 学生．成绩=成绩+5

B．UPDATE 学生 SET 成绩+5

C．UPDATE SET 成绩=成绩+5

D．UPDATE 学生 SET 成绩=成绩+5

199．声音信号数字化的过程可分为________。

A．A/D 转换、编码和播放

B．采样、编码和播放

C．D/A 转换、量化和编码

D．采样、量化和编码

200．声音与视频信息在计算机系统中是数据的一种表现形式，它们是以____来表示的。

A．二进制　　B．十进制　　C．模拟　　D．调制

201．十进制数 20 用二进制数表示为________。

A．10100　　B．11100　　C．10000　　D．10101

202．实施逻辑加运算 1010V1001 后的结果是________。

A．1000　　B．0001　　C．1001　　D．1011

203．使用_____程序可以了解每个任务的运行情况。

A．控制面板　　B．office　　C．资源管理器　　D．任务管理器

204．使用 IP 协议进行通信时，必须采用统一格式的 IP 数据报传输数据。下列有关 IP 数据报的叙述中错误的是________。

A．IP 数据报的格式由 IP 协议规定

B．IP 数据报与各种物理网络数据帧格式无关

C．IP 数据报包括头部和数据区两个部分

D．IP 数据报的大小固定为 53 字节

205．世界上公认的第一台电子计算机名为________。

A．ENIAC　　B．EDVAC　　C．NAEIC　　D．INEAC

206．世界上公认的第一台电子数字计算机诞生在________。

A．德国　　B．美国　　C．日本　　D．英国

207．世界上公认的第一台电子数字计算机是________年诞生的。

A．1945　　B．1946　　C．1947　　D．1959

208．术语“DBA”指的是________。

A．数据库　　B．数据库系统

C．数据库管理系统　　D．数据库管理员

209．术语“DBMS”指的是________。

A．数据库　　B．数据库系统

C．数据库管理系统　　D．操作系统

210．术语“MIS”指的是________。

A．计算机辅助制造系统　　B．计算机集成系统

C．管理信息系统　　D．决策支持系统

211．术语“SQL”指的是________。

A．一种数据库结构　　B．一种数据库系统

C．一种数据模型　　D．结构化查询语言

212．术语“DSL”是________。

A．一种视频传输技术

B．无线网接入技术

C．数字传输线

D．数字用户线技术的简称，它是利用数字技术来扩大现有电话线传输频带宽度的技术

213．术语“HTML”的含义是________。

A．超文本标识语言　　B．WWW 编程语言

C．网页制作语言　　D．通信协议

214．术语“LAN”指的是________。

A．局域网　　B．广域网　　C．网卡　　D．网络操作系统

215．术语“UML”指的是________。

A．一种软件开发方法　　B．统一建模语言

C．面向对象方法　　D．一种程序设计语言

216．术语“URL”指的是________。

A．域名服务器　　B．资源管理器　　C．统一资源定位器　　D．浏览器

217．数据的存储结构包括________。

A．线性结构、树型结构、图结构　　B．顺序结构和链式结构

C．存储结构和物理结构　　D．集合和数组

218．数据的逻辑结构包括________。

A．线性结构、树型结构、图结构　　B．顺序结构和链式结构

C．存储结构和物理结构　　D．索引结构和散列结构

219．数据库（DB）、数据库系统（DBS）和数据库管理系统（DBMS）三者之间的关系是________。

A．DBS 包括 DB 和 DBMS　　B．DBMS 包括 DB 和 DBS

C．DB 包括 DBS 和 DBMS　　D．DBS 就是 DB，也就是 DBMS

220．数据库常见的数据模型有网状模型、层次模型和________。

A．树模型　　B．雪片模型　　C．图模型　　D．关系模型

221．数据库管理系统（缩写为________）统一管理和控制数据库的建立、运行和维护，用户定义数据和操作数据，并保证数据安全性、完整性、多用户并发使用及数据库恢复。

A．DBMS　　B．CBIS　　C．DBM　　D．SQL

222．数据库管理系统产生于 20 世纪________年代后期。

A．60　　B．70　　C．80　　D．90

223．数据库管理系统简称________。

A．DBA　　B．DBMS　　C．MIS　　D．DBS

224．数据之间的逻辑结构包括________。

A．顺序结构和链式结构　　B．线性结构、树形结构、图结构

C．索引结构和散列结构　　D．存储结构和物理结构

225．数字图像的无损压缩是指________。

A．解压后重建的图像与原始图像完全相同

B．解压后重建的图像与原始图像有一点误差

C．图像压缩后图像不失真

D．解压后重建的图像与原始图像的误差在允许范围内

226．算法的评价指标包括正确性、可读性、________、时间复杂性、空间复杂性等。

A．输入　　B．健壮性　　C．容错性　　D．输出

227．算法是使用计算机求解问题的步骤，算法由于问题的不同而千变万化，但它们必须满足若干共同的特性，但______这一特性不必满足。

A．操作的确定性　　B．操作步骤的有穷性
C．操作的能行性　　D．必须有多个输入

228．台式 PC 中用于视频信号数字化的一种扩展卡称为________，它能将输入的模拟视频信号及伴音数字化后存储在硬盘上。

A．视频采集卡　　B．声卡　　C．图形卡　　D．多功能卡

229．通常人们说，计算机的发展经历了四代，“代”是根据计算机的______而划分的。

A．功能　　B．应用范围　　C．运算速度　　D．主要元器件

230．图像分辨率用________表示。

A．水平分辨率　　B．垂直分辨率
C．垂直分辨率×水平分辨率　　D．水平分辨率×垂直分辨率

231．图像获取的过程包括扫描、分色、取样和量化，下面叙述中错误的是______

A．图像获取的方法很多，但一台计算机只能选用一种
B．图像的扫描过程指将画面分成 m×n 个网格，形成 m×n 个取样点
C．分色是将彩色图像取样点的颜色分解成 R、G、B 三个基色
D．取样是测量每个取样点的每个分量(基色)的亮度值

232．完整地说，计算机软件是指________。

A．程序　　B．程序和数据
C．操作系统和应用软件　　D．程序、数据及其有关文档资料

233．网桥工作在 OSI 的________。

A．物理层　　B．物理层和数据链路层
C．网络层　　D．传输层

234．微机系统中 CPU 配置 Cache 的目的是解决________。

A．CPU 与内存之间的速度不匹配问题
B．CPU 与外存之间的速度不匹配问题
C．主机与外设之间的速度不匹配问题
D．内存与外存之间的速度不匹配问题

235．微机在运行时突然断电，则________中的内容将会丢失。

A．RAM　　B．ROM　　C．CD-ROM　　D．硬盘

236．微机中的扩展卡是________之间的接口。

A．系统总线与外设　　B．外设与外设
C．CPU 与存储器　　D．存储器与外设

237．微机中的系统总线可分为________。

A．输入总线和输出总线两种　　B．数据总线和控制总线两种

C．控制总线和地址总线两种　　D．数据总线、地址总线和控制总线 3 种

238．微机中负责执行系统软件及应用软件任务的微处理器是________。

A．CPU 和内存　　B．主机　　C．CPU　　D．CPU 和存储器

239．微机中使用的鼠标器通常通过_________接口与主机相连接。

A．并行　　B．串行或 USB　　C．IDE　　D．SCSI

240．为了与使用数码相机、扫描仪得到的取样图像相区别，计算机通过对景物建模然后绘制而成的通常称为___________。

A．位图图像　　B．3D 图像　　C．矢量图形　　D．点阵图像

241．为提高开机密码的安全级别，可以增加密码的字符长度，同时可以设置数字、大小写字母、特殊符号等，安全系数会更高，下列密码中最安全的是________。

A．http　　B．123456

C．SMTP123ABC　　D．HP*123*adk

242．未获得版权所有者许可就复制和散发商品软件的行为被称为软件________。

A．共享　　B．盗版　　C．发行　　D．推广

243．文件扩展名为 WMA 的数字媒体，其媒体类型属于________。

A．动画　　B．音频　　C．视频　　D．图像

244．我国政府提出的“互联网+”，指的是_________。

A．互联网+电子商务　　B．互联网+教育

C．互联网+金融　　D．互联网+各个传统行业

245．_________图像格式最适合在互联网上传播。

A．JPEG　　B．GIF　　C．TIF　　D．BMP

246．________不属于信息安全技术。

A．数据备份　　B．数字签名　　C．防火墙　　D．数据加密

247．______都是目前因特网和 PC 常用的图像文件格式。

①BMP ②GIF ③WMF ④TIF ⑤AVI ⑥3DS ⑦MP3 ⑧VOC ⑨JPG ⑩WAV

A．①②④⑨　　B．①②④⑤　　C．①②⑦　　D．①②③⑥⑧⑨

248．下列编码中，_________不属于汉字输入码。

A．点阵码　　B．区位码　　C．全拼输入码　　D．五笔字型码

249．下列编码中，_________用于汉字的存取、处理和传输。

A．国标码　　B．机内码　　C．区位码　　D．字形码

250．下列标识符中，_________不是 VB 中的数据类型名。

A．Date　　B．Dim　　C．Integer　　D．Boolean

251．下列标识符中，_________不是 VB 中的数据类型名。

A．Dim　　B．Integer　　C．Boolean　　D．String

252．下列标识符中，_________可以作为 VB 中的变量名。

A．Date　B．Integer　C．Boolean　D．Name

253．下列不同进制的 4 个数中，最小的是________。

A．二进制数 11000　B．十进制数 65　C．八进制数 77　D．十六进制数 45

254．下列传输介质中，带宽最大的是________。

A．无线　B．同轴电缆　C．光缆　D．双绞线

255．下列传输介质中，带宽最大的是_________。

A．双绞线　B．同轴电缆　C．光缆　D．无线

256．下列传输介质中，抗干扰能力最强的是______，一般用于网络干线。

A．微波　B．光纤　C．同轴电缆　D．双绞线

257．下列措施中，_________对预防计算机病毒不起作用。

A．安装防火墙　B．安装防病毒软件

C．设置计算机口令　D．对 U 盘加写保护

258．下列措施中，________对预防计算机病毒不起作用。

A．安装防病毒软件　B．不要随意执行来路不明的文件

C．设置计算机开机密码口令　D．安装防火墙

259．下列打印机中，________打印彩色图像的效果最好。

A．喷墨打印机　B．针式打印机

C．激光打印机　D．彩色激光打印机

260．下列格式文件中，_________是视频文件。

A．GIF 格式文件　B．AVI 格式文件

C．SWF 格式文件　D．MID 格式文件

261．下列各组设备中，全部属于输入设备的一组是________。

A．键盘、磁盘和打印机　B．键盘、触摸屏和鼠标

C．键盘、鼠标和显示器　D．硬盘、打印机和键盘

262．下列关于比特的叙述中错误的是________。

A．比特是组成数字信息的最小单位

B．比特的英文是 bit

C．比特只可以表示文字，不能表示图像、声音等多种不同形式的信息

D．比特需要使用具有两个状态的物理器件进行表示和存储

263．下列关于集线器的说法中，_________是不正确的。

A．集线器一般称 HUB

B．集线器工作在 OSI 的网络层

C．集线器连接的网络为共享式以太网

D．集线器的工作机理是广播

264．下列关于计算机动画制作软件的说法中，错误的是________。

A．Flash 是美国 Adobe 公司推出的一款优秀的 Web 网页动画制作软件

B．AutoCAD 是一套优秀的三维动画软件

C．制作 GIF 动画的软件很多，如 ImageReady、Fireworks、Gif Animator 等

D．3D Studio Max 是由国际著名的 Autodesk 公司制作发行的一款集造型、渲染和动画制作于一体的 3D 动画制作软件

265．下列关于计算机局域网资源共享的叙述中正确的是________。

A．通过 Windows 的网上邻居功能，相同工作组中的计算机可以相互共享软、硬件资源

B．相同工作组中的计算机可以无条件地访问彼此的所有文件

C．即使与因特网没有连接，局域网中的计算机也可以进行网上银行支付

D．无线局域网对资源共享的限制比有线局域网小得多

266．下列关于木马病毒的叙述中，错误的是________。

A．不用来收发电子邮件的计算机，不会感染木马病毒

B．“木马”运行时比较隐蔽，一般不会在任务栏上显示出来

C．“木马”运行时会占用系统的 CPU 和内存等资源

D．“木马”运行时可以截获键盘输入的口令、账号等机密信息，发送给黑客

267．下列关于算法的概念中，________的说法是不正确的。

A．算法是计算机求解问题的步骤

B．算法产生的结果不能有二义性

C．算法必须执行有限步之后结束

D．算法必须有输入

268．下列计算机的应用中，________不属于人工智能方面的应用。

A．文字处理　　B．语音识别　　C．机器翻译　　D．人脸识别

269．下列计算机中，________的运算速度比微机快，具有很强的图形处理功能和网络通信功能。

A．单片机　　B．笔记本计算机　C．个人计算机　　D．工作站

270．下列描述中，________的说法是错误的。

A．算法是程序设计的关键

B．程序执行后必须要输入数据

C．程序执行后必须要输出结果

D．程序中变量必须要定义它的数据类型

271．下列软件产品中，________不是操作系统。

A．Linux　　B．UNIX　　C．SQL Server　　D．Windows XP

272．下列软件产品中，________是操作系统。

A．Office 2007　　B．Foxmail　　C．UNIX　　D．SQL Scrver

273．下列软件中，________不是数据库管理系统。

A．Access　　B．Oracle　　C．Visual FoxPro　　D．ASP．NET

274．下列软件中，________不是数据库管理系统。

A．Excel　　B．Visual FoxPro　　C．Access　　D．SQL Server

275．下列软件中，________不是数据库管理系统。

A．Oracle　　B．FrontPage　　C．Access　　D．SQL Server

276．下列软件中，________不是系统软件。

A．操作系统　　B．编译程序

C．数据库管理系统　　D．图像处理软件

277．下列软件中，________是视频播放软件。

A．Photoshop　　B．Media Player　　C．Flash　　D．ASP.NET

278．下列软件中，________是动画制作软件。

A．Dreamweaver　　B．Fireworks　　C．Flash　　D．Photoshop

279．下列软件中，________是数据库管理系统。

A．PowerPoint　　B．Excel　　C．FrontPage　　D．ACCESS

280．下列软件中，________是数据库管理系统。

A．PowerPoint　　B．Excel　　C．FrontPage　　D．Oracle

281．下列软件中，________是数据库管理系统。

A．PowerPoint　　B．Excel　　C．FrontPage　　D．SQL Server

282．下列软件中，________是系统软件

A．Word　　B．Excel　　C．PowerPoint　　D．Oracle

283．下列软件中，________是系统软件。

A．Windows 7　　B．浏览器　　C．财务管理软件　　D．Office 2016

284．下列软件中，________是系统软件。

A．Word　　B．Excel　　C．PowerPoint　　D．Windows

285．下列软件中，________是一种 WWW 浏览器。

A．Photoshop　　B．Adobe Reader

C．FTP　　D．Internet Explorer

286．下列软件中，________是应用软件。

A．Linux　　B．Windows XP

C．UNIX　　D．Winzip

287. 下列软件中，不支持可视电话功能的是________。

A. MSN Messenger　　B. 网易的 POPO

C. 腾讯公司的 QQ　　D. Outlook Express

288. 下列设备中，________不属于网络互联设备。

A. 交换机　　B. 网桥　　C. 路由器　　D. 中继器

289. 下列设备中，________都是 I/O 设备。

A. 硬盘、触摸屏、绘图仪、投影仪

B. 扫描仪、U 盘、光笔、显示器

C. 投影仪、数码相机、触摸屏、交换机

D. 绘图仪、打印机、显示器、鼠标

290. 下列设备中，________都是输出设备。

A. 键盘、触摸屏、绘图仪　　B. 扫描仪、触摸屏、光笔

C. 投影仪、数码相机、触摸屏　　D. 绘图仪、打印机、显示器

291. 下列设备中，________不能作为计算机的图像输入设备。

A. 绘图仪　　B. 数码摄像机　　C. 数码相机　　D. 扫描仪

292. 下列术语中，________与 Web 技术无关。

A. 搜索引擎　　B. IC 卡　　C. 超媒体　　D. 浏览器

293. 下列说法中，________的说法是不正确的。

A. 使用打印机要安装打印驱动程序

B. 打印机的种类有很多，如激光打印机、喷墨打印机、针式打印机等

C. 目前针式打印机已经全部被淘汰

D. 打印机的性能指标之一是打印速度

294. 下列说法中，________的说法是正确的。

A. Media Player 软件可以播放 CD、VCD、DVD 以及音频视频文件等

B. Media Player 软件不能播放 DVD

C. 在 PC 上播放电影必须使用 Media Player 软件

D. 在 PC 上播放电影必须使用 MPEG 卡

295. 下列说法中，________的说法是不正确的。

A. 创建数据库表，包括确定字段名、字段类型和字段说明等

B. 字段是数据库表的基本存储单元

C. 不同类型的字段，其字段长度不同

D. 字段名可由任意字符组成

296. 下列说法中，比较合适的是：“信息是一种____________”。

A. 物质　　B. 能量　　C. 资源　　D. 知识

297. 下列说法中，不正确的是 ________。

A．黑客攻击网络的主要手段是制作计算机病毒

B．安装防火墙是预防病毒的措施之一

C．计算机病毒包括邮件病毒、文件型病毒、网络病毒、宏病毒等

D．计算机病毒可以固化在集成电路芯片中

298．下列说法中，不正确的是________。

A．计算机黑客是专指那些制造计算机病毒的人

B．黑客多数是利用计算机进行犯罪活动，例如窃取国家机密

C．寻找系统漏洞是黑客攻击网络的主要手段之一

D．安装防火墙是预防病毒的措施之一

299．下列 4 组软件中，________都是系统软件。

A．UNIX、Excel 和 Word　　B．Windows XP、Excel 和 Word

C．Linux、UNIX 和 Windows　　D．Office 2003、Windows 和 Linux

300．下列 4 组软件中，________都是应用软件。

A．Windows XP、Word 和 Linux　　B．Excel、Word 和 PowerPoint

C．Windows、Excel 和 Word　　D．PowerPoint、Word 和 UNIX

301．下列文件扩展名中，________不是常用的图像文件格式。

A．GIF　　B．DLL　　C．JPG　　D．BMP

302．下列文件扩展名中，________不是常用的图像文件格式。

A．BMP　　B．TIF　　C．AVI　　D．JPG

303．下列文件扩展名中，________不是常用的图像文件格式。

A．GIF　　B．MPG　　C．BMP　　D．TIF

304．下列文件扩展名中，________不是常用的图像文件格式。

A．WAV　　B．TIF　　C．JPG　　D．GIF

305．下列文件中，________不是动画文件。

A．SWF 文件　　B．GIF 文件　　C．JPG 文件　　D．FLC 文件

306．下列文件中，________是动画文件。

A．MAV 文件　　B．JPG 文件　　C．BMP 文件　　D．FLC 文件

307．下列系统中，不需要采用实时系统的是________。

A．证券交易系统　　B．电子邮件系统

C．飞机导航系统　　D．温度监控系统

308．下列协议中，________是邮件传输协议。

A．SMTP　　B．HTTP　　C．FTP　　D．ARP

309．下列选项中，________不是高级程序设计语言。

A．Visual Basic　　B．Java　　C．C++　　D．Access

310．下列选项中，________都属于即时通信模式。

A．QQ、短信、E-Mail　　B．微信、微博、短信

C．QQ、微信　　D．QQ、微信、微博

311．下列用不同进制表示的 4 个数中，数值最小的是________。

A．十六进制数 3F　　B．十进制数 60　　C．八进制数 77　　D．二进制数 111111

312．下列用不同进制表示的 4 个数中，数值最大的是________。

A．二进制数 101111　　B．十六进制数 4F

C．八进制数 057　　D．十进制数 54

313．下列用不同进制表示的数中，数值最大的是________。

A．二进制数 101111　　B．八进制数 057

C．十进制数 54　　D．十六进制数 3F

314．下列用不同进制表示的数中，数值最小的是________。

A．二进制数 111100　　B．八进制数 77

C．十进制数 68　　D．十六进制数 5F

315．下列邮件地址中，________是不正确的。

A．wang@nanjing.com.cn　　B．wang@163.com

C．123456@nanjing.com　　D．nanjing.com@wang

316．下列邮件地址中，________是正确的。

A．zhangwang.nanjing.com　　B．zhangwang@nanjing.com

C．zhangnanjing.com@wang　　D．zhangwang@nanjing@com

317．下列有关操作系统的叙述中，正确的是________。

A．有效地管理计算机系统的资源是操作系统的主要任务之一

B．操作系统只能管理计算机系统中的软件资源，不能管理硬件资源

C．操作系统运行时总是全部驻留在主存储器内

D．在计算机上开发和运行应用程序与操作系统无关

318．下列有关分组交换网中存储转发工作模式的叙述中，错误的是________。

A．采用存储转发技术能使分组交换机处理同时到达的多个数据包

B．存储转发技术能使数据包以传输线路允许的最快速度在网络中传送

C．存储转发不能解决数据传输时发生冲突的情况

D．分组交换机的每个端口每发送完一个数据包才从缓冲区中提取下一个数据包进行发送

319．下列诸多软件中，全都属于应用软件的一组是________。

A．Google、PowerPoint、Outlook　　B．UNIX、QQ、Word

C．Wps、PhotoShop、Linux　　D．BIOS、AutoCAD、Word

320．下列字符中，其 ASCII 码值最大的是________。

A．9　　B．a　　C．X　　D．空格

321．下面关于 USB 的叙述中，错误的是________。

A．USB 2.0 的数据传输速度要比 USB 1.1 快得多

B．USB 具有热插拔和即插即用功能

C．主机不能通过 USB 连接器向外围设备供电

D．从外观上看，USB 连接器要比 PC 的串行口连接器小

322．下面关于程序设计语言的说法错误的是________。

A．FORTRAN 语言是一种用于数值计算的面向过程的程序设计语言

B．Java 是面向对象的用于网络环境编程的程序设计语言

C．C 语言所编写的程序可移植性好

D．C++是 C 语言的发展，但与 C 语言不兼容

323．显示器的参数 1024×768，是指计算机显示器的________。

A．显示字符的列数、行数　　B．屏幕大小

C．颜色指标　　D．分辨率

324．现在人们可以在网上购物，这属于计算机在________领域的应用。

A．数值计算　　B．人工智能　　C．电子商务　　D．信息管理

325．信息技术是用来扩展人们信息器官功能、协助人们进行信息处理的一类技术，计算与存储技术主要用于扩展人的_____的功能。

A．感觉器官　　B．神经系统　　C．大脑　　D．效应器官

326．一个 200 万像素的数码相机，它拍摄相片的分辨率最高为________。

A．1024×768　　B．1600×1200　　C．640×480　　D．1280×1024

327．一个 80 万像素的数码相机，它拍摄相片的分辨率最高为________。

A．1024×768　　B．1600×1200　　C．640×480　　D．1280×1024

328．一个算法的执行时间效率用________衡量。

A．鲁棒性　　B．时间复杂性　　C．健壮性　　D．实际执行时间

329．一台微机最关键的物理部件是________。

A．网卡　　B．显示器　　C．硬盘　　D．主板

330．移动硬盘属于________。

A．辅助存储器　　B．只读存储器　　C．易失存储器　　D．高速缓冲存储器

331．以太网使用的介质访问控制方法是________。

A．CSMA/CD　　B．CDMA　　C．MAC　　D．直通

332．以下关于超媒体的叙述中，________是不正确的。

A．超媒体可以包含图画、声音和视频信息等

B．超媒体信息可以存储在多台微机中

C．超媒体可以用于建立应用程序的“帮助”系统

D．超媒体采用线性结构组织信息

333．以下关于超媒体的叙述中，________是正确的。

A．超媒体可以包含图画、声音和视频信息等

B．超媒体信息不可以存储在多台微机中

C．超媒体可以用于建立网页

D．超媒体采用线性结构组织信息

334．以下关于计算机指令系统的叙述中，正确的是________。

A．用于解决某一问题的一个指令序列称为指令系统

B．计算机指令系统中的每条指令都是 CPU 可执行的

C．不同类型的 CPU，其指令系统是完全一样的

D．不同类型的 CPU，其指令系统是完全不一样的

335．以下设备中，不属于输出设备的是________。

A．麦克风　　B．绘图仪　　C．音箱　　D．显示器

336．以下设备中，不属于输入设备的是________。

A．麦克风　　B．绘图仪　　C．键盘　　D．鼠标

337．以下所列全都属于系统软件的是________。

A．Windows 2000、编译系统、Linux

B．Excel、操作系统、浏览器

C．财务管理软件、编译系统、操作系统

D．Windows、FTP、Office

338．因特网已经发展为世界上最大的国际性计算机网络，建立计算机网络的主要目标是数据通信和________。

A．购物　　B．聊天　　C．网课　　D．资源共享

339．银行打印存折和票据，一般应选择________。

A．针式打印机　　B．激光打印机

C．喷墨打印机　　D．绘图仪

340．银行使用计算机和网络实现个人存款业务的通存通兑，这属于计算机在______方面的应用。

A．辅助设计　　B．科学计算

C．数据处理　　D．自动控制

341．用高级语言编写的源程序，必须经过________处理才能被计算机执行。

A．汇编　　B．编码　　C．解码　　D．编译或解释

342．用计算机进行财务管理，网络预售车票、机票等，属于计算机在________领域的应用。

A．自动控制　　B．信息管理　　C．科学计算　　D．人工智能

343．优盘、扫描仪、数码相机等计算机外设都可使用________接口与计算机相连。

A．HDMI　　B．VGA　　C．USB　　D．网线

344．在 Windows（中文版）系统中，文件名可以用中文、英文和字符的组合进行命名，但有些特殊字符不可使用。下面除__________字符外是不可用的。

A．*　　B．?　　C．_(下画线)　　D．/

345．在 Windows 系统中，_________不是文件的属性。

A．存档　　B．只读　　C．隐藏　　D．文档

346．在存储容量表示中，1024MB 等于_________。

A．10GB　　B．1GB　　C．1TB　　D．10TB

347．在存储容量表示中，1PB 等于_________。

A．1000GB　　B．1000TB　　C．1024GB　　D．1024TB

348．在存储容量表示中，1TB 等于_________。

A．1024MB　　B．1024GB　　C．1000MB　　D．1000GB

349．在公共场所安装的多媒体计算机上，一般使用______替代鼠标器作为输入设备。

A．操纵杆　　B．触摸屏　　C．触摸板　　D．笔输入

350．在计算机的存储体系中，Cache 的作用是_________。

A．提高存储体系的速度　　B．提高存储体系的可靠性

C．降低存储体系的复杂性　　D．增加存储体系的容量

351．在计算机内存储器中，ROM 的作用是_________。

A．保证存储器的可靠性　　B．预防病毒

C．存放固定不变的程序和数据　　D．存放用户的应用程序和数据

352．在计算机网络中传输二进制信息时，经常使用的速率单位有“kb/s”“Mb/s”“Gb/s”等。其中，1Mb/s=_________。

A．2 的 10 次方 kb/s　　B．1000kb/s

C．2 的 20 次方 kb/s　　D．10000b/s

353．在计算机系统中，目前最常用的字母与字符的编码是_________。

A．二维码　　B．GBK 编码　　C．ASCⅡ码　　D．EBCDIC 码

354．在计算机中广泛使用的 ASCII 码，其中文含义是_________。

A．二进制编码　　B．常用的字符编码

C．美国标准信息交换码　　D．汉字国标码

355．在利用 ADSL 和无线路由器组建无线局域网时，下列关于无线路由器（交换机）设置的叙述中，错误的是________

A．必须设置上网方式为 ADSL 虚拟拨号

B．必须设置 ADSL 上网账号和口令

C．必须设置无线上网的有效登录密码

D．必须设置无线接入的 PC 获取 IP 地址的方式

356．在数码相机、MP3 播放器中使用的计算机通常称为________。

A．工作站　　B．小型计算机　　C．手持式计算机　　D．嵌入式计算机

357．在微机系统中，硬件与软件的关系是________。

A．整体与部分的关系　　B．固定不变的关系

C．逻辑功能等价的关系　　D．相辅相成、缺一不可的关系

358．在微机中，CPU、存储器、输入设备、输出设备之间的连接是通过______实现的。

A．扩展槽　　B．总线　　C．电缆线　　D．I/O 接口

359．在微机中，采用 GB2312 汉字编码标准，存储一个汉字需________字节。

A．4　　B．3　　C．2　　D．1

360．针对数字电视的应用要求，制定了________压缩编码标准。

A．MPEG-1　　B．MPEG-2　　C．MPEG-3　　D．MPEG-4

361．真彩色图像的像素深度为________。

A．32　　B．24　　C．16　　D．8

362．执行下列语句，sum 的值为________。

```
sum=0
For i=1 to 10
sum = sum +i
Next i
```

A．45　　B．110　　C．55　　D．10

363．执行下列语句后，sum 的值为________。

```
sum=0, i=1
For i=1 to 9
sum=sum+i
Next  i
```

A．10　　B．11　　C．45　　D．55

364．中央处理器（CPU）主要是指________。

A．运算器和控制器　　B．控制器和主存储器

C．运算器和主存储器　　D．运算器、控制器和主存储器

365．组成图像的基本单位是________。

A．线　　B．像素　　C．颜色　　D．亮度

366．Word 中的“格式刷”可用于复制文本或段落的格式，若要将选中的文本或段落格式重复应用多次，应_________。

A．右击“格式刷” B．拖动“格式刷”

C．双击“格式刷” D．单击“格式刷”

367．Word 编辑区也称为工作区，主要用来_________。

A．输入、编辑文本 B．输入各种操作命令

C．存放各种命令 D．输入各种程序语句

368．Word 命令中常会出现一些灰色的选项，这表示_________。

A．这些选项在当前不可使用 B．系统运行故障

C．文档带病毒 D．Word 本身缺陷

369．Word 总显示有页号、节号、页数、总页数等的是_________。

A．常用工具栏 B．菜单栏

C．格式工具栏 D．状态栏

370．利用 Word 的替换命令，可替换文档的_________。

A．字符格式 B．艺术字 C．剪贴画 D．表格

371．修改文档时，要在输入新的文字的同时替换原有文字，最简便的操作是_________。

A．先按 Delete 键删除需替换的内容再输入新内容

B．无法同时实现

C．选定需替换的内容，直接输入新内容

D．直接输入新内容

372．在 Word 编辑状态打开一个文档，对文档做了修改进行关闭文档操作后_________。

A．文档被关闭，并自动保存修改后的内容

B．文档不能关闭，并提示出错

C．文档被关闭，修改后的内容不能保存

D．弹出对话框，并询问是否保存对文档的修改

373．在 Word 的编辑状态，进行“粘贴”操作，可以用的快捷键是_________。

A．Ctrl＋V B．Ctrl＋S C．Ctrl＋X D．Ctrl＋C

374．在 Word 文档编辑状态，打开一个已有文档，进行保存操作后该文档_________。

A．被保存在原文件夹下

B．可以保存在已有的其他文件夹下

C．可以保存在新建文件夹下

D．保存后文档被关闭

375．在 Word 中，关于打印预览，下列说法中错误的是_________。

A．在正常的页面视图下，可以调整视图的显示比例

B．单击工具栏上的“打印预览”按钮，进入预览状态

C．选择文件菜单中的“打印预览”命令，可以进入打印预览状态

D．在打印预览时不可以确定预览的页数

376．在 Word 中，如果要调整文档中的字间距，可使用________命令。

A．字体　　B．段落　　C．制表位　　D．样式

377．在 Word 中，如果要为文档加上页码，可使用________菜单中的“页码…”命令。

A．文件　　B．编辑　　C．插入　　D．格式

378．在 Word 中，如果要为选取的文档内容加上波浪下划线，可使用________命令。

A．字体　　B．段落　　C．制表位　　D．样式

379．在 Word 中，如果要在文档中选定的位置添加一些 Word 专有的符号，可使用________菜单中的“符号…”命令。

A．编辑　　B．视图　　C．插入　　D．格式

380．在 Word 中，使用复制命令复制的文本内容保存的位置是________。

A．绘图板　　B．剪切版　　C．对话框　　D．确认框

381．在 Word 中，使用页面视图方式，在屏幕上看到的与打印出来的文稿布局格式________。

A．不相同　　B．完全相同

C．文字格式相同　　D．图形位置相同

382．在 Word 中，要将文档中选取部分的文字进行中、英文字体，字形，字号，颜色等各项设置，应使用________。

A．“格式”菜单下的“字体”子菜单

B．工具栏中的“字体”列表框选择字体

C．“工具”菜单

D．工具栏中的“字号”列表框选择字号

383．在 Word 中输入文本时，在段落结束处输入回车键后，如果不专门指定，新开始的自然段会自动使用________排版。

A．宋体 5 号字，单倍行距　　B．开机时的默认格式

C．与上一段相同的编排格式　　D．仿宋体，3 号字

384．在 Word 中要想对全文档的有关信息进行快当正确的替换，可以使用查找和替换对话框，以下方法中________错误的。

A．“开始”“替换”命令　　B．“编辑”“查找”命令

C．“编辑”“替换”命令　　D．“编辑”“定位”命令

385．在编辑文章时，要将第 5 段移动到第二段前，可选中第 5 段文字然后_________。

A．单击剪切按钮，再把插入点移动到第 2 段开头，单击粘贴按钮

B．单击粘贴按钮再把插入点移动到第 2 段开头单击剪切按钮

C．把插入点移动到第 2 段开头单击剪切按钮，再单击粘贴按钮

D．单击复制按钮，再把插入点移动到第 2 段开头，单击粘贴按钮

386．Excel 不能进行的操作是_________。

A．自动排版　　B．自动填充数据

C．自动求和　　D．自动筛选

387．Excel 的主要功能有_________。

A．处理各种电子表格　　B．图表功能

C．数据库管理功能　　D．以上全部

388．对 Excel 工作表中的某项数据进行排名，可使用的函数是_________。

A．AVERAGE　　B．COUNT

C．RANK　　D．SUM

389．关于 Excel 工作表的说法，以下错误的是_________。

A．工作表的行可以隐藏　　B．工作区可以隐藏

C．工作表可以隐藏　D．工作表的列可以隐藏

390．以下函数中，能对数据进行绝对值运算的是_________。

A．ABS　　B．ABX　　C．EXP　　D．INT

391．在 Excel 的活动单元格中要把“1234567”作为字符处理，应在“1234567”前加上_________。

A．0 和空格　　B．单引号　　C．0　　D．分号

392．在 Excel 的某单元格内输入了一个公式后，单元格的显示为“######”，是因为_________。

A．所得结果没有意义　　B．所得结果长度超过了列宽

C．公式输入有误　　D．所得结果被隐藏

393．在 Excel 工作表中，当插入行或列，后面的行或列将向_________方向自动移动。

A．向下或向右　　B．向下或向左

C．向上或向右　　D．向上或向左学习

394．在 Excel 工作表中，若 C7、D7 单元格已分别输入数值 1 和 3，选中这两个单元格后，左键横向拖动填充柄，则填充的数据是_________。

A．1　　B．3　　C．等差数列　　D．等比数列

395．在 Excel 工作表中为了更直观地表现数据，可以创建嵌入式图表或独立图表，当工作表中数据源发生改变时，下列叙述正确的是_________。

A．嵌入式图表不做相应的变动

B．独立图表不做相应的变动

C．嵌入式图表做相应变动，而独立图表不做相应的变动

D．嵌入式图表和独立图表都做相应变动

396．在 Excel 工作簿中有 Sheet1、Sheet2 两个工作表，若在 Sheet2 的单元格输入公式 = Sheet1!E3+SUM (A1 : B2)，则表示将 Sheet1 中的 E3 单元格和_________。

A．Sheet1 中的 A1 ，B2 单元格的数据相加

B．Sheet2 中的 A1，B2 单元格的数据相加

C．Sheet1 中的 A1，A2，B1，B2 单元格的数据相加

D．Sheet2 中的 A1，A2，B1，B2 单元格的数据相加

397．在 Excel 中，创建公式的操作步骤有：①在编辑栏键入“=”；②键入公式；③按 Enter 键；④选择需要建立公式的单元格；其正确的顺序是_________。

A．①②③④　　B．④①③②

C．④①②③　　D．④③①②

398．在 Excel 中，对单元格地址绝对引用，正确的方法是_________。

A．在单元格地址前加“$”

B．在单元格地址后加“$”

C．在构成单元格地址的字母和数字前分别加“$”

D．在构成单元格地址的字母和数字间加“$”

399．在 Excel 中，可以使一格显示多行文本的单元格格式设置是_________。

A．数字　　B．缩小字体填充

C．自动换行　　D．合并单元格

400．在 Excel 中，如果 A1：A5 单元格的值依次为 10、15、20、25、30，则 AVERAGE（A1：A5）的值为_________。

A．15　　B．20　　C．25　　D．30

401．在 Excel 中，下列说法不正确的是_________。

A．每个工作簿可以由多个工作表组成

B．输入的字符不能超过单元格的宽度

C．每个工作表由 256 列，65536 行组成

D．单元格中输入的内容可以是文字、数字、公式

402．在 Excel 中，已知 B2、B3 单元格中的数据分别为 1 和 3，可以使用自动填充的方法使 B4 至 B6 单元格的数据分别为 5、7、9，下列操作中，可行的是_________。

A．选定 B3 单元格，拖动填充柄到 B6 单元格

B．选定 B2:B3 单元格，拖动填充柄到 B6 单元格

C．以上两种方法都可以

D．以上两种方法够不可以

403．在 Excel 中，已知 B2、B3 单元格中的数据分别为 1 和 3，使 B4 至 B6 单元格中的数据都为 3 的自动填充方法正确的是________。

A．选定 B3 单元格，拖动填充柄到 B6 单元格

B．选定 B2:B3 单元格，拖动填充柄到 B6 单元格

C．以上两种方法都可以

D．以上两种方法够不可以

404．在 Excel 中使用函数时，多个函数参数之间必须用________分隔。

A．圆点　　B．逗号　　C．分号　　D．竖杠

405．在 Excel 中要录入身份证号，数字分类应选择________格式。

A．常规　　B．数值　　C．科学计数　　D．文本

406．“幻灯片放映”菜单中的“幻灯片切换”命令项，不能设定放映时________。

A．一张幻灯片以什么方式显现出来

B．幻灯片内各个对象以什么方式显现出来

C．前后两张幻灯片是由单击鼠标转换还是按指定时间自动转换

D．前后两张幻灯片切换时是否伴有声音

407．“幻灯片放映”菜单中的“自定义放映”命令项，可以用于设定放映时________。

A．幻灯片内各个对象显现出来的先后顺序

B．前后两张幻灯片转换的速度

C．有哪些幻灯片参加放映及其放映顺序

D．是全屏显示还是在窗口内显示

408．插入影片操作应该用“插入”菜单中的哪个命令________。

A．新幻灯片　　B．图片　　C．视频　　D．特殊符号

409．关于插入在幻灯片里的图片、图形等对象，下列操作描述中正确的是________。

A．这些对象放置的位置不能重叠

B．这些对象放置的位置可以重叠，叠放的次序可以改变

C．这些对象无法一起被复制或移动

D．这些对象各自独立，不能组合为一个对象

410．幻灯片的“超级链接”命令可实现________。

A．实现幻灯片之间的跳转

B．实现演示文稿幻灯片的移动

C．中断幻灯片的放映

D．在演示文稿中插入幻灯片

411．幻灯片放映过程中，单击鼠标右键，选择“指针选项”中的“绘图笔”命令，在讲解过程中可以进行写画，其结果是________。

A．对幻灯片进行了修改

B．对幻灯片没有进行修改

C．写画的内容留在了幻灯片上，下次放映时还会显示出来

D．写画的内容可以保存起来，以便下次放映时显示出来

412．幻灯片上可以插入________多媒体信息。

A．声音、音乐和图片　　B．声音和影片

C．声音和动画　　D．剪贴画、图片、声音和影片

413．幻灯片中占位符的作用是________。

A．表示文本长度　　B．限制插入对象的数量

C．表示图形大小　　D．为文本、图形预留位置

414. 如果将演示文稿置于另一台不带 PowerPoint 系统的计算机上放映，那么应该对演示文稿进行________。

A．复制　　B．打包　　C．移动　　D．打印

415．如果在幻灯片浏览视图中要选取多张幻灯片，应当在单击这些幻灯片时按住________。

A．Shift 键　　B．Ctrl 键

C．Alt 键　　D．Shift 和 Alt 键

416．在________模式下可对幻灯片进行插入，编辑对象的操作。

A．幻灯片视图（普通）　　B．大纲视图

C．幻灯片浏览视图　　D．备注页视图

417．在 Powerpoint 幻灯片中设置切换效果时，可以添加________。

A．文字　　B．图片　　C．声音　　D．视频

418．在 Powerpoint 中，幻灯片母版是什么________。

A．幻灯片模板的总称

B．用户定义的第一张幻灯片,以供其他幻灯片调用

C．用户自己设计的幻灯片模板

D．统一格式各种格式的特殊模板

419. 在 PowerPoint 中，为了在切换幻灯片时添加声音，可以使用________菜单的“幻灯片切换”命令。

A．幻灯片放映　　B．工具　　C．插入　　D．编辑

420. 在 PowerPoint 中向幻灯片内插入一个以文件形式存在的图片，该操作应当使用的视图方式是 ________。

A．大纲视图　　B．幻灯片浏览视图

C．放映视图　　D．幻灯片视图（普通）

421．在幻灯片视图中如果当前是一张还没有文字的幻灯片，要想输入文字________。

A．应当直接输入新的文字

B．应当首先插入一个新的文本框

C．必须更改幻灯片的版式，使其能含有文字

D．必须切换到大纲视图中去输入

422．在幻灯片视图中如果要改写幻灯片内一段原有文字，首先应当________。

A．选取该段文字所在的文本框

B．直接输入新的文字

C．删除原有的文字

D．插入一个新的文本框

423．在幻灯片页脚设置中，有一项是讲义或备注的页面上存在的，而在用于放映的幻灯片页面上无此选项是下列哪一项设置________。

A．日期和时间　　B．幻灯片编号

C．页脚　　D．页眉

424．在演示文稿中，在插入超级链接中所链接的目标，不能是________。

A．另一个演示文稿　　B．同一演示文稿的某一张幻灯片

C．其他应用程序的文档　　D．幻灯片中的某个对象

425．在一张 A4 纸上一次最多可以打印________张幻灯片。

A．9　　B．3　　C．4　　D．6

单项选择题答案

1. A	2. C	3. B	4. B	5. B	6. B	7. D	8. D	9. D	10. B
11. A	12. B	13. A	14. A	15. C	16. D	17. D	18. B	19. D	
20. B	21. C	22. C	23. A	24. B	25. A	26. B	27. C	28. B	
29. D	30. B	31. D	32. B	33. A	34. C	35. B	36. A	37. B	
38. C	39. B	40. C	41. B	42. C	43. B	44. B	45. C	46. A	
47. A	48. B	49. C	50. D	51. B	52. A	53. B	54. D	55. C	
56. B	57. C	58. B	59. C	60. A	61. B	62. B	63. C	64. D	
65. A	66. B	67. D	68. D	69. A	70. A	71. C	72. C	73. D	
74. C	75. D	76. C	77. C	78. A	79. B	80. B	81. D	82. A	
83. A	84. B	85. C	86. B	87. A	88. D	89. A	90. B	91. A	
92. A	93. D	94. C	95. B	96. D	97. C	98. C	99. A	100. C	
101. A	102. B	103. B	104. B	105. D	106. A	107. D	108. D		
109. A	110. A	111. B	112. C	113. A	114. A	115. B	116. B		
117. A	118. B	119. A	120. B	121. A	122. B	123. C	124. D		
125. A	126. D	127. A	128. D	129. D	130. A	131. B	132. D		
133. C	134. A	135. D	136. D	137. D	138. A	139. C	140. A		
141. B	142. A	143. B	144. A	145. A	146. A	147. D	148. D		
149. D	150. B	151. B	152. B	153. C	154. D	155. A	156. A		
157. A	158. C	159. A	160. D	161. A	162. C	163. B	164. C		
165. D	166. D	167. B	168. D	169. C	170. C	171. A	172. A		
173. D	174. A	175. A	176. A	177. C	178. A	179. B	180. D		
181. C	182. A	183. C	184. C	185. B	186. B	187. A	188. D		
189. C	190. C	191. A	192. C	193. B	194. C	195. A	196. B		
197. B	198. D	199. D	200. A	201. A	202. D	203. D	204. D		
205. A	206. B	207. B	208. D	209. C	210. C	211. D	212. D		
213. A	214. A	215. B	216. C	217. B	218. A	219. A	220. D		
221. A	222. A	223. B	224. B	225. A	226. B	227. D	228. A		
229. D	230. D	231. A	232. D	233. B	234. A	235. A	236. A		
237. D	238. C	239. B	240. C	241. D	242. B	243. B	244. D		

245. B　246. A　247. A　248. A　249. B　250. B　251. A　252. D
253. C　254. C　255. C　256. B　257. C　258. C　259. D　260. B
261. B　262. C　263. B　264. B　265. A　266. A　267. D　268. A
269. D　270. B　271. C　272. C　273. D　274. A　275. B　276. D
277. B　278. C　279. D　280. D　281. D　282. D　283. A　284. D
285. D　286. D　287. D　288. D　289. D　290. D　291. A　292. B
293. C　294. A　295. D　296. C　297. D　298. A　299. C　300. B
301. B　302. C　303. B　304. A　305. C　306. D　307. B　308. A
309. D　310. C　311. B　312. B　313. D　314. A　315. D　316. B
317. A　318. C　319. A　320. B　321. C　322. D　323. D　324. C
325. C　326. B　327. A　328. B　329. D　330. A　331. A　332. D
333. A　334. B　335. A　336. B　337. A　338. D　339. A　340. C
341. D　342. B　343. C　344. C　345. D　346. B　347. D　348. B
349. B　350. A　351. C　352. A　353. C　354. C　355. C　356. D
357. D　358. B　359. C　360. B　361. B　362. C　363. C　364. A
365. B　366. C　367. A　368. A　369. D　370. A　371. C　372. D
373. A　374. A　375. D　376. A　377. C　378. A　379. C　380. B
381. B　382. B　383. C　384. A　385. A　386. A　387. D　388. C
389. B　390. A　391. B　392. B　393. A　394. C　395. D　396. D
397. C　398. C　399. C　400. B　401. B　402. B　403. A　404. B
405. D　406. B　407. C　408. C　409. B　410. A　411. D　412. D
413. D　414. B　415. B　416. A　417. C　418. D　419. A　420. D
421. B　422. A　423. D　424. D　425. A